区块链工程技术人员

中级

人力资源社会保障部专业技术人员管理司　组织编写

中国人事出版社

图书在版编目（CIP）数据

区块链工程技术人员：中级 / 人力资源社会保障部专业技术人员管理司组织编写．-- 北京：中国人事出版社，2023

全国专业技术人员新职业培训教程

ISBN 978-7-5129-1945-7

Ⅰ.①区…　Ⅱ.①人…　Ⅲ.①区块链技术 - 技术培训 - 教材　Ⅳ.①TP311.135.9

中国国家版本馆 CIP 数据核字（2023）第 201341 号

中国人事出版社出版发行

（北京市惠新东街 1 号　邮政编码：100029）

*

保定市中画美凯印刷有限公司印刷装订　　新华书店经销

787 毫米 ×1092 毫米　16 开本　22 印张　330 千字

2023 年 12 月第 1 版　　2023 年 12 月第 1 次印刷

定价：58.00 元

营销中心电话：400-606-6496

出版社网址：http://www.class.com.cn

本书编委会

指导委员会

邬贺铨　房建成　李伯虎　黄庆学　陈　英

编审委员会

主　　编： 柴洪峰　马小峰

编写人员： 徐秋亮　刘　胜　王海涛　王　娟　徐　御　王　宁　杨晓春　叶　蔚　龚生智　彭一楠

主审人员： 董　宁　黄建华　孙　权　吕智慧　梁贺君

出版说明

当今世界正经历百年未有之大变局，我国正处于实现中华民族伟大复兴关键时期。在全球经济低迷，我国加快形成以国内大循环为主体、国内国际双循环相互促进的新发展格局背景下，数字经济发挥着提振经济的重要作用。党的十九届五中全会提出，要发展战略性新兴产业，推动互联网、大数据、人工智能等同各产业深度融合，推动先进制造业集群发展，构建一批各具特色、优势互补、结构合理的战略性新兴产业增长引擎。党的二十大提出，加快发展数字经济，促进数字经济和实体经济深度融合，打造具有国际竞争力的数字产业集群。“十四五”期间，数字经济将继续快速发展、全面发力，成为我国推动高质量发展的核心动力。

近年来，人工智能、物联网、大数据、云计算、数字化管理、智能制造、工业互联网、虚拟现实、区块链、集成电路等数字技术领域新职业不断涌现，这些新职业从业人员通过不断学习与探索，将推动科技创新、释放巨大能量，推动人们生产生活方式智能化、智慧化、数字化，推动传统产业转型升级，为经济高质量发展注入强劲活力。我国在技术、消费与应用领域具备数字经济创新领先优势，但还存在数字技术人才供给缺口较大、关键核心技术领域自主创新能力不足、数字经济与实体经济融合的深度和广度不够等问题。发展数字经济，推进数字产业化和产业数字化，推动数字经济和实体经济深度融合，急需培育壮大数字技术工程师队伍。

人力资源社会保障部会同有关行业主管部门陆续制定颁布数字技术领域国家职业标准，坚持以职业活动为导向、以专业能力为核心，遵循人才成长规律，对从业人员的理论知识和专业能力提出综合性引导性培养标准，为加快培育数字技术人才提供基本依据。根据《人力资源社会保障部办公厅关于加强新职业培训工作的通知》（人社厅发〔2021〕28号）要求，为提高新职业培训的针对性、有效性，进一步发挥新职业培训促进更好就业的作用，人力资源社会保障部专业技术人员管理司组织相关领域的专家学者编写了全国专业技术人员新职业培训教程，供相关领域开展新职业培训使用。

本系列教程依据相应国家职业标准和培训大纲编写，划分初级、中级、高级三个等级，有的职业划分若干职业方向。教程紧贴数字技术人员职业活动特点，定位于全国平均水平，且是相关数字技术人员经过继续教育或岗位实践能够达到的水平，突出该职业领域的核心理论知识、主流技术及未来发展要求，为教学活动和培训考核提供规范和引导，将帮助广大有意或正在从事数字技术职业的人员改善知识结构、掌握数字技术、提升创新能力。

希望本系列教程的出版，能够在加强数字技术人才队伍建设、推动数字经济快速发展中发挥支持作用。

目　录

第一章 设计应用系统

本章将详细介绍设计应用系统需要掌握的知识，包括分析应用系统需求、设计应用系统功能模块、设计数据库结构以及设计智能合约，最后通过具体的案例进行综合能力实践，帮助读者掌握设计应用系统需要具备的知识和能力。

- **职业功能：** 设计应用系统。
- **工作内容：** 分析应用系统需求；设计应用系统功能模块；设计数据库结构；设计智能合约。
- **专业能力要求：** 能完成需求分析；能撰写需求分析文档；能使用软件工具设计功能逻辑；能使用软件工具设计交互界面；能撰写应用系统功能设计文档；能使用软件工具分析数据存储结构；能使用软件工具设计数据存储结构；能使用软件工具设计智能合约；能使用设计语言和工具展示设计内容；能撰写应用系统技术设计文档。
- **相关知识要求：** 需求分析方法；需求分析文档规范；应用系统功能设计方法；应用系统功能设计文档规范；数据存储结构分析方法；数据存储结构设计方法；设计语言和工具概念；智能合约设计方法；应用系统技术设计文档规范。

第一节　分析应用系统需求

考核知识点及能力要求

- 掌握需求分析的概念。
- 掌握需求分析的方法。
- 掌握需求分析文档的规范。
- 能够完成需求分析。
- 能够撰写需求分析文档。

一、需求分析的概念和方法

（一）需求分析的概念

软件开发过程通常包括需求分析、设计、编码和测试 4 个阶段，其中需求分析是产品的根源，需求分析工作的优劣对产品质量影响很大。有很多软件项目失败的主要原因就是需求分析不当。大量研究表明，在软件开发的 4 个阶段中，需求分析阶段发现和纠正错误的成本是最低的，越到后期，变更需求要付出的成本越高。因此，良好的需求分析对提高软件项目的成功率具有很重要的意义。准确而有效地获取用户需求、精确表述用户需求并得到用户认可，是软件项目取得成功的重要条件。

电气与电子工程师协会（IEEE）在 1997 年发布的软件工程标准词汇表中，将需求定义为：①用户解决问题或达到目标所需的条件或能力；②系统或系统部件要满足合同、标准、规范或其他正式规定文档所需具有的条件或能力；③一种反映上述描述的条件或能力的文档说明。

通俗来说，需求就是用户的“需要”，包括用户要解决的问题、达到的目标，以及实现这些目标所需的条件。这些“需要”被分析、确认后，形成规范、完整的文档，该文档详细说明了产品“必须或应当”做什么。按照能力成熟度模型（capability maturity model integration，CMMI）的定义，需求就是开发方和客户方就系统未来所达到的功能和质量所达成的一致性约定和协议。

需求分析包括工程、过程、活动 3 个概念层次，如图 1–1 所示。

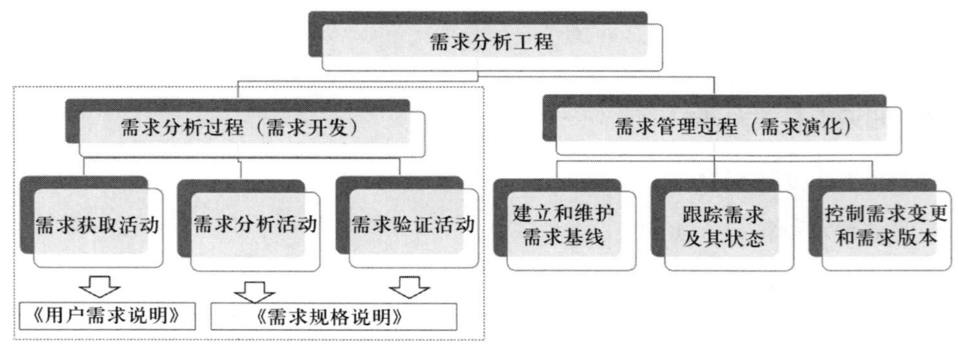

图 1–1 需求分析相关概念层次

需求分析工程又称需求工程（RE），包括需求分析过程和需求管理过程两大部分。

1. 需求分析过程

需求分析过程又称需求开发（RD），指通过调查和分析，获取用户需求并定义产品需求。它主要包括需求获取、需求分析和需求验证等活动。

（1）需求获取活动，也称需求收集活动，它从人、资料或环境中探索和发现与用户、业务和系统相关的功能性需求或非功能性需求，撰写《用户需求说明》。常用的需求获取方法包括观察法、体验法、问卷调查法、访谈法、单据分析法、报表分析法、需求调研会法等。

（2）需求分析活动是对已获取的各种需求信息进行分析加工、建立模型、消除错误、刻画细节，撰写《需求规格说明》，以便系统设计人员据此开展系统设计工作。常见的需求分析方法有访谈分析法和建模分析法两类。前者简单易用，在简单和复杂的场景中均有应用；后者通常应用于较为复杂的软件系统分析中。

（3）需求验证活动是通过需求审查、原型模拟、符号执行等方式，确保《需求规格说明》能准确反映用户的意图。

2. 需求管理过程

需求管理过程又称需求演化，它支持系统的需求演进，如需求变化和可跟踪性问题，主要包括建立和维护需求基线、跟踪需求及其状态、控制需求变更和需求版本等活动。

（二）需求分析的方法

以下主要讨论需求分析活动中的访谈分析和建模分析方法，以期实现以下目的：将不正确的客户需求转换成正确的需求，确保需求的正确性；将含糊的客户需求，转换成规范的、严谨的、结构化的需求，确保需求的规范性；将不切实际的客户需求转换成可以实现的需求，确保系统的可行性；将不必要的客户需求剔除，确保需求的必要性；将遗漏的客户需求补上，确保需求的完备性。

1. 访谈分析法

访谈分析法就是以需求分析人员就软件需求向用户提问并得到用户肯定或否定的回答方式来进行用户需求定义的方法。这种方法只需要一问一答就能做好需求定义，简单易用，一学就会。

访谈分析法的核心是对每一条需求都通过“是什么”“不是什么”“为什么”的问答来明确其需求定义，使得开发方和需求方对需求的理解一致，并且满足需求可实现、可验证等需求验收准则。

具体的操作过程是软件需求分析人员在收到任务书后，先对任务书中的每条需求自行理解，然后和任务书编写者约好时间进行问答。

软件需求分析人员首先要和需求提供者或用户确认需求的完备性，是否实现了这些需求，软件就能完成系统分配给它的功能。然后，双方就每个需求点从以下两个方面反复进行问答。

（1）提问“是什么”“不是什么”和“为什么”。软件需求分析人员对每条需求给出自己的理解，说出这条需求“是什么”，并征求用户的意见。

如果用户肯定地回答“是”，则继续讨论下一条需求；否则软件需求分析人员可以先提问“不是什么”，来逐渐缩小需求的范围，最终可以用“是什么”清晰定义需求，并得到用户的确认。

如果用户觉得软件需求分析人员理解的“是什么”“不是什么”都不是很准确，那么软件需求分析人员就要使用“为什么”提问，来进一步厘清需求，直到可以用“是什么”描述需求，且双方都认同，达成一致理解。

对于没有任务书，用户需求需要由软件需求分析人员对用户进行现场调查来获得的场景，问答分析和收集需求是同步进行的，收集到一条需求，就对这条需求进行“问答”。

（2）提问“是否满足需求验收准则”。在每一条需求的定义都清楚之后，软件需求分析人员还要和用户一起，确认需求的描述是否满足需求验收准则，进行下列问题的问答。

- 需求中的同一术语在不同地方的表述是否存在二义性。
- 前后需求的表述是否存在矛盾。
- 需求是否完备。
- 需求是否必要。
- 需求是否可实现，如果不可实现，可否用其他需求代替。
- 需求是否可验证，如果不可验证，可否使用更好的量化方式进行描述。
- 需求的优先级是否确定。

由此可见，使用访谈分析法时，必须确保每条需求“是什么”描述清楚，且满足各项需求验收准则。只有这样，需求定义工作才算真正完成，才能确保在后续的开发工作中不会出现重大的需求变更。

2. 建模分析法

建模分析法就是采用表格化、图形化、公式化的方式，将系统的构成及其构成间的关系呈现出来的一种技术方法。

模型可以有效地帮助人们更好地认识、应用、设计复杂事物。建模则是需求分析的主要手段，它通过简化、强调来帮助需求分析人员厘清思路，达成共识。通常，需求建模的过程远比建模的结果更重要。

建模的主要目的是提供一种详细说明系统结构或行为的方法，包括：帮助工程师按照实际情况或按需求样式对系统进行可视化；提供一种详细说明系统的结构或行为

的方法；给出一个指导系统构造的模板；对所做出的需求决策进行文档化。

建模方法随着软件工程的发展而不断演变，主要有3种，见表1–1。

表1–1　3种建模方法

序号	建模方法	出现时间	代表语言	场景	建模要点
1	数据结构＋算法＝程序	20世纪五六十年代	Fortran	科学计算	选择合适的数据结构和算法
2	结构化分析	20世纪六七十年代	Cobol、C	数据处理	“自顶向下”，强调解决问题的步骤； 引入E–R模型确定数据内容/格式/存储； 引入数据流图确定数据的加工处理过程
3	面向对象分析	20世纪八九十年代	C++、Java	众多场景	解决问题的视角从数据扩展到人和事； 引入更多的建模工具

（1）数据结构＋算法＝程序，这个公式被广泛应用于早期科学计算类应用程序的分析设计。由于其应用范围太狭窄，目前已经很少使用。

（2）结构化分析方法是将待解决的问题看作一个系统，从而用系统科学的思想方法来分析和解决问题，并基于功能分解设计系统结构，通过把复杂的问题逐层分解来简化问题，其核心思想是“自顶向下”的分解。结构化分析模型如图1–2所示。

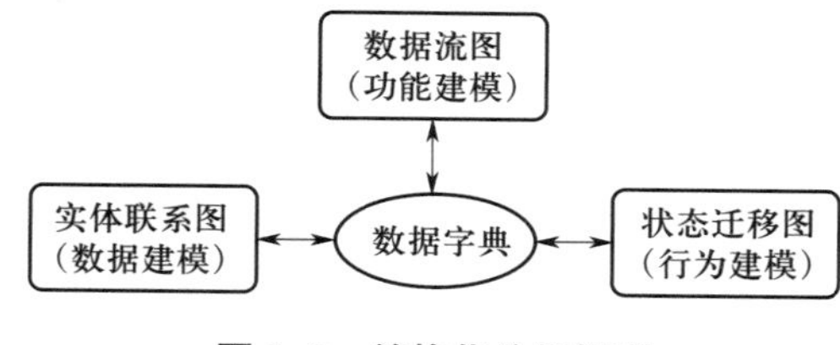

图1–2　结构化分析模型

- 数据字典是模型的核心，是关于数据的信息集合，也是对数据流图中包含的所有元素定义的集合。它对数据流图中出现的所有被命名的图形元素加以定义，使得每个图形元素的名字都有确切的解释。
- 实体联系图（ERD）描述数据对象间的关系，用于数据建模。

● 数据流图（DFD）描述数据流在系统中流动的过程，以及对数据流进行变换的功能，用于功能建模。

● 状态迁移图（STD）描述系统对外部事件的响应方式，表示系统的各种行为模式（状态），以及系统在状态间变迁的方式，用于行为建模。

（3）面向对象分析（OOA）是一种分析方法，这种方法利用从问题域的词汇表中找到的类和对象来分析需求。OOA 主要围绕对象及对象行为建模，其重点在于构建真实世界的模型，利用面向对象的观点来看世界。该方法可用于各种大型项目和复杂业务场景的分析建模，且建模结果易于修改、扩展和复用。面向读写分析的结果可以平滑地用于面向对象设计（OOD）。

目前仍被广泛应用的分析方法主要是结构化分析和面向对象分析，两者对比见表 1–2。

表 1–2　　结构化分析与面向对象分析的对比

项目	结构化分析	面向对象分析
场景	需求稳定且定义明确的中小型系统	需求不断变化的大中型复杂业务系统
关注重点	系统的过程和程序	实体对象的属性和行为，以及对象之间的关系和交互
思想	自顶向下，逐层分解	抽象、封装、继承、多态
风险	风险较高，可复用性较低	风险较低，可复用性较高

（三）建模分析语言

早期的面向对象分析和设计常常涉及多个不同流派的建模语言，它们互不通用，使用不便，因此促成了统一建模语言（unified modeling language，UML）的诞生。

UML 是一种面向对象的可视化建模语言，它采用了一组形象化的图形符号作为建模语言，使用这些符号可以形象地描述系统的各个方面。UML 为参与软件设计和开发的人提供了一种公共“语言”，使他们能够基于共同的“模型”来理解业务和需求，理解软件和架构是如何构造的。

在需求分析阶段可使用 5 种 UML 图，见表 1–3。

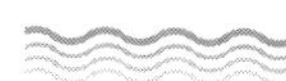

表 1–3　　需求分析阶段可使用的 5 种 UML 图

分类	图名	功能描述	主要关注点
为主	用例图	说明系统各用户角色和使用场景之间的关系	人（即系统用户）
	类图	说明业务相关实体及其相互关系、体系结构规则	物（即业务实体）
	活动图	说明业务流程，以及业务活动的步骤	事（即业务流程）
为辅	构件图	说明主题域划分以及它们之间的服务接口	接口
	部署图	说明系统的部署环境，体现设计约束	设计约束

下面重点介绍需求分析阶段使用频率较高的 3 种 UML 图。

1. 用例图

用例图是用于描述系统行为的工具。要理解一个系统的需求，首先要回答两个问题：谁在用这个系统？这些人通过这个系统能做什么事情？

用例图可以回答上述两个问题，它能从比较清晰易懂的角度来表达系统的需求，而且不会涉及任何技术术语，其关注的是系统的外在表现、系统与人的交互、系统与其他系统的交互。一个典型的用例图示例如图 1–3 所示，由小人、圆圈、方框、线条等元素组成。

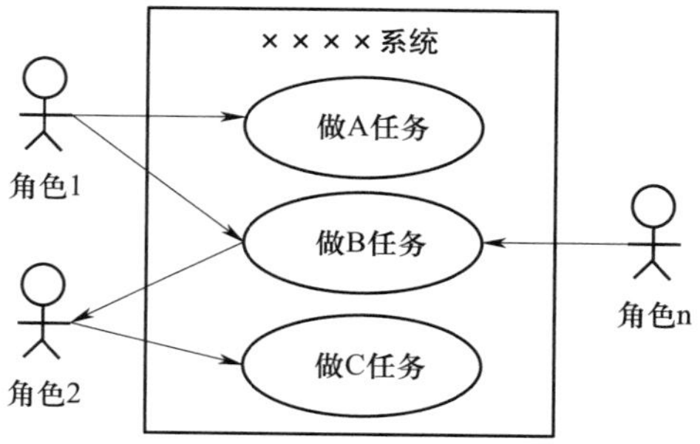

图 1–3　用例图示例

（1）小人代表使用系统的各个角色（actor）。这些角色可以是人（用户），也可以是其他的系统。

（2）圆圈代表具体用例（use case）。圆圈中会有一段“动词 + 名词”的描述，表明系统能做什么事情。

（3）方框代表系统边界（system boundary），它框住了所有的用例，但不包括执行者。

（4）线条代表角色与用例之间的关联（association）。

用例图语法简单，能很好地帮助开发者从角色入手、从用户角度来思考他们需要什么，以用户能看懂的语言来表达需求。

2. 类图

类图是用于结构建模的重要工具，既可用于面向对象分析，也可用于面向对象设计。需求中提到的各种业务概念、人物等，经过抽象后都可被视为“类”。在类图中，一个类表现为一个矩形方框，类图示例如图 1–4 所示，包括类名、属性、操作 3 部分。

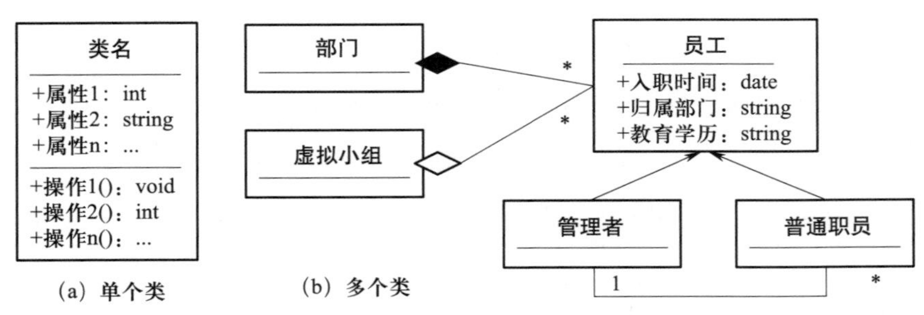

图 1–4　类图示例

（1）类名：类的唯一性名称。在某些时候，可只显示类名来表示一个类。

（2）属性：类必须具备的属性及类型。在需求分析初始阶段，可不必标识属性的类型。

（3）操作：类对外部提供的操作及返回类型。在建模时，一般无须标识类的操作。

一个类图通常涉及多个类，还需要在图中表达出类之间的关系，典型的关系包括以下几种。

（1）包含关系。如一个部门和虚拟小组都可包含多个员工；一个员工只能属于一个部门，但可以属于多个虚拟小组。

（2）继承关系。如管理者、职员都是员工，都继承员工所具有的基础属性和操作。

（3）关联关系。如在一个部门中，一个管理者与多个普通职员是上下级关系。

用类图获取需求的步骤如下：识别出类；识别出类的主要属性；描绘出类之间的关系；对类进行分析、抽象、整理。

总的来说，类图的基本语法比较简单。但是在实际工作中，要想将从需求调研中了解到的所有业务对象、人物等罗列出来，并厘清它们之间的关系，则需要经过反复推敲，才能得到合适的业务模型。

3. 活动图

活动图是用于行为建模的一种工具，主要用来描述系统的业务流程，活动图示例如图 1–5 所示。

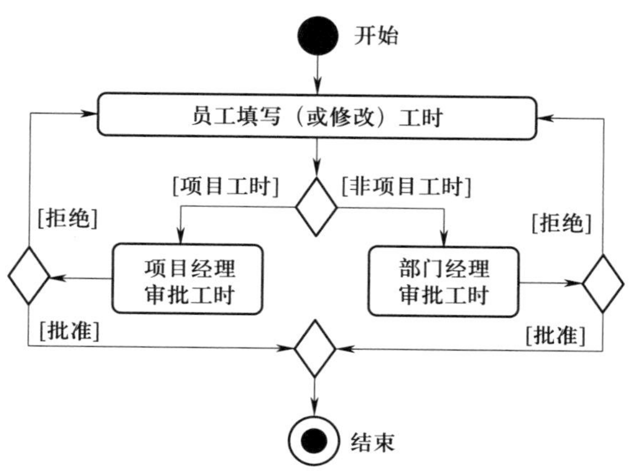

图 1–5 活动图示例

一个典型的活动图包括以下几个组成部分。

（1）开始状态：用实心点表示，每个活动都有一个开始状态。

（2）结束状态：用空心点表示，每个活动通常都有一个或多个结束状态。

（3）箭头：表示流程的走向，所有流程都是从开始状态到结束状态。

（4）活动：用圆角矩形表示，指流程中的某个步骤，以“主动宾”方式表述。

（5）判断：用菱形表示，根据条件选择多条分支中的一条，继续下一个活动。

（6）合并：也用菱形表示，多条分支流程可以合并为一条线路。

针对活动图的绘制，有以下一些建议。

（1）明确该流程要达到怎样的业务目的。

（2）明确该流程有哪些角色参与，哪些是主要角色。

（3）先确定主干流程，即只画出正常情况下的流程，排除异常处理流程。

（4）明确主干流程中的活动所涉及的角色。

（5）逐步增加分支流程，表达关键分支流程，但无须画出所有异常流程。

（6）适当控制活动的粗细粒度。

（7）先画出反映当前情况的流程，再画出优化后的流程。

（8）对照前后的差异，整理出业务需要调整和改善的地方，并尽快与客户确认。

从整体上规划好所有流程并优化好每一个流程，这是一种高难度的工作。需求分析工作实质上也是对业务流程整合和优化的一种咨询工作，而活动图则是表达复杂业务流程的好工具，它能帮助开发者厘清思路、发现问题，帮助客户进行业务流程重组，最终为客户提供有价值的需求解决方案。

（四）应用系统需求分析的要点

1. 了解应用系统与传统数据库系统的需求差异

针对应用系统的需求分析，无论是在获取需求、分析需求阶段，还是在验证需求阶段，其所采用的方法与传统数据库系统所采用的方法并无不同。但是在运用这些方法进行需求分析时，其关注点会有一些差异或侧重，传统数据库系统与应用系统需求分析比较见表 1–4。

表 1–4　传统数据库系统与应用系统需求分析比较

<table>
<tr><th>类</th><th>维度</th><th>传统数据库系统需求分析的关注点</th><th>应用系统需求分析的关注点</th></tr>
<tr><td rowspan="3">功能需求</td><td>数据存储</td><td>只考虑数据库存储</td><td>链上区块链存储，链下传统数据存储以及两者的存储分工和数据融合</td></tr>
<tr><td>数据操作</td><td>可新增、修改、删除</td><td>只能追加写入区块链，不能修改和删除</td></tr>
<tr><td>数据内容</td><td>数据副本较少；
存储成本较低；
可用多种类型数据库存储不同数据</td><td>数据副本较多；存储成本很高；大容量数据（如音视频）不宜上链</td></tr>
<tr><td rowspan="6">非功能需求</td><td>性能</td><td>较高（可支持 10 万以上 TPS[①]）</td><td>较低（通常限于几千 TPS）</td></tr>
<tr><td>响应延迟</td><td>较低（几十毫秒至几百毫秒）</td><td>较高（几秒至几分钟）；依赖新区块产生的间隔时间</td></tr>
<tr><td>响应模式</td><td>同步响应模式</td><td>一般为异步响应模式</td></tr>
<tr><td>可用性</td><td>Raft、Paxos 等协议需超 1/2 节点可用</td><td>PoW 共识协议需超过 1/2 节点可用；
PBFT 共识协议需超过 2/3 节点可用</td></tr>
<tr><td>节点扩容</td><td>按分布式架构设计其扩展机制</td><td>节点扩展比较容易，可动态组网，但过多的节点对性能影响较大</td></tr>
<tr><td>数据扩容</td><td>纵向扩展提升单机容量，或通过数据拆分进行横向扩容</td><td>比较难，一开始就要考虑好扩容机制</td></tr>
</table>

① TPS（transactions–per–second）：每秒处理的事务交易数。

续表

类	维度	传统数据库系统需求分析的关注点	应用系统需求分析的关注点
非功能需求	数据管控	可集中管控	多节点、多副本，难以集中管控
	可维护性	可由统一运维团队集中维护	主要由系统实现容错和自动化故障恢复
设计约束	网络拓扑	集中式或中心化分布式； 不需要 P2P 网络支持	非中心化的分布式； 需要 P2P 网络支持
	网络质量	单机房内网或专网环境通常网络质量很好	多机房、跨广域网的复杂网络场景需考虑网络连通性、网络质量等因素
	硬件环境	可选定一种硬件	需考虑异构硬件的互操作
	操作系统	可选定一种操作系统	需考虑异构操作系统的互操作和兼容性

传统数据库系统通常以数据库为核心建设而成，在性能、可扩容性、安全性、可维护性等方面表现较好，适用的场景更多。而应用系统则是围绕非中心化的区块链网络来建设，具有数据高可用、抗抵赖、防篡改、可追溯等特征，但整体上的非功能性属性要弱于传统数据库系统。

因此，在大多数场景下可优先考虑使用传统数据库方法，但以下场景建议使用区块链技术。

（1）需要多方参与，但缺少可信任的中心化中介机构的场景。

（2）需要数据可信，并具备较强抗攻击和抗抵赖能力的场景。

（3）涉及多方数据共享、数据追溯、数据治理的场景。

（4）对数据可信性的要求高于对系统性能要求的场景。

（5）对系统可用性要求很高的场景。

（6）需要支持对等（peer-to-peer，P2P）网络的场景。

2. 做好区块链技术选型决策

了解应用系统和传统数据库系统的差异后可知，并不是所有场景都适合采用区块链技术。因此，在做需求分析之前，需要评估应用场景是否适合采用区块链技术，以及选择哪种区块链技术，具体的选型决策思路如图 1-6 所示。

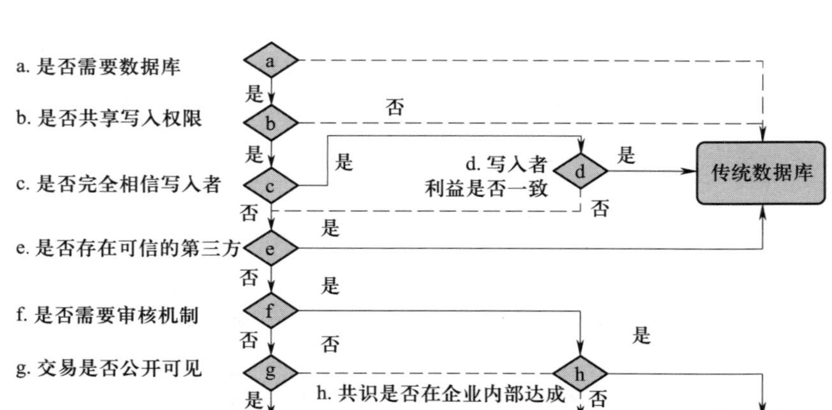

图 1–6　区块链技术选型决策思路

3. 关注区块链技术特点和约束

在选择了区块链技术之后，为进一步确定应用系统的需求规格，还要从功能性需求、非功能性需求、设计约束 3 个方面分别考虑以下问题。

（1）功能性需求

- 哪类数据需要在区块链上存储？通常而言，大文件数据、机密数据、敏感数据、高频次数据都不宜直接上链。
- 哪些数据内容需要在区块链上存储？哪些需要在区块链外存储？
- 链上、链下数据是否存在关联关系？通过什么来关联？如何融合起来使用？
- 有关联的链上、链下数据，其存储的先后顺序如何？
- 每类需要链上存储的数据包含哪些字段？如何扩容来支持更多的字段内容？
- 如何查询每类已经链上存储的数据？如根据交易标识符（TxID）查询、根据区块号和顺序号查询、根据上链时间的范围查询等。
- 对于需要链上存储的数据，是否有删除或修改的需求？应如何实现？
- 对于需要链上、链下融合存储的数据，是否有删除或修改的需求？应如何实现？

（2）非功能性需求

- 对数据上链存储的吞吐量有何需求？采用的底层链能否满足？
- 对数据上链存储的响应延迟有何要求？采用的底层链能否满足？
- 如何获取数据上链存储的异步响应结果？是同步轮询状态，还是异步等待通知？

- 对系统容错性有何要求？最低需要多少节点可用，才可确保系统整体可用？
- 在系统容错能力范围内，是否支持节点的动态增加和减少？
- 随着系统运行时间增加，系统数据初始容量是否满足要求？
- 随着系统运行时间增加，系统数据初始容量不足，如何扩容？是否支持在线扩容？

（3）设计约束

- 运维方式如何？哪些维护操作无须停机就可以完成？哪些需要停机才能完成？
- 运营模式如何？区块链共识节点由单一机构还是多个机构负责？
- 网络环境怎样？是否支持 P2P 网络？
- 网络质量怎样？是否满足共识协议要求？是专有网络，还是跨广域网的网络？
- 硬件环境如何？是否需考虑异构硬件的互通？
- 操作系统如何？是否需考虑异构操作系统的互操作性和兼容性？

4. 掌握应用系统典型架构

应用系统是软件应用系统的一种，其系统架构同样遵循主流的软件系统架构。一个典型的应用系统，可参考软件开发中经典的“三层架构”分解为以下几个部分，如图 1–7 所示。

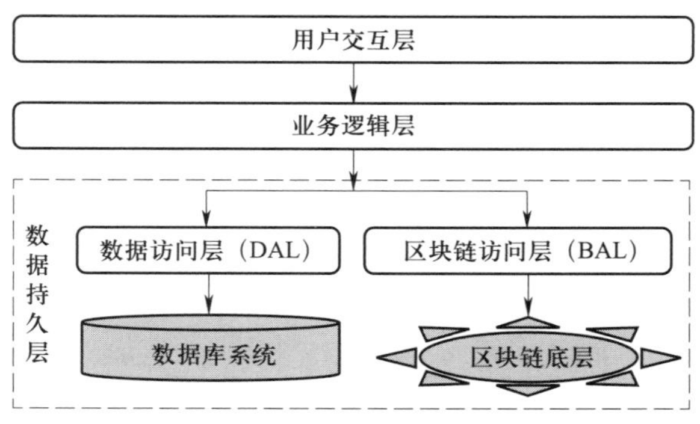

图 1–7　区块链应用系统的典型架构

与传统数据库系统相比，应用系统在数据持久层中多了一个区块链访问层（BAL），其主要功能是负责访问区块链账本，接收区块链事件通知，实现链上链下的协同交互，其核心方式是使用与区块链底层匹配的软件开发工具包（SDK）或区块链服务应用程序编程接口（API）实现与底层链的交互，主要包括以下功能。

（1）执行链上区块的查询、验证等操作。

（2）执行链上交易的查询、验证等操作。

（3）执行智能合约的调用、查询等操作。

（4）执行智能合约的安装、升级、冻结、废弃等操作。

（5）监听链上事件，或者主动通知业务逻辑层，或者被动提供业务逻辑层来查询。

（6）其他与区块链交互的功能。

5. 考虑与已有数据库系统的集成

在实际应用中，很多应用系统会基于原有的数据库系统建立，或者需要与原有数据库系统对接，可采用以下方法实现两个系统的集成。

（1）服务分层集成模式。如果区块链应用系统和原有 IT 系统均采用“分层架构”，则可采用本模式，将两个系统相同的层级合并，从而形成整体统一的分层架构。集成后的系统层级如图 1–7 所示，同样包括用户交互层、业务逻辑层和数据持久层 3 层，而合并后的数据持久层则包括数据访问层（DAL）、区块链访问层、数据库系统、区块链底层。

（2）网关旁路集成模式。如果在原有数据库系统中，针对需要上链数据的处理是集中在少数几个关键节点，则可以采用此模式。网关旁路集成模式示意如图 1–8 所示，通过改造和定制“链网关”子系统，在保留原有数据流向的同时，还可通过旁路到区块链网络中完成上链。

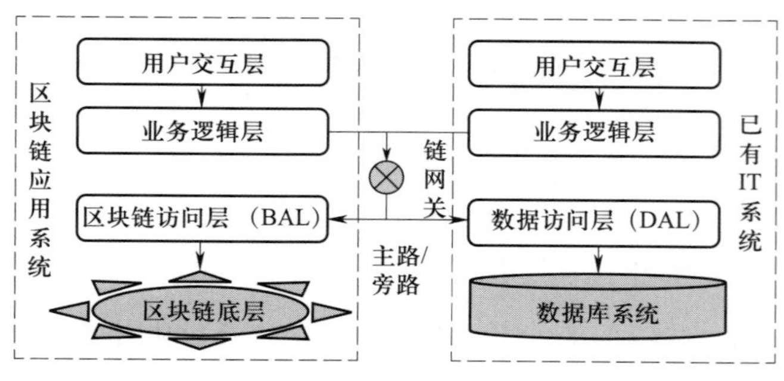

图 1–8　网关旁路集成模式示意

（3）消息总线集成模式。如果原有数据库系统比较复杂，或者涉及多个数据库系统，则可采用此模式。消息总线集成模式示意如图 1–9 所示，通过接入或引入公共的消息总线（message bus）或企业服务总线（enterprise service bus，ESB）模块，解耦多个系统之间的复杂依赖，屏蔽通信协议、交互模式和访问接口的差异，兼顾同步交互模式和异步交互模式，从而快速实现多个同构或异构系统的集成。

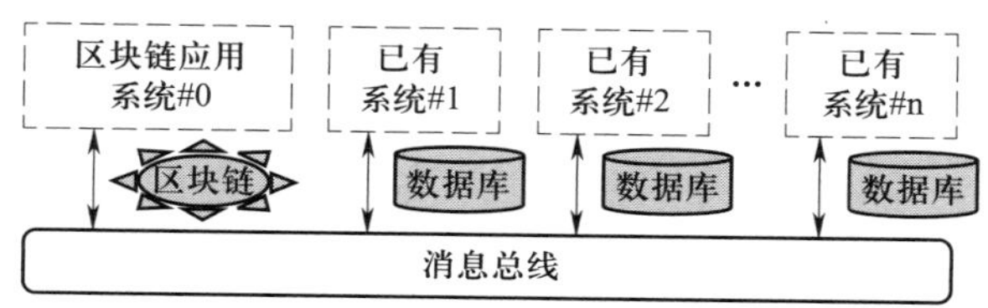

图 1–9　消息总线集成模式示意

二、需求分析文档的规范

需求分析文档在软件开发中有着重要意义，它是各方人员对于软件系统功能定义和验收的基准，是项目开发活动的重要基础，是项目测试和验收的依据。在编写需求分析文档的过程中，需求分析人员可以尽早地发现和减少可能的需求错误，从而降低项目返工的可能，减少项目的工作量。高质量的需求分析文档同时也是一种有效的智力资产。

需求分析文档通常会随着需求分析过程多次迭代而逐步细化，其中最主要的两个需求分析文档是《用户需求文档》和《需求规格说明》，其对比见表 1–5。

表 1–5　两个主要需求分析文档对比

分类	《用户需求文档》	《需求规格说明》
主要内容	产品介绍； 产品应当遵循的标准或规范； 描述用户群体的特征； 描述产品的功能性需求； 描述产品的非功能需求（用户界面、软硬件环境、质量等）	介绍； 应当遵循的标准或规范； 描述用户群体的特征； 定义相关的角色； 定义系统的范围； 定义功能性需求； 定义非功能需求（用户界面、软/硬件环境、质量等）

续表

分类	《用户需求文档》	《需求规格说明》
描述方式	非形式化，如自然语言	非形式化，如自然语言； 半形式化，如伪代码、建模语言（图、表）； 形式化，如数学语言（BNF 等）
主要要求	正确性，无误地反映用户的真实意图	正确性、完备性、一致性、可行性、易理解、易测试、易修改、易追溯

从表 1–5 可看出，后者通常包含前者的内容，并作了进一步的细化。

对于软件系统类产品，通常采用《软件需求规格说明》（SRS）作为规范性的需求分析文档。

目前已有多种 SRS 模板，我国于 2006 年发布了《计算机软件文档编制规范》（GB/T 8576—2006）国家标准，并在其中定义了 SRS 文档建议大纲。在撰写需求文档时，可以参考上述模板进行规范化处理。其中，GB/T 8567—2006 中所包含的 SRS 文档大纲如表 1–6 所示。

表 1–6　《计算机软件文档编制规范》中的 SRS 文档大纲

SRS 要点	大纲
总大纲	1　范围 1.1　标识 1.2　系统概述 1.3　文档概述 1.4　基线 2　引用文件 3　需求 4　合格性规定 5　需求可追踪性 6　尚未解决的问题 7　注解
需求概述	3.1　所需的状态和方式 3.2　需求概述 3.2.1　目标 3.2.2　运行环境 3.2.3　用户的特点 3.2.4　关键点 3.2.5　约束条件

续表

SRS 要点	大纲
需求概述	3.3　需求规格 3.3.1　软件系统总体功能 / 对象结构 3.3.2　软件子系统功能 / 对象结构 3.3.3　描述约定
功能类需求	3.4　计算机软件配置项（CSCI）能力需求
接口类需求	3.5　CSCI 外部接口需求 3.6　CSCI 内部接口需求 3.7　CSCI 内部数据需求
非功能需求	3.8　适应性需求 3.9　保密性需求 3.10　保密性和私密性需求 3.13　软件质量因素 3.14　设计和实现的约束 3.15　数据 3.16　操作 3.17　故障处理
运行环境	3.11　CSCI 环境需求 3.12　计算机资源需求 3.12.1　计算机硬件需求 3.12.2　计算机硬件资源利用率 3.12.3　计算机软件需求 3.12.4　计算机通信需求
其他需求	3.19　有关人员需求 3.20　有关培训需求 3.21　有关后勤需求 3.22　其他需求 3.23　包装需求
其他说明	3.18　算法说明 3.24　需求的优先次序和关键程度

对于区块链应用系统，尤其需要重点关注以下几个部分。

（1）在“3.6 CSCI 内部接口需求”部分，应明确与区块链底层之间的接口。

（2）在“3.7 CSCI 内部数据需求”部分，应明确区块链账本数据和链下数据之间边界的联系。

（3）在“3.12 计算机资源需求”部分，应明确网络通信环境情况，是否支持 P2P 网络。

（4）在“3.15 数据”部分，应明确关注链上数据处理量、容量及容量扩展方面的需求。

（5）在“3.16 操作”部分，应注意屏蔽区块链底层异步机制，提升用户交互体验。

（6）在“3.17 故障处理”部分，应明确各类节点发生异常故障时的容错机制。

（7）在“3.18 算法说明”部分，应明确所采用的区块链共识算法。

在实际撰写 SRS 文档时，也可以针对具体软件项目的特点，对模板进行补充、调整或裁剪。

三、能力实践

下面将围绕一个具体案例，介绍如何进行软件需求分析并撰写需求文档。

（一）案例描述

印刷术诞生后，一直存在着盗印书籍的问题。随着计算机和互联网的出现，盗版问题变得更加严重。与以往局限于文字不同，技术的发展催生了更多图像、音频、软件等数字版权制品。因此，如何保护版权，维护作者的权益，更好地促进创新，成了互联网时代的一项重大问题。区块链出现后，区块链技术具有不可篡改、时间戳、可溯源等特点，通过它可以较好地解决版权问题。

某版权中心拟建设一个基于区块链的版权管理系统，对外提供版权确权登记、版权转让登记、版权授权登记、版权维权登记等服务。

（二）实施软件需求分析

小王是某软件公司的需求开发人员，他最近收到公司安排的任务，负责给该版权中心拟建的“版权管理系统”做前期需求分析工作，并提出一个可行的解决方案。

1. 了解业务领域知识

小王接到任务后，首先对版权进行了初步研究，版权业务基本概念见表 1–7。

表 1–7　　版权业务基本概念

问题	概　　念
版权的术语	英语为 copyright；对应我国法律术语为“著作权”
版权相关法律	《中华人民共和国著作权法》（简称《著作权法》）
版权是什么	最初的版权含义单指复制权，后来的版权为著作权，指作者对其创作的文学、艺术、科学作品等智力成果或作品享有的专有权，包括人身权、财产权

续表

问题	概　　念
著作权作品种类	著作权法所称的作品，是指文学、艺术和科学领域内具有独创性并能以某种有形形式复制的智力成果 作品种类包括以下列形式创作的文学、艺术和自然科学、社会科学、工程技术等：①文字作品；②口述作品；③音乐、戏剧、曲艺、舞蹈作品；④美术、摄影作品；⑤电影、电视、录像作品；⑥工程设计、产品设计图纸及其说明；⑦地图、示意图等图形作品；⑧计算机软件；⑨法律、行政法规规定的其他作品
著作权的人身权（不可转让）	①发表权，即决定作品是否公之于众的权利；②署名权，即表明作者身份，在作品上署名的权利；③修改权，即修改或者授权他人修改作品的权利；④保护作品完整权，即保护作品不受歪曲、篡改的权利
著作权的财产权（可转让）	①复制权；②发行权；③出租权；④展览权；⑤表演权；⑥放映权；⑦广播权；⑧信息网络传播权；⑨摄制权；⑩改编权；⑪翻译权；⑫汇编权；⑬应当由著作权人享有的其他权利
著作权属于谁	著作权的人身权不同于其他权利，它具有专属性，通常只属于作者，在某些特殊情况下属于法人单位； 著作权的财产权属于作者，或者由作者授权或转让的第三方
著作权如何产生	著作权自作品完成之日起产生，在我国实行“自愿登记”原则
著作权如何取得	自动取得，即作者在完成作品时，就自动拥有全部著作人身权和财产权； 登记取得，即非作者可通过授权或转让登记获得著作权全部或部分财产权
版权保护期限	作者的署名权、修改权、保护作品完整权的保护期不受限制，作者的发表权、复制权、发行权、出租权等保护期为作者终生及其死亡后50年，截止于作者死亡后第50年的12月31日
著作权侵权行为	未经著作权人许可，复制发行其文字作品、音乐、电影、电视、视频作品、计算机软件等作品；出版他人享有专有出版权的书籍；未经录音录像制作者许可，复制发行录音录像；制作、销售假冒他人签名的艺术作品
版权如何分类	根据性质不同，版权可以分为著作权及邻接权
邻接权	邻接权是指作品传播者对在传播作品过程中产生的劳动成果依法享有的专有权利，在我国又称作品传播者权或与著作权有关的权利。邻接权与著作权关系密切，它是由著作权衍变转化而来的，是从属于著作权的一种权利
著作权和邻接权的区别	①主体不同：著作权主体是作品的作者以及作者以外享有著作权的公民、法人或其他社会组织；邻接权主体是作品的传播者，包括出版者、表演者、音像制作者、广播电视组织者。②保护客体不同：著作权保护的客体是文学、艺术和科学作品；邻接权保护的客体是经过传播者加工后的作品，即表演、录音录像制品、广播电视节目、图书版本。③内容不同：著作权包括人身权与财产权；邻接权包括出版者权、表演者权、录音录像制品制作者权、广播电视组织权等，侧重对其传播行为产生的经济利益的保护（表演者权除外）。④受保护的前提不同：作品只要符合法定条件，自完成之日起即可获得著作权保护；邻接权的取得应以著作权人的授权及对著作权作品在传播过程中的再加工为前提

2. 调研获取用户需求

小王初步了解版权知识后，觉得系统需求范围过大，需要进一步明确版权中心目标系统要实现的具体业务需求。于是他准备了一份需求调查问卷，分别发给该版权中心的相关管理人员和业务运营人员，见表 1–8。

表 1–8　　需求调查问卷

类别	要　　点
基本信息	问卷的名称：版权中心“版权管理系统”需求调查问卷 填表人信息：姓名 ____ 部门 ____ 岗位 ____ 联系方式 ____ 填报的时间：____ 年 ____ 月 ____ 日 文档的编号：UF_XX（项目名称）–03（阶段序号）_XXX（流水号）
前言	设计本调查问卷的目的是加深对版权中心项目的理解，更深入了解需求，为后续目标系统的方案设计提供参考和依据。 本问卷调查包括以下几个方面：对目标系统的期待、业务目前的运作情况、现有的信息系统情况及其基础设备等。 本问卷调查的对象为 ____
对目标系统的期待	背景：为什么要开发本系统？ 目标：要达到什么目标？ 你认为，目标系统怎样算是成功？衡量成功的关键标准有哪些？ 目标系统的范围？覆盖哪些业务？预期大致会有哪些功能？ 目标系统的直接使用者是谁？他们想怎样使用系统？其他受益者和部门有哪些？ 你认为，目标系统应如何支持你的部门、你的岗位的工作？对目标系统的要求与设想有哪些？ 你对同行业其他公司的相关系统有哪些了解？对这些系统有哪些印象？你认为他们好的地方在哪里？ 对未来系统的兼容考虑：未来可预见的信息化建设有哪些？现在应如何考虑？
业务目前的运作情况	公司组织架构是怎样的？各部门职责和职能是怎样的？与目标系统相关的机构人员职责是怎样的？在可预见的时期内，相关职位人员是否会发生变化？职责是否会进行调整？ 现有的业务运作模式是怎样的？ 与目标系统相关的业务流程清单及描述，包括业务名称、业务概述、目前数据库系统支持情况、期待的信息技术支持等。 同级别的部门有哪些？上下级关联的部门、单位有哪些？与本部门的业务往来有哪些？关联部门对本部门的要求和期待有哪些？ 目前信息技术部门对业务部门的支持运作方式是怎样的？是否有时需要信息技术部门通过技术手段为业务人员提取或处理相关业务数据？ 有目标系统的支持后，你认为会对哪些业务环节产生很大的影响？在哪些业务环节可以进行调整？如何调整？

续表

类别	要　　点
现有数据库系统	现有数据库系统及其简介，包括系统名称、功能、覆盖的业务、支持系统、数据库、工具、结构、开发者、系统不足等。 相关数据库系统的现有数据情况：数据结构、数据关系、数据量、历史数据的处理等。 现有数据库系统与目标系统的关系是怎样的？业务数据交换与共享情况是怎样的？
基础设施 / 设备	机房的情况、位置、连接方式、节点数是怎样的？如没有，计划如何安排？ 服务器和数据存储系统的部署情况？中间件和数据库的布置情况？ 网络布置结构图是怎样的？如何与上下级组织进行连接？是否有专网？ 现有的信息技术基础设施清单以及主要配置和目前使用情况是怎样的？ 能否提供其他结构设计相关的图表展示内容？

几天后，小王获得上述需求调查问卷的反馈，他仔细研究后，又针对反馈表中不太明确的内容，再次与相关客户进行电话沟通，并获得以下一些关键信息。

（1）版权中心的业务体系主要覆盖专业作品登记、软件产品登记、数字作品登记 3 大类。版权中心已经完成了专业作品、软件产品相关的信息系统建设。但针对数字作品，还没有很好的信息系统来支持，这也是本项目的建设目标。

（2）本项目的版权管理系统，其目标是针对数字作品的著作权提供权属确认、授权结算、维权保护 3 个方面的服务。

（3）本项目所说的数字作品，前期只针对数字图像内容，包括商品图、设计图、展示图在内的各种电子图像；后期还需考虑数字音视频、教学课件等内容。因此，系统建设时需要考虑这方面的可扩展性。

（4）为降低系统复杂性，本项目所说的著作权只划分为 3 类：①著作人身权，这部分权利专属于作者，不可转移；②著作财产权，包括《著作权法》规定的全部财产权，可以转移；③著作使用权，即部分财产权，主要涉及展览、表演、放映、信息网络传播等权利，不涉及复制、发行、出租、改编等权利。

（5）数字作品相对于其他类作品，数量庞大，未来增长也会很迅速。因此，一方面，本系统必须能由用户自助和系统自动完成，减少人工干预；另一方面，还需要考虑系统容量和扩容等问题，支持未来海量的数字版权作品。

（6）本项目的目标用户涉及几类不同角色：①原作者，数字作品的原始创作人，可通过系统自助完成数字作品著作权登记、交易转让等；②版权持有者，数字作品的版权持有人，可通过系统自助完成版权检索、购买并获得数字作品的财产权；③使用者，数字作品的使用者，能够自助完成版权检索、购买并获得数字作品的使用权；④维权者，能够提供相关侵权线索，让系统自动检测并获得维权证据，为后期版权保护或司法纠纷提供支持；⑤管理者，指版权中心的运营和管理人员，能够定期形成相关统计报表。

（7）上述几类用户在某些场景下有重叠，或可以互相转化。如原作者在作品初始登记时也是版权持有者，而非原作者的其他用户也可在版权交易后拥有版权而成为版权持有者，以此类推。

（8）同行业中，针对数字作品的版权登记都还处在探索阶段，可借鉴的经验不多。

（9）本项目作为一种基础服务设施，前期按照一个独立系统来建设，但需要提供开放接口服务，以支持后期系统能力扩展，以及支持更多的数字作品，甚至专业作品。

（10）数字作品版权业务流程可参考版权中心已有的专业作品著作权业务流程。

通过初步分析，数字作品在展现形式与专业作品有所不同，但其本质上也是一种作品，其版权业务流程和专业作品著作权业务流程非常接近。

因此，小王决定到版权中心工作现场，重点观察作品著作权登记申请、著作权合同备案申请、与著作权有关权利事项登记申请、著作权质权登记等业务流程，并收集相应的单据。随后，小王与相关的副总、前台办事员、财务会计等做了单独的面对面访谈，进一步获得了他们对信息化管理的想法。

3. 整理功能性需求并分析建模

需求调研完成后，小王进行了初步需求分析，发现部分需求需要调整，以确保需求的正确性、完备性、必要性、可行性和规范性。

有些需求明显超出了项目范围，或技术上不可行，需要加以控制。还有些需求，虽然没有人提出来，但对于数字作品的信息化管理是必需的，小王建议加进去。如数字作品相关人员的用户管理、权限控制，以及每个月给管理人员的运营报表、给财务人员的交易结算报表等。

经过整理、讨论、沟通、说服客户等过程后，小王最终跟客户确定了所有的需求。在此基础上，小王跟客户讨论确定了未来在信息化管理系统下的管理方式，包括相关

人员应该如何工作，各岗位与信息化系统相关的工作职责，使用者的计算机终端如何布置，在什么情况下需要使用软件等。

根据这些已经确定的需求，小王采用UML对相关人、物、事进行初步建模：首先，识别系统的关键目标用户以及计划为其提供的系统能力，画出用例图；其次，对于一些复杂和关键用例，还需补充用例说明；最后，对于一些复杂系统，一方面还需要识别系统的关键目标对象，建立概念模型，并初步画出类图，另一方面还可识别用户以及实体对象之间的关键活动，并初步画出活动图。

4. 挖掘非功能需求并设计方案

除功能性需求之外，小王还就一些非功能性需求点，与客户进行沟通和讨论。

（1）安全性需求。系统的安全性一方面是指用户在访问该系统之前需经过身份认证，由于不同的用户具有不同的身份和权限，故其只能访问其权限范围之内的数据，只能进行权限范围之内的数据操作；另一方面，系统需要对用户账号密码、身份信息、系统内数据库密码以及数字证书等隐私信息进行加密，防止在数据传输过程中将信息泄露。此外，系统还要能抵抗住来自互联网的一般性恶意攻击，该攻击要求在10秒内被检测到。

（2）易用性需求。系统的易用性指在第一次接触到该管理平台的用户中，至少有75%的人意识到这是一个数字版权相关的产品；用户在首次学习使用该管理平台时，其付出的时间成本应该很低；用户在输入错误的指令或者进行错误的操作时，该管理平台所显示的提示信息应该是非常友好的。

（3）可靠性需求。系统的可靠性是指该管理平台具备处理系统运行过程中出现的各种异常情况的能力，如输入非法数据、用户操作不当、硬件出现问题等。系统的可靠性还需要平台采用集群的方式提供服务，并能提供“7×24”不间断的服务，要能够及时发现有问题的节点，保证服务的高可用性。

（4）可扩展性需求。系统的可扩展性是指该管理平台的各个功能模块之间要实现低耦合，如果一个模块出现问题，不能影响到其他模块的正常运行。平台所采用的集群架构也应该具有非常好的扩展性，以应对弹性非常大的访问量，从而根据业务发展的需要提供更好的服务。

5. 验证关键需求及技术指标

小王在需求分析过程中多次与相关用户沟通并讲解自己的设计思想，听取用户的意见并修改。另外，针对一些技术上不容易实现的地方，小王还会征求开发人员的意见。

但是，数字版权领域是一个充斥着海量数据的新领域。理论上，本系统需要服务上亿网民，并存储海量的版权数据。这样的需求，对区块链数字版权体系，尤其是区块链底层系统，提出了很高的要求。

因此，小王在进行需求分析时，还征求了开发人员的意见，对一些关键技术指标进行验证，如区块链底层的每秒事务数（TPS）、每秒查询数（QPS）、响应延迟、账本容量限制等，以确保系统整体的技术可行性。

小王还先后组织了几次外部、内部需求评审，基本确定了系统需求。

6. 撰写需求分析文档，同时设计需求变更方案

小王根据定稿后的需求撰写了《需求规格说明》，并交给研发部门据此设计、开发和测试。

在软件开发期间，用户可能会觉得某些功能不符合管理要求还需要修改，从而提出需求变更的要求。小王根据用户要求，设计需求变更解决方案，撰写《需求变更说明》，交给研发部门修改软件设计和实现。

（三）撰写需求分析文档

1. 撰写需求分析文档的流程

完成一个具体项目的需求分析建模后，就要撰写需求分析文档，其基本流程如下。

（1）根据《计算机软件文档编制规范》中的 SRS 模板，定义文档大纲。

（2）简要描述需求问题域信息，包括项目背景、项目范围、系统概述、文档概述、引用文件等。

（3）准确记录用户的原始需求，包括待解决的问题、系统目标、运行环境、系统用户、约束条件、关键点、项目成功标准等。

（4）逐一撰写系统的需求规格，包括功能性需求、非功能性需求、系统约束等方面。

数字版权系统功能性需求见表 1–9。

表 1-9　　数字版权系统功能性需求

序号	用例	用例说明
1	用户注册	本管理平台需要提供一个注册功能，普通用户可以使用该功能，通过输入有效的手机号或者邮箱注册账号，并设定用户名和密码，通过用户名和密码登录该系统，进行下一步的操作，使用该管理平台的更多功能
2	用户登录	本管理平台需要有一个登录模块，管理员和版权登记用户使用该模块实现登录和注销功能
3	账号管理	系统用户在登录该管理平台后，可以对其账号信息进行管理，包括修改账户密码和个人信息等，系统管理员可以实现对系统账号的管理。该部分的操作涉及用户的隐私信息，所有操作都会被记录到区块链中。这样一来，该部分的每一步操作都可以从区块链中溯源，而且操作一旦被记录就不能更改
4	区块链服务	本管理平台需要提供给管理员一个区块链服务模块，管理员使用该模块可以在系统初始化时，配置区块链网络，部署区块链节点，配置通道或子链，并在其上部署智能合约，设置智能合约的运行环境
5	数字作品版权登记确权	本模块针对原创作者提供登记确权服务，其功能有数字内容上传、托管存储、原创性检测、数字作品摘要上链、生成数字作品唯一标识码
6	数字作品版权转让	本模块针对版权持有人，用于转让版权所有权及全部权利，其主要功能有转让合同上传，电子合同托管存储，合同有效性检查和审核，电子合同摘要上链，以及基于转让合同的交易信息上链
7	数字作品版权授权	本模块针对版权持有人，用于授权许可他人使用作品的全部或部分权利，但所有权保持不变，其主要功能有授权协议上传，电子协议托管存储，协议有效性检查和审核，电子协议摘要上链，以及基于授权协议的交易信息上链
8	数字作品版权侵权监测	本模块针对版权维权人，用于收集并固化侵权证据，为版权保护提供支持，其主要功能有接受侵权举报、登记侵权线索、扫描获取侵权快照、电子快照托管存储、电子快照摘要上链
9	数字作品版权信息检索	已经确权的数字内容的版权信息属于公开信息，其中包括内容的标题、确权的唯一标识码、存储地址、作品类别、确权时间、作者以及版权所有者，一般用户只要查阅该网站，就能看到这些信息。对于作者的联系方式、身份证号等一些涉及个人隐私的信息，平台应对其做隐私保护处理

在此基础上，还需逐一编写用例图和用例描述，数字版权系统用例图示例如图 1-10 所示。

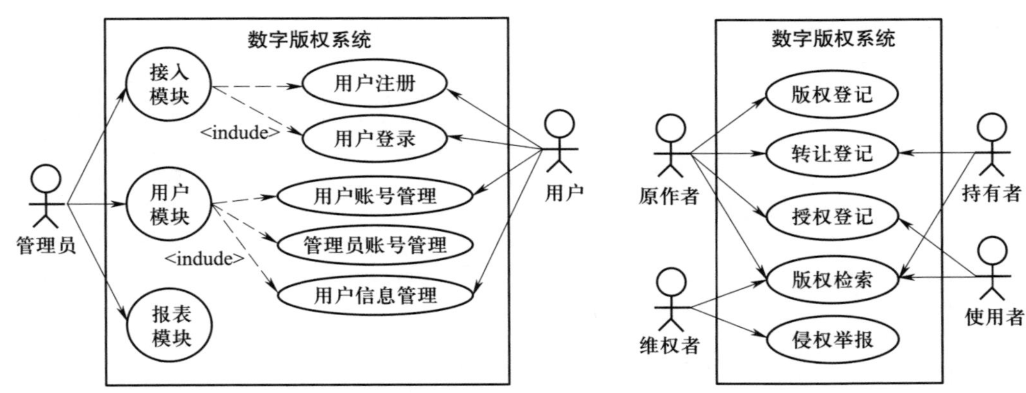

图 1–10　数字版权系统用例图示例

对于一些比较关键或复杂的用例，还需补充用例说明，版权检索用例描述示例见表 1–10。

表 1–10　　版权检索用例描述示例

标题	用例说明
用例名称	版权检索
用例描述	使用关键字来检索版权信息
参与者	管理员、用户（原作者、持有者、维权者、使用者）
前置条件	本管理平台已经有版权登记后的作品； 用户已经在本系统中注册并正常登录
后置条件	显示检索结果列表
基本路径	打开本系统的首页，点击“版权检索”按钮； 在输入框中输入关键字后，点击“查询”按钮； 页面显示检索结果； 用例结束
扩展点	可以混合使用作者名、作品名、作品特征标签等多个信息，按多种逻辑综合查询

对于一些复杂的系统，还需要识别系统的关键目标对象，并初步画出类图。

2. 撰写需求分析文档的要求

撰写需求分析文档时，首先需要在宏观层面，按照正确性、完备性、一致性、可

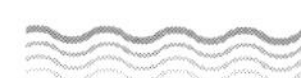

行性、健壮性、易理解、易测试、易修改、易追溯等要求，参考表1–11中撰写需求分析文档的要求和检查清单进行检查。

表1–11　　撰写需求分析文档的要求和检查清单

要求	检查清单
正确性	是否简明、简洁、无歧义性地表达每个需求？ 是否每个需求都能通过测试、演示、审查得以验证或分析？ 是否每个需求都在项目范围内？ 是否每个需求都没有内容上和语法上的错误？ 是否每个需求都能够在现有资源限制下得以实现？ 是否任意一个特定的错误信息都具有唯一性和明确的意义？
完备性	需求定义是否包含有关文件所规定应包含的所有需求内容？ 需求定义是否包含有关功能、性能、目标、质量等方面的所有需求？ 功能性需求是否覆盖了所有非正常情况的处理？ 是否对各种操作模式（如正常、非正常、有干扰等）下的环境条件都做了规定？ 是否识别出了所有与时间因素有关的功能？它们的时间准则是否都明确？ 是否定义了将来可能会变化的需求？ 是否定义了系统的所有输入？ 是否标识了系统的输入来源？ 是否识别了系统的输出？ 是否说明了系统输入、输出的类型？ 是否说明了系统输入、输出的值域、单位、格式等？ 是否说明了如何进行系统输入的合法性检查？ 是否定义了系统输入、输出的精度？ 在不同负载情况下，系统的吞吐率、响应时间是怎样的？ 是否定义了系统的容错能力？针对软件、硬件、网络等故障应如何反应？ 是否充分定义了关于人机界面的需求？
一致性	各个需求之间是否一致？是否有冲突和矛盾？ 所规定的模型、算法和数值方法是否相容？ 是否使用了标准输入和定义形式？ 需求是否与其软、硬件操作环境兼容？ 是否说明了软件对其系统和环境的影响？ 是否说明了环境对软件的影响？
可行性	需求定义是否使得软件的设计、实现、操作和维护都具备可行性？ 所规定的模式、数值方法和算法是否适用于对待解决的问题？是否能在相应的限制条件下实现？ 是否能够达到关于质量的要求？
健壮性	是否有容错的需求？

续表

要求	检查清单
易理解	是否每一个需求都只有一种解释? 功能性需求以模块方式描述，是否明确地标识出其功能? 是否使用了形式化或半形式化的语言，语言是否有歧义性? 需求定义是否只包含了必要的实现细节，是否过分细致? 需求定义是否足够清楚和明确，是否能够作为开发、设计规约和功能、性能测试的基础? 需求定义的描述是否将程序的需求和所提供的其他信息分离开来?
易测试	需求是否可以被验证? 是否每一个需求都制定了验证过程? 数学函数的定义是否使用了精确定义的语法和语法符号?
易修改	对需求定义的描述是否易于修改? 是否有冗余的信息，是否一个需求被定义多次?
易追溯	是否每个需求都具有唯一性，并且可以正确地识别它? 是否可以根据高层需求（如系统需求或使用实例）跟踪到软件功能需求?
质量	是否合理地确定了性能目标? 是否合理地定义了安全和保密方面的考虑? 在确定了合理的折中情况下，是否详实地记录了其他相关的质量属性?
其他	是否所有的需求都是名副其实的需求，而不是设计或实现方案? 是否确定了对时间要求很高的功能，并且定义了它们的时间标准? 是否已经明确地阐述了国际化问题?

此外，还需要对每个用例从微观层面进行检查，使其符合以下要求。

- 一个矩形框代表一个系统，并将系统名称写入框中的顶部。
- 所有用例都在系统框内，而用例的参与者在系统框外。
- 用例的名称是否有意义且不含糊?
- 用例的目标或价值度量是否明确?
- 相关的参与者和交换的信息是否被明确定义?
- 用例的前提条件是否明确?
- 用例的后置条件是否明确?
- 适用的非功能需求是否被捕获?
- 用例是否符合逻辑顺序?
- 用例图是否包含任何泛化?

- 用例是否处在抽象级别上，而不包含设计和实现的细节？
- 用例基本流程和替代流程是否完整、正确和一致？
- 用例图是否记录了所有可能的可选过程？
- 用例图是否记录了所有可能的例外条件？
- 是否存在一些普通的动作序列可以分解成独立的子用例？
- 是否无歧义和完整地记录了每个过程的对话？
- 用例中的每个操作和步骤是否都与所执行的任务相关？
- 用例中定义的每个过程是否都可行？
- 用例中定义的每个过程是否都可验证？

第二节　设计应用系统功能模块

考核知识点及能力要求

- 掌握应用系统功能模块的设计方法。
- 掌握应用系统功能模块的设计文档规范。
- 能设计应用系统功能模块。
- 能撰写应用系统功能模块的设计文档。

一、应用系统功能模块的设计方法

分析和设计活动是一个多次反复迭代的过程。分析是提取和整理用户需求，并建立问题域精确模型的过程。设计是将分析阶段得到的问题域模型转化为求解域方案的过程，该方案是符合成本和质量要求的、抽象的系统实现方案。

主要设计方法有结构化设计和面向对象设计两种。

（一）结构化设计

结构化设计是采用“自顶向下，逐步求精”的设计方法和“单入口、单出口”的控制构件。

“自顶向下、逐步求精”的方法是人类解决复杂问题时常用的一种方法，采用这种先整体后局部、先抽象后具体的步骤，所开发的软件一般具有较清晰的层次。

“单入口、单出口”的控制构件使程序具有良好的结构特征，这些能极大降低程序的复杂性，增强程序的可读性、可维护性和可验证性，从而提高软件的生产率。

随着面向对象、软件复用等开发方法和技术的发展，更现实、更有效的开发途径是“自顶向下”和“自底向上”两种方法的有机结合。

（二）面向对象设计

面向对象设计是一种设计方法，包括面向对象分解的过程和表示法，这种表示法用于展现被设计系统的逻辑模型和物理模型、静态模型和动态模型。该定义有两个要点：一是面向对象设计导致了面向对象分解；二是面向对象设计使用了不同的表示法来表达逻辑设计（类和对象结构）和物理设计（模块和处理架构）的不同模型，以及系统的静态和动态特征。

从面向对象分析到面向对象设计的过程，是基于一致的面向对象方法学（OOM）逐渐扩充模型的过程。在此过程中，面向对象方法学在概念和表示方法上的一致性，保证了在各项开发活动之间的平滑过渡。

面向对象方法学的出发点和基本原则是模拟人类习惯的思维方式，使开发软件的方法与过程尽可能接近人类认识世界、解决问题的方法与过程，即使问题域和求解域在结构上尽可能一致。在面向对象方法中，每个对象（object）是由数据和操作封装而成。其中，“数据”描述了事物的属性；“操作”作用于数据之上，体现了事物的行为；两者共同组成“对象”，用来描述客观事物的一个实体，是构成系统的基本单元。

结构化设计和面向对象设计对比见表 1–12。不同于结构化设计是利用算法或函数来抽象，面向对象设计是利用类和对象的抽象来构建逻辑系统结构的。与结构化设计中的“数据”不同，“对象”不是被动地等待外界对它施加操作，相反，它是进行处理的主体。必须发消息请求对象主动地执行它的某些操作，处理它的私有数据，而不能从外界直接对它的私有数据进行操作。

表 1–12　结构化设计和面向对象设计对比

项目	结构化设计	面向对象设计
设计思想	自顶向下，逐步分解任务	自底向上，逐步组合对象
特点	围绕数据加工	围绕对象本身
模块	算法或函数	对象类
数据抽象	数据结构	类封装的一组数据属性
过程抽象	算法或函数	类封装的一组操作方法
参数抽象	不支持	模板（C++）、泛型（Java）
数据处理	函数调用	对象之间的消息传递
扩展机制	函数的组合、重写	类的组合、继承、多态
优点	代码流程清晰；易于分析；运行效率高	结构清晰，模块化高，更符人类思维方式；易扩展，代码重用率高，可继承，可覆盖；易维护，系统低耦合特点可降低维护难度
缺点	难扩展，代码可复用性低；难维护，后期维护难度大	封装层次过多，导致程序臃肿；抽象程度更高，运行效率较低
编程语言	C、Pascal 等	C++、Java、JavaScript、Golang 等
适用场景	中小型软件系统、高性能核心模块	复杂的大型软件系统

面向对象设计出来的对象模型具有抽象化、封装化、模块化、层次化的特点，尤其适用于复杂的大型软件系统。

1. 抽象化

抽象化是一种能让用户在关注某一概念的同时放心地忽略其中一些细节的能力，使用户可以在不同的层次处理不同的细节。面向对象分析将软件系统所有的元素都抽象为对象，并把所有的对象都划分成各种对象类型，简称类（class）。类与类之间可以是继承关系，父类是子类的抽象，子类可以使用父类的所有功能，并在无须重新编写原来的类的情况下对这些功能进行扩展。

2. 封装化

封装填补了抽象留下的空白，严格限制用户看到内部细节。在面向对象分析中，对象就是一种封装单元，每个对象类都可封装一组自有的数据和方法；同时将软件系统中公共数据封装为对象的静态属性，并视之为对象的状态信息。

3. 模块化

模块化是一种处理复杂系统分解为更好的可管理模块的方式。在面向对象分析中，每个对象就是一个模块，多个简单对象可以组合为复杂模块，最终组合成完整的软件系统。

4. 层次化

层次化一方面是指类结构的层次化，即类之间可通过“继承”形成层次结构，每个子类可以使用父类的所有功能，并在无须重新编写原来的类的情况下对这些功能进行扩展；另一方面是指对象结构的层次化，即对象之间可通过“组合”形成复杂对象。

（三）面向对象设计原则

优秀的设计是权衡了各种因素，从而使得系统在其整个生命周期中的总开销最小的设计。对大多数软件系统而言，大部分费用都花在后期维护阶段。因此，优秀的软件设计的一个主要特点就是易于维护。

设计良好的对象模型通常会遵守以下设计原则。

1. 概念抽象

面向对象设计基于对象和类，从多个层次对系统中的概念及实体进行高度抽象。

（1）将所有概念元素都抽象为对象。

（2）对象分类后，将其类型抽象成特定的类，每个对象都是某个类的实例。

（3）将处理过程抽象为类的方法，作为类对外开放的公共接口，用于操作类实例中的数据。

（4）将私有数据抽象为类的非静态属性。

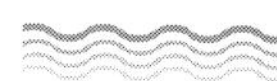

（5）将公共数据抽象为类的静态属性。

（6）类的参数也可抽象化，即把数据类型作为参数，如 C++ 的模板机制、Java 的泛型机制。

2. 信息隐藏

信息隐藏，即采用封装技术，阻止使用者看到不必要的内部细节，从而降低使用门槛，防止错误使用。

外部无须了解数据的细节，只需要了解类方法，来操作类实例中隐藏的内部数据。外部无须了解子类的细节，只需要了解接口或父类，即可调用子类方法实现交互。

3. 弱耦合

耦合是指一个软件结构内不同模块之间依赖关系的紧密程度。在面向对象方法中，对象是最基本的模块，因此耦合主要指不同对象之间相互关联的紧密程度。

弱耦合是优秀设计的一个重要标准，有助于降低系统中某一部分变化对其他部分的影响程度。在理想情况下，对某一部分的理解、测试或修改，无须涉及系统的其他部分，这样可以大幅提高软件系统的可复用性。

对象不可能是完全孤立的，当两个对象必须互相联系、相互依赖时，应该通过类的方法（即公共接口）实现耦合，不应该依赖类的具体实现细节。

一般来说，对象之间的耦合可分为两大类。

（1）交互耦合，即对象之间消息交互的耦合关系，该耦合应尽可能松散。一方面，应尽量降低消息链接的复杂程度，减少消息中包含的参数个数，降低参数的复杂程度；另一方面，应尽量减少发送或接收的消息数量。

（2）继承耦合，即一般父类和子类之间的耦合关系，该耦合应尽可能紧密。在设计时，应该使子类尽量多继承并使用父类的属性和服务。

4. 强内聚

内聚可衡量一个模块内各个元素彼此结合的紧密程度。内聚也可理解为，设计一个软件构件时，其内部各个元素对完成一个定义明确的目的所做出的贡献程度。在设计时，应力求做到强内聚。在面向对象设计中，存在 3 种内聚。

（1）方法内聚。一个方法应该完成一个且仅完成一个功能。

（2）类内聚。一个类应该只有一个用途，类的属性和方法应该全都是完成该类和对象的任务所必需的，其中不应包含无用的属性或方法。如果某个类有多个用途，则应该把它分解成多个专用的类。

（3）继承内聚。设计出来的父类和子类应该具有一般和特殊结构，符合多数人的理解，是对相应领域知识的正确抽取。

5. 可复用

可复用即软件系统或模块可在多处重复使用。软件复用是提高软件开发生产率和目标系统质量的重要途径。

在设计阶段就必须考虑软件的可复用性。尽量使用已有的类，包括开发环境的类库，以及以往开发类似系统时创建的类。如果确实需要创建新类，则在设计这些新类时，应考虑其在将来的可复用性。

6. 其他原则

在具体到面向对象编程（OOP）时，软件工程师们在上述原则的基础上，还总结了一些原则。

（1）单一职责原则（SRP）：一个类仅有一个引起它变化的原因，即一个类应该仅有一个职责。

（2）开放封闭原则（OCP）：软件实体应当对扩展开放，对改动关闭。

（3）里氏替换原则（LSP）：子类型必须可以替换掉它们的父类型。

（4）最少知道原则（LKP）：一个对象应该对其他对象保持最少的了解。

（5）接口隔离原则（ISP）：客户端不应该依赖它不需要的接口；类之间的依赖关系应该建立在最小的接口上。

（6）依赖倒置原则（DIP）：高层模块不应该依赖低层模块，二者都应该依赖其抽象；抽象不应该依赖细节；细节应该依赖抽象。该原则的中心思想是面向接口编程。

（7）合成/聚合复用原则（CARP）：尽量采用组合、聚合的方式，而不是通过继承的关系来达到软件的复用目的。

上述原则可以指导软件工程师们更好地进行详细设计和开发工作。

（四）面向对象设计工具

UML 定义了多种设计工具来辅助设计，见表 1–13，这些工具分别用于描述系统的结构和行为。

表 1–13　UML 中的设计工具

序号	分类	工具 / 图名称	功能描述	版本说明
1	结构建模	类图	描述类、类特性，以及类之间的关系	UML1.0 原有
2		对象图	描述某时间点上系统中各对象的快照	UML1.0 非正式
3		构件图	描述构件的结构与连接	UML1.0 原有
4		部署图	描述构件在各个节点上的部署	UML1.0 原有
5		包图	描述编译时的层次结构	UML1.0 非正式
6		复合结构图	描述运行时类的分解	UML2.0 新增
7	行为建模	用例图	描述用户与系统如何交互	UML1.0 原有
8		活动图	描述过程行为与并行行为	UML1.0 原有
9		状态图	描述事件如何改变对象生命周期	UML1.0 原有
10		时序图	描述对象之间的交互，重点在于顺序	UML1.0 原有
11		通信图	描述对象之间的交互，重点在于连接	UML1.0 协作图
12		定时图	描述对象之间的交互，重点在于定时	UML2.0 新增
13		交互概览图	一种时序图和活动图的混合	UML2.0 新增

采用面向对象设计方法时，可以继续采用设计工具来完善设计，除在分析阶段使用的用例图、类图、活动图之外，还可以使用时序图、协作图、状态图、构件图、部署图等工具。有时还会引入包图来管理信息组织的复杂性。开发者还可根据所承担项目的实际情况，灵活取舍或增补。例如，对于较简单的系统，只使用部分 UML1.0 的工具，针对较复杂的系统，可引入 UML2.0 新增的复合结构图、定时图、交互概览图等。

二、应用系统功能模块的设计文档规范

设计文档也被称作技术规范和实现手册，描述了如何去解决一个问题，是确保正确完成工作最有用的工具。

一般来说，设计文档的生命周期有以下几个阶段。

（1）创建并快速迭代：通过不断的思考论证和缜密思考，完善出第一版稳定的文档。

（2）多轮次设计评审：开展头脑风暴，直面他人的疑问，收集他人的反馈意见，完善文档。

（3）实现和迭代：发现编码实现和设计有冲突或设计有缺陷时，及时调整更新文档。

（4）维护和学习：随着业务功能不断变化，应该及时更新文档。

在多轮次设计评审阶段，系统设计人员和程序设计人员应该在反复理解软件需求的基础上提出多个设计，分析每个设计能履行的功能并进行比较，最后确定一个设计，包括该软件的结构、模块的划分、功能的分配，以及处理流程。在系统比较复杂的情况下，该阶段还可分解成概要设计阶段和详细设计阶段两个子阶段。

在一般情况下，设计阶段应完成的文档包括结构设计说明、详细设计说明、测试计划初稿。三者均可参考《计算机软件文档编制规范》中的以下文档模板来定义。

软件设计说明（SDD）描述了计算机软件配置项（CSCI）的设计，包括 CSCI 设计决策、CSCI 体系结构设计（概要设计）和实现该软件所需的详细设计。SDD 还可用接口设计说明和数据库设计说明加以补充。SDD 同相关的接口设计说明和数据库设计是实现该软件的基础，向需求方提供了设计的可视性，为软件支持提供了需要的信息。

软件测试计划（STP）描述对计算机软件配置项、系统或子系统进行合格性测试的计划安排，包括进行测试的环境、测试工作的标识及测试工作的时间安排等。通

常每个项目只有一个 STP 文档，使得需求方能够对合格性测试计划的充分性做出评估。

三、能力实践

面向对象的分析模型主要由用例描述和用例图、领域概念模型等构成。

面向对象的设计模型包含以下内容：①体系结构图，可用包图表示。②用例实现图，可用交互图表示。③完整精确的类图。④针对复杂对象的状态图。⑤用来描述流程化处理的活动图等。

面向对象的软件设计过程如图 1–11 所示。

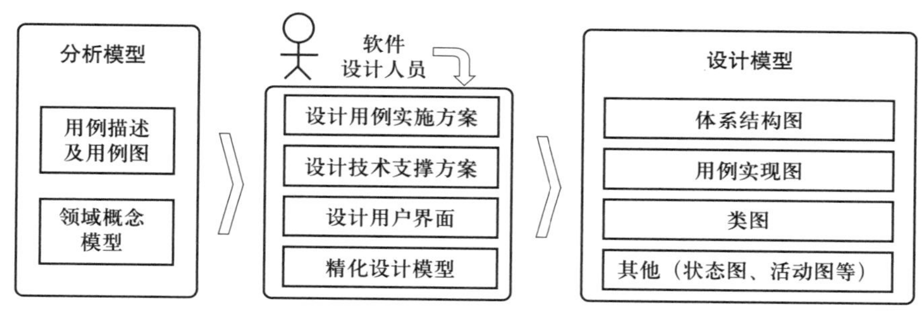

图 1–11　面向对象的软件设计过程

为完成从分析模型到设计模型的转换过程，软件设计人员必须处理以下任务。

一是设计总体技术架构。

二是设计技术支撑设施。在大型软件项目中，往往需要一些技术支撑设施来帮助业务需求层面的类或子系统完成其功能。这些基础设施本身并非业务需求的一部分，但却为多种业务需求的实现提供公共服务。例如，数据的持久存储服务、安全控制服务和远程访问服务等。在面向对象设计中，需要研究这些技术支撑设施的实现方式以及它们与业务需求层面的类及子系统之间的关系。

三是针对分析模型中的用例，设计用例实现方案，可用时序图或交互图表示。

四是设计关键对象类的类图。针对分析模型中的领域概念模型以及引进的新类，完整、精确地确定每个类的属性和操作，并标示类之间的关系。此外，为了实现软件复用和强内聚、松耦合等软件设计准则，还可以对已经形成的类图进行各种微调，最终形成足以构成面向对象程序设计的基础和依据的详尽类图。

五是针对系统中关键模块或内容，补充设计状态图和活动图。

六是撰写相关的设计文档。

以数字版权系统为例，该系统的设计目标是基于区块链技术，构建一个既能保证版权信息公开又能保护用户隐私的、去中心化的系统，该系统可提供版权确权登记、版权转让登记、版权授权登记、版权维权登记等服务。

（一）设计总体技术架构

本系统的总体技术架构如图 1–12 所示。

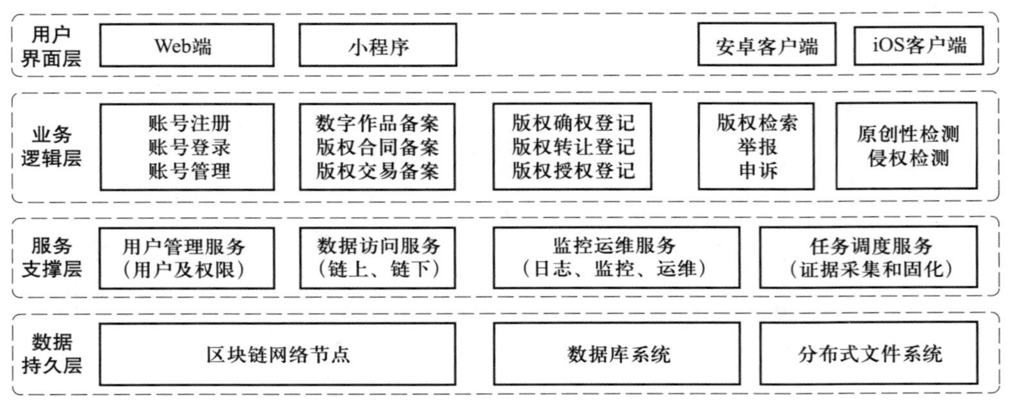

图 1–12　系统总体技术架构

本方案将基于区块链的数字版权系统分为 4 层。

1. 数据持久层

负责业务数据的持久化存储。根据内容的不同，将业务数据分别存储在区块链网络节点、数据库系统、分布式文件系统中。

2. 服务支撑层

负责为整个系统提供功能方面的技术支持，包括用户管理服务、数据访问服务、监控运维服务、任务调度服务。

3. 业务逻辑层

负责把底层提供的服务具体应用到本系统中，调用底层的一系列 API 实现业务应用。

4. 用户界面层

负责为用户提供一个友好的使用界面，将底层技术透明化，降低用户的使用成本。前期先提供 Web 端和小程序两种用户界面，后期再考虑提供安卓和 iOS 客户端。

（二）设计技术支撑设施

本系统需要设计 4 个服务子系统作为业务支撑组件。

1. 用户管理服务

提供用户管理和权限控制等服务。考虑到未来数字版权系统的用户子系统，还有可能需要与版权中心已有系统的用户子系统进行整合，或者采用统一的第三方服务，或者支持单点登录（SSO）。因此将其独立出来后，更容易进行后续扩展和整合。

2. 数据访问服务

提供区块链链上数据、关系型数据库数据、分布式文件系统数据的访问服务。

3. 监控运维服务

采集系统和应用日志，采集监控指标、图表化 Web 展示，以及其他运维支撑相关服务。

4. 任务调度服务

提供分布式任务调度管理服务，支持按需或定时采集侵权证据，并写入区块链以固化证据，为后期版权保护和维权提供依据。

（三）设计用例实现方案

下面以作者上传数字作品并登记确权的场景为例设计方案，其中涉及用户注册、登录、数字作品登记、数字作品确权、版权信息检索等用例。要实现这些用例，需要设计用户子系统、版权子系统、区块链网络、分布式文件系统、数据库系统等。

1. 用户注册

用户首先需要注册本系统的账户，才能进行后续操作。用户子系统会将脱敏后的关键用户信息记录在区块链上，同时通过区块链网络生成唯一用户标识信息，最后再将用户身份信息记录到数据库中。

2. 用户登录

用户在注册完成后，需要先登录本系统，才能进行其他操作。除了注册和登录之外的所有用例，其执行的第一步都需要校验用户是否正确登录，并判断用户类型是管理员还是普通用户，是否有权限进行本次操作。

3. 数字作品登记

作者成功登录系统后，就可以将其数字作品上传，并托管存储在本系统的分布式文件系统中保存。之后系统将产生的数字作品唯一标识以及托管存储链接地址反馈给作者。

4. 数字作品确权

在作者完成数字作品登记后，就可提交确权申请，版权子系统在经过一系列原创性检查等验证之后，就可将版权信息写入区块链网络和数据库系统，最后将“作者拥有该数字作品的所有权益”的确权结果反馈给作者。

5. 版权信息检索

所有用户登录系统后，都可以根据作者标识或多个关键字来检索系统中已有的版权信息。版权子系统首先从数据库中进行检索，接着基于检索出来的信息去区块链上进行验证，根据需要，还可从 IPFS 等分布式文件系统获取数字作品内容，最后将检索结果和作品内容等信息反馈给用户，为用户后续进行版权投诉或申诉提供依据。

在上述过程中，用户子系统和版权子系统与区块链、IPFS 和数据库系统交互，都是通过数据访问服务中的 DA 和 BA 组件来完成的，此处不再展开介绍。

上述数字版权用例的时序图如图 1–13 所示。

（四）设计关键对象类的类图

本系统采用面向对象设计方法。首先梳理用例中出现的相关名词，根据前期需求分析的结果，已经初步识别出用户、作品、版权、合同、交易等多个关键对象，然后画出数字版权系统的类图，如图 1–14 所示。

1. 用户

任何与系统相关的人都是用户。用户可分为管理员和普通用户两大类。前者负责维护系统本身，后者负责维护版权相关内容。根据用户类型不同，普通用户可以分为

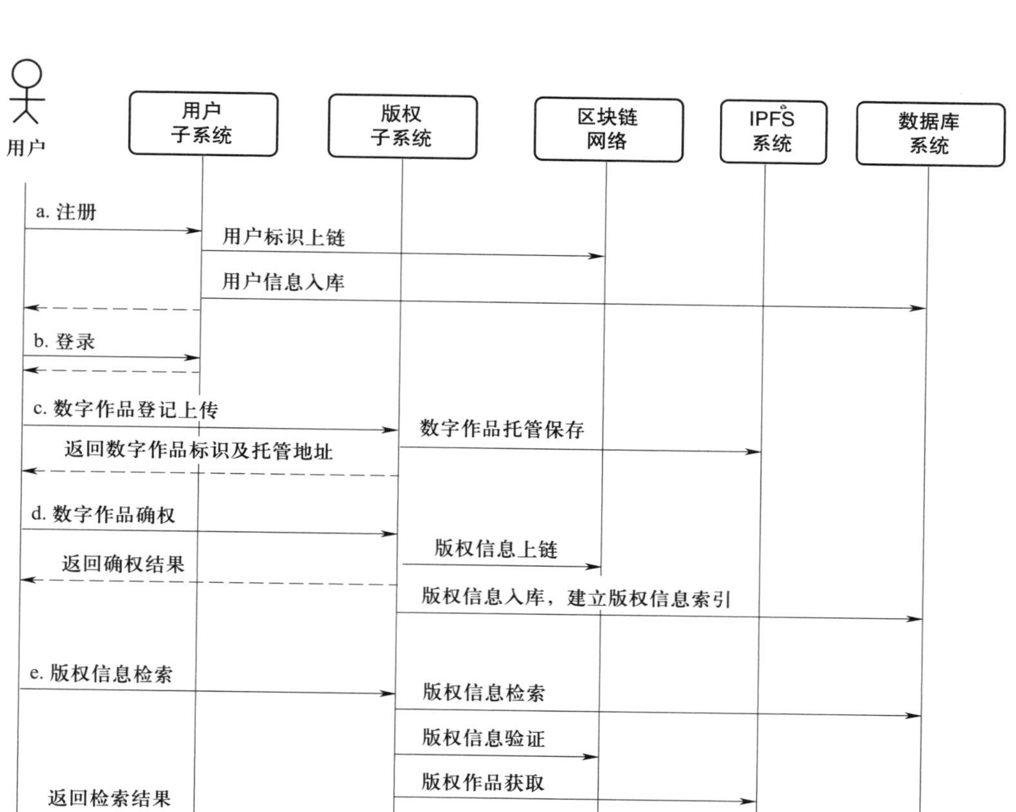

图 1–13　数字版权用例的时序图

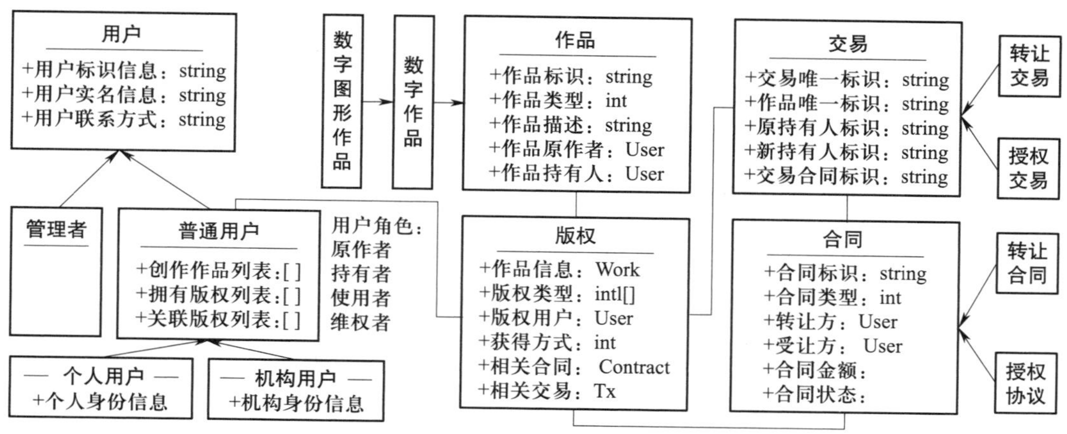

图 1–14　数字版权 UML 类图示例

个人用户和机构用户。根据角色不同，普通用户还可细分为原作者、拥有所有权的版权持有者、拥有使用权的版权使用者、维权者。所有人都是维权者，无须拥有版权，只要是系统用户，都可以针对侵权现象提供侵权线索，进行举报或申诉，维护版权持有者的合法权益。考虑到用户角色可能存在重叠，因此以用户类型来区分设计更合理。

2. 作品

作品是版权保护的客体。在本系统中，主要针对数字作品，前期主要针对数字图形作品，未来还将包括数字音频、数字视频等作品。

3. 版权

版权代表某个用户针对某件数字作品所拥有的权利。按照《著作权法》规定，著作权包括人身权和财产权这两大类权利；用户可以拥有其中多项权利。版权对象中还记录了该版权的获得方式，是作者创作作品后原始取得，还是非作者通过转让、授权等方式获得，转让和授权都与具体的合同和交易信息相关。

4. 合同

合同是版权转移登记和转让授权登记的重要凭证。前者用于所有权转让，后者用于使用权授权。前者采用相对正式的合同，后者采用统一的开放式许可协议，授权交易完成后，即可授权。

5. 交易

交易记录与版权转移或版权授权相关的信息，与合同一起作为版权流转的依据。具体的交易形式多样，可以线下交易，也可以线上交易。在本系统中，不包含实际系统，但是应该具备与外部版权交易子系统对接的接口或能力。

（五）设计其他补充内容

对于一些复杂模块或子系统，还可补充更详细的内容，例如：

（1）设计全局数据结构，以及相关常量、主要变量等。

（2）设计全局服务接口，包括网络通信方式、通信接口协议等。

（3）设计用户交互界面，包括主要用户操作界面、界面之间的交互和切换。

（4）设计各子系统，如用户子系统、版权子系统、监控运维和任务调度子系统等。

（5）设计网络拓扑结构图和物理部署架构图。

（六）撰写设计文档

1. 撰写设计文档的流程

完成一个具体项目的设计建模后，就要撰写软件设计文档，其基本流程如下。

（1）依据《计算机软件文档编制规范》的 SDD 文档，定义设计文档大纲。

（2）描述系统概述、文档概述、引用文件、设计决策等内容。

（3）描述软件体系结构，如模块划分、模块层次结构关系等。

（4）描述全局数据结构，如常量、变量、数据结构。

（5）描述全局接口设计，如接口标识、接口交互图。

（6）撰写各个模块或子系统的详细设计。

2. 撰写设计文档的要求

在撰写设计文档时，常见的问题如下。

（1）文档工具不统一，不同的小组、部门存在差异，有些文档甚至不知道是什么格式，无法打开。

（2）过度复制需求文档，缺少软件设计的内容。

（3）排版混乱，设计文档未按照标准模板顺序撰写，缺少清晰的目录结构。

（4）设计文档中包含太多图片，有些质量很差，且缺失原始文件，会导致文档迭代时需要全部重新绘图，给维护更新工作造成麻烦。

（5）没有统一的文档版本管理工具，缺少追溯和统计管理的能力。

（6）数据库表结构设计样式杂乱、不统一，字段无中文描述，且基本没有考虑主键和索引设计。

（7）程序流程比较简单，缺少主线，无法描述核心算法及关键点。

（8）类图体现不了类之间的关系，有的直接用英文函数名，缺乏描述。

（9）时序图只描述了与数据库的交互，缺少业务流程和程序执行时序图。

（10）缺少对安全、性能、边界情况、性价比的思考，考虑不够全面，评审把关不严。

在撰写设计文档时，需要注意以下事项。

（1）明确撰写人。明确文档撰写人是架构设计师还是功能的开发者。

（2）明确读者。明确文档的读者是部门内部的开发者、伙伴实施人员，还是外部的开发者。

（3）设计先行。设计文档的撰写应该在编码之前，这可以极大地避免后期出现返工的情况，也能提升开发效率。

（4）图文结合。尽可能地使用图形结合文字的方式清楚表达设计思路。

（5）统一绘图工具。需要支持导入及导出，方便后续更新。

（6）统一文档模板。防止出现文档不规范、排版不一致、难以阅读等问题。

（7）确定文档的承载形式。可以从安全性、便于查看、版本管理等方面考虑，推荐使用内部的知识文档管理系统、内网微盘等。

（8）做好版本管理。每次文档的修改都可追溯，有据可查。

（9）做好版本迭代。在软件功能迭代的过程中，可能经过几次迭代后软件的功能和设计有了很大的变化。设计文档应该及时更新，以免给人传递错误的信息。

（10）好代码优于设计文档。

第三节　设计数据库结构

考核知识点及能力要求

- 掌握数据存储结构的分析方法。
- 掌握数据存储结构的设计方法。
- 能使用软件工具分析数据存储结构。
- 能使用软件工具设计数据存储结构。

一、数据存储结构的分析方法

（一）数据结构

数据结构是计算机存储、组织数据的方式，指数据元素之间存在一种或多种特定关系的集合，即带“结构”的数据元素的集合。其中的“结构”就是指数据元素之间存在的关系，通常分为数据逻辑结构和数据物理结构（也称数据存储结构）。

1. 数据逻辑结构

数据逻辑结构指反映数据元素之间的逻辑关系的数据结构。其中的逻辑关系是指数据元素之间的前后关系，与它们在计算机中的存储位置无关。常见的逻辑结构包括以下内容。

（1）线性结构。数据结构中的元素存在一对一的对应关系。具体来说，线性结构是非空集，有且仅有一个开始节点和一个终端节点，所有节点都最多只有一个直接前趋节点和一个直接后继节点，线性表、队列、堆栈、串、数组等都是线性结构。

（2）树形结构。数据结构中的元素存在一对多的对应关系，树、二叉树、堆等都是树形结构。

（3）图形结构。数据结构中的元素存在多对多的对应关系，有向图、无向图等都是图形结构。

（4）集合结构。数据结构中的元素之间除了“同属一个集合”外，无其他的关系。

2. 数据物理结构

数据物理结构指数据的逻辑结构在计算机存储空间的存放形式。数据的物理结构是数据结构在计算机中的表示（又称映像），它包括数据元素的机内表示和关系的机内表示。

（1）数据元素的机内表示。用二进制位的位串表示数据元素，通常称这种位串为节点。当数据元素由若干个数据项组成时，位串中与各数据项对应的子位串称为数据域。因此，节点就是数据元素的机内表示或机内映像。

（2）关系的机内表示。数据元素之间的关系的机内表示可以分为顺序映像和非顺序映像，常用两种存储结构：顺序存储结构和链式存储结构。顺序映像借助元素在存储器中的相对位置来表示数据元素之间的逻辑关系。非顺序映像借助指示元素存储位置的指针来表示数据元素之间的逻辑关系。

（二）数据存储结构方法

一般来说，一种数据逻辑结构根据需要可以表示成多种存储结构，常用的数据存储结构方法有顺序存储、链式存储、索引存储和散列存储四种。

（1）顺序存储。该方法把逻辑上相邻的节点存储在物理位置上相邻的存储单元里，节点间的逻辑关系由存储单元的邻接关系来体现。由此得到的存储表示称为顺序存储结构，通常借助程序语言的数组来描述。该方法主要应用于线性数据结构，非线性数据结构也可通过某种线性化的方法实现顺序存储。

（2）链式存储。该方法不要求逻辑上相邻的节点在物理位置上也相邻，节点间的逻辑关系由附加的指针字段表示。由此得到的存储表示称为链式存储结构，通常借助于程序语言的指针类型描述。

（3）索引存储。该方法通常在储存节点信息的同时还建立附加的索引表。索引表由若干索引项组成。若每个节点在索引表中都对应一个索引项，则该索引表是稠密索引；若一组节点在索引表中只对应一个索引项，则该索引表是稀疏索引。

（4）散列存储。该方法的基本思想是通过对节点关键字进行散列函数计算，直接算出该节点的存储地址。

数据逻辑结构和数据物理存储结构是数据结构的两个密切相关的方面，同一数据逻辑结构可以对应不同的数据物理结构。算法的设计取决于数据逻辑结构，而算法的实现依赖特定的数据物理结构。在通常情况下，精心选择的数据结构可以带来更高的检索或者存储效率。

（三）数据结构分析

数据结构分析就是研究数据的逻辑结构和物理结构，以及它们之间的相互关系，并针对这种结构定义相应的运算，设计出相应的算法，并确保经过这些运算后得到的新结构仍保持原来的结构类型。

数据结构的研究内容是构造复杂软件系统的基础，它的核心技术是分解与抽象。数据结构分析过程如下。

（1）通过分解划分出数据、数据元素和数据项这 3 个层次。

（2）通过抽象舍弃数据元素的具体内容，得到逻辑结构。

（3）通过分解将处理要求划分成各种功能。

（4）通过抽象舍弃实现细节，得到运算的定义。

（5）通过增加对实现细节的考虑，进一步得到存储结构并实现运算。

前 4 个步骤是从具体问题到抽象数据结构的过程，最后一步是从抽象的数据结构到具体实现的过程。

二、数据存储结构的设计方法

数据存储结构设计的目标是为用户和各种应用系统提供信息基础设施和高效的运行环境。高效的运行环境是指数据库的存取效率高、数据库存储空间的利用率高、数据系统运行管理的效率高。

早期的数据库设计主要采用手工与经验相结合的方法，设计的质量往往与设计人员的经验和水平有直接的关系。数据库设计是一项复杂的工作，如果缺乏科学理论和工程方法的支持，设计质量就难以保证。数据库运行一段时间后，往往会出现各种问题，需要进行修改甚至重新设计，增加系统维护的成本。

为此，人们努力探索，提出了各种数据库设计方法。例如，基于实体联系图模型设计方法、第三范式（3NF）设计方法、面向对象数据库设计方法等。

数据库工作者一直在研究和开发数据库设计工具。经过多年的努力，数据库设计工具已经实用化和产品化，这些工具可以辅助设计人员完成各种任务，因此已经普遍地用于大型系统的数据库设计工作中。

按照结构化系统设计的方法，在需求分析的基础上，数据库设计通常分为概念结构设计、逻辑结构设计、物理结构设计 3 个阶段。

（一）概念结构设计

概念结构设计的目标是生成反映系统信息需求的数据库概念结构，即概念模式。概念结构是独立于具体数据库管理系统（DBMS）和硬件环境的。设计人员从用户的角度看待数据以及数据处理的要求和约束，产生一个反映用户观点的概念模式，然后再把概念模式转换为逻辑模式。

现实世界的事务纷繁复杂，即使是某一具体的应用，也由于存在大量不同的信息和对信息的不同处理方式，因而必须加以分类整理，厘清各类信息之间的关系，描述信息处理的流程，这一过程就是概念结构设计。

概念结构设计的策略通常有四种：一是“自顶向下”，即首先定义全局概念结构的框架，然后逐步细化。二是“自底向上”，即首先定义各局部应用的概念结构，然后将它们集成起来，得到全局概念结构。三是“逐步扩张”，首先定义最重要的核心概念结构，然后向外扩充，以“滚雪球”的方式逐步生成其他概念结构，直至总体概念结构。四是“混合策略”，即将“自顶向下”和“自底向上”相结合，用“自顶向下”策略设计一个全局概念结构的框架，以它为骨架，集成“自底向上”策略中设计的各局部概念结构。

在实际应用中，这些策略的使用并没有严格的限定，可以根据具体业务的特点选择。例如，对于组织机构管理，因其固有的层次结构，可采用“自顶向下”的策略；对于已实现信息化的业务，通常以其为核心，采取“逐步扩张”策略。

数据库概念结构设计是整个数据库设计的关键，将在需求分析阶段得到的应用需求首先抽象为概念结构，以此作为各种数据模型的共同基础，能更好、更准确地使用 DBMS 实现这些需求。

概念结构设计中较常用的方法是实体联系（entity-relationship，E-R）图模型设计方法，简称 E-R 图法。它采用 E-R 模型将现实世界的信息结构统一用实体、属性，以及实体之间的联系来描述，其要点和表示如表 1-14 所示。

表 1-14　E-R 图法的要点和表示

元素	描述	E-R 图表示
实体（entity）	具有相同属性的数据对象也具有相同的特征和性质。用实体名及其属性名集合来抽象和刻画同类实体	用矩形框表示，矩形框内写明实体名
属性（attribute）	实体所具有的某一特性。一个实体可由若干个属性来刻画	用椭圆形框表示，并用无向边将其与相应的实体连接起来
联系（relationship）	实体和实体之间以及实体内部相互连接的方式，也称“关系”	用菱形框表示，菱形框内写明联系名，并用无向边分别将其与有关实体连接起来，同时标注联系的类型（1:1，1:n，m:n）

概念结构设计过程包括抽象实体和属性、抽象实体联系、E–R 图表示和 E–R 图集成等步骤。

1. 抽象实体和属性

概念结构设计就是根据需求分析阶段收集到的信息，将现实事物加以抽象，确定相关实体、实体的属性、实体间联系类型，并用 E–R 图的形式描述出来。

常用的对现实事物进行抽象的 3 种方法分别是分类、聚集和概括。

（1）分类。按照现实世界事物的共同特征和行为，将其进行定义为一种类型。分类在现实生活中很常见，如学校中的学生和教师就属于不同的类型。在某一类型中，个体是该类型的一个成员或实例，如李雷是学生类型中的一个成员。

（2）聚集。定义某一类型所具有的属性。如学生类型具有学号、姓名、性别、班级等共同属性，每一个学生都是这一类型中的个体，通过在这些属性上的不同取值来区分。各个属性是所属类型的一个成分，如姓名是学生类型的一个成分。

（3）概括。由一种已知类型定义新的类型。如由学生类型定义研究生类型，在学生类型的属性上增加导师等其他属性就构成研究生类型。通常把已知类型称为超类，新定义的类型称为子类。子类是超类的一个子集，如研究生是学生的一个子集。

通过上述方法抽象出来的内容可能是实体，也可能是属性。由于实体与属性之间并没有形式上可以截然划分的界限，因此需要从其他方面对两者加以区分。

事实上，在现实世界中，具体的应用环境常常对实体和属性已经进行了自然的大体划分。在数据字典中，数据结构、数据流和数据存储都是若干属性有意义的聚合，这就已经体现了这种自然划分。因此，在进行概念结构设计时，可以先从这些内容出发定义 E–R 图，然后再进行必要的调整。

确定实体的属性时，通常遵循以下原则：①现实世界的事物能作为属性对待的尽量作为属性对待，以简化 E–R 图。②属性不能再具有需要描述的性质，即属性必须是不可分的数据项，不能包含其他属性。③属性不能与其他实体具有联系，即 E–R 图中所表示的联系是实体之间的联系。

2. 抽象实体联系

在现实世界中，事物内部以及事物之间是有联系的，同样，实体也存在内外联系。实体内部的联系通常是指组成实体的各属性之间的联系。实体之间的联系通常是指不同实体型的实体集之间的联系。

两个实体之间的联系可以分为以下 3 种。

（1）一对一联系（1∶1）。如果对于实体集 A 中的每一个实体，实体集 B 中至多有一个实体与之联系，反之亦然，则称实体集 A 与实体集 B 具有一对一联系，记为 1∶1。例如，学校里的每一个班级只有一位正班长，而一位班长只在一个班中任职，则班级与班长之间具有一对一联系。

（2）一对多联系（$1:n$）。如果对于实体集 A 中的每一个实体，实体集 B 中有 n 个实体（$n \geqslant 0$）与之联系，反之，对于实体集 B 中的每一个实体，实体集 A 中至多只有一个实体与之联系，则称实体集 A 与实体集 B 有一对多联系，记为 $1:n$。例如，一个班级中有若干名学生，而每个学生只在一个班级中学习，则班级与学生之间具有一对多联系。

（3）多对多联系（$m:n$）。如果对于实体集 A 中的每一个实体，实体集 B 中有 n 个实体（$n \geqslant 0$）与之联系，反之，对于实体集 B 中的每一个实体，实体集 A 中也有 m 个实体（$m \geqslant 0$）与之联系，则称实体集 A 与实体集 B 具有多对多联系，记为 $m:n$。例如，一门课程同时有若干位学生选修，而一位学生可以同时选修多门课程，则课程与学生之间具有多对多联系。

3. E–R 图表示

在 E–R 图中，可分别用矩形框、椭圆形框和菱形框表示实体、属性和联系。

例如，在学生管理系统中，学生实体具有学号、姓名、性别、出生年份、院系、入学时间等属性，学生的实体和属性对比的 E–R 图表示，如图 1–15（a）所示。

如果一个联系具有属性，则这些属性也要用无向边与该联系连接起来。

例如，在一个供应链管理系统中，如果用“供应量”来描述联系“供应”的属性，表示某供应商供应了多少数量的零件给某个项目，那么供应商相关实体和联系实体及其之间联系的 E–R 图表示，如图 1–15（b）所示。

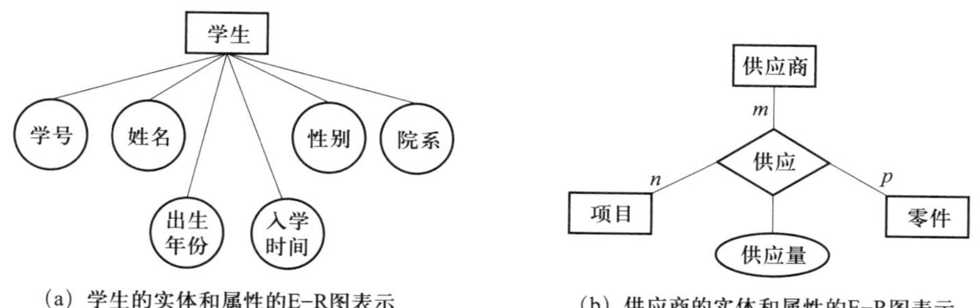

（a）学生的实体和属性的E–R图表示

（b）供应商的实体和属性的E–R图表示

图 1–15　学生和供应商的 E–R 图表示

两个实体型间的 3 种联系的 E–R 图表示，如图 1–16 所示。

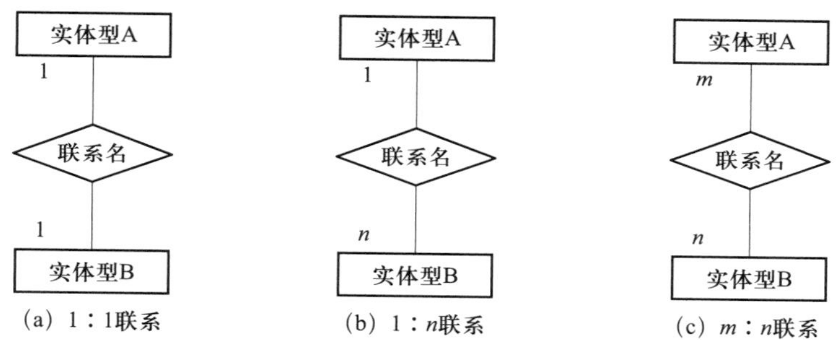

（a）1∶1联系　（b）1∶n联系　（c）m∶n联系

图 1–16　两个实体型间的 3 种联系的 E–R 图表示

此外，多个实体型间也存在一对一、一对多和多对多的联系。

对于课程、教师与参考书这 3 个实体型，一门课程可以由若干个教师讲授，使用若干本参考书，而每一个教师只讲授一门课程，每一本参考书只供一门课程使用，因此课程与教师、参考书之间的联系是一对多的，如图 1–17（a）所示。

对于供应商、项目和零件这 3 个实体型，每个供应商可以供给多个项目多种零件，而每个项目可以使用多个供应商供应的零件，每种零件可由不同的供应商供给，由此看出，供应商、项目和零件三者之间是多对多的联系，如图 1–17（b）所示。

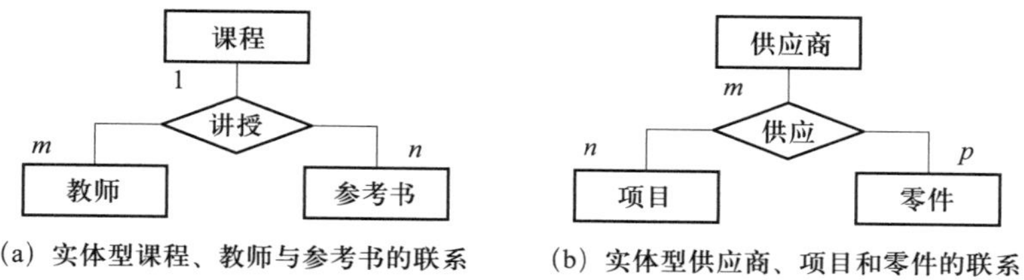

（a）实体型课程、教师与参考书的联系　（b）实体型供应商、项目和零件的联系

图 1–17　多个实体间的联系的 E–R 图示例

一般，把图 1–17 参与联系的实体型的数目称为联系的度。两个实体之间的联系度为 2，称为二元联系；三个实体之间的联系度为 3，称为三元联系；*N* 个实体之间的联系度为 *N*，称为 *N* 元联系。

4. E–R 图集成

在开发一个大型信息系统时，较常采用的策略是先“自顶向下”进行需求分析，再“自底向上”设计概念结构。即首先设计各子系统的 E–R 图，然后将它们集成起来，得到全局 E–R 图。

E–R 图的集成一般包括以下步骤。

（1）确定公共实体类型。一般仅根据实体型名称和主键来认定公共实体型，即把同名实体型作为一个候选的公共实体型，或把具有相同主键的实体型作为一个候选的公共实体型。

（2）合并 E–R 图。采用逐步合并的方式，首先将两个具有公共实体型的 E–R 图进行合并，然后每次将前一次已合并的 E–R 图与一个新的且具有公共实体型的分 E–R 图进行再次合并，这样依次合并，最终获得初步的全局 E–R 图。

（3）检查并消除冲突。由于各个局部应用所面向的问题不同，各个子系统的 E–R 图之间必定会存在许多不一致的地方，这种不一致就称为冲突。常见的冲突类型包括属性冲突、命名冲突、结构冲突。

（4）检查并消除不必要的冗余。一是合并有联系的实体类型，以减少实体类型的总数。例如，两个具有 1∶1 联系的实体通常可以合并成一个实体；而经常需要同时处理的、具有相同主键的两个实体通常也可以合并。二是尽可能消除冗余的属性。在各个 E–R 图中通常是不允许冗余属性存在的，但合并全局的初步 E–R 图以后，可能产生全局范围的冗余属性，应尽可能将其消除。三是尽可能消除冗余的联系。除分析的方法外，还可应用规范化理论来发现和消除冗余的联系。例如，部门和职工之间有一个一对一的“领导”联系和一个一对多的“属于”联系，则其“属于”联系表示为“职工号→部门号”；而其“领导”联系应表示为“负责人 . 职工号→部门号”或“部门号→负责人 . 职工号”。

（二）逻辑结构设计

概念结构是独立于任何一种数据模型的信息结构，而逻辑结构设计的任务就是把

在概念结构设计阶段设计好的基本 E–R 图转换为与所选数据库软件支持的数据模型相符合的逻辑结构。

鉴于关系数据库是实际工作中较基础的数据库系统，因此这里只介绍概念模型向关系模型转换的原则与方法。

1. 转换概念模型为关系模型

通过 E–R 图得到的概念模型是对信息世界的描述，并不适合用计算机处理，为便于关系数据库系统的处理，必须将概念模型转换为关系模型。E–R 图是由实体、属性和联系三要素构成的，而关系模型只包含单一的数据结构——关系，即一种规范化了的二维表中行的集合。从 E–R 图转换为关系模型，通常采用下述方法。

（1）实体向关系模式的转换。将 E–R 图中的实体逐一转换成为一个关系模式，实体名对应关系模式的名称，实体的属性转换为关系模式的属性，实体标识符就是关系标识符。

（2）联系向关系模式的转换。针对 E–R 图中的 3 种联系，其转换方法如下。

一对一联系（1∶1）的转换。通常不需要将一对一联系转换为一个独立的关系模式，只需要将联系归并到关联的两个实体的任意一方，给待归并的一方实体属性集中增加另一方实体标识符和该联系的属性即可，归并后的实体标识符保持不变。

一对多联系（1∶n）的转换。通常不需要将一对多联系转换为一个独立的关系模式，只需要将联系归并到关联的两个实体的多方，给待归并的多方实体属性集中增加一方实体的码和该联系的属性即可，归并后的多方实体码保持不变。

多对多联系（m∶n）的转换。多对多联系只能转换成一个独立的关系模式，关系模式的名称取联系的名称，关系模式的属性取该联系所关联的两个多方实体的码及联系的属性，关系的码是多方实体的码构成的属性组。

2. 优化关系模型

由 E–R 图表示的概念模型转换得到的关系模型经过规范化以后，基本上可以反映一个业务数据的内在联系，但不一定能满足应用的全部需要和系统要求。因此，还必须根据需求分析，对模型做进一步的改善和调整，主要包括改善数据库性能和节省存储空间两个方面。

（1）改善数据库性能。查询速度是影响关系数据库性能的关键，必须在数据库的逻辑设计和物理设计中认真考虑，应特别注意那些对响应时间要求较苛刻的应用。就数据库的逻辑设计而言，可从下列几个方面提高查询的速度。

减少连接运算。连接运算对关系数据库的查询速度有着重要的影响，连接的关系越多，参与连接的关系越复杂，开销越大，查询速度也就越慢。对于一些常用的、对性能要求较高的应用，最好使用一元查询，但这与规范化的要求互相矛盾。有时为了保证性能，往往不得不牺牲规范化要求，把规范化的关系再合并起来，这被称为逆规范化。当然，这样做会引起更新异常。总之，逆规范化有得有失，设计者可根据实际情况选择是否使用。

减少关系数据量。被查询的关系的复杂程度对查询速度影响较大。为了提高查询速度，可以采用水平分割或垂直分割等方法把一个关系分成几个关系，使每个关系的数据量减少。例如，对于大学中有关学生的数据，既可以把全校学生的数据集中在一个关系中，也可以用水平分割的方法，分系建立关系，从而减少每个关系的元组数。前者对全校范围内的查询较方便，后者则可以显著提高对指定系的查询速度。也可以采用垂直分割的方法，把常用数据与非常用数据分开，以提高常用数据的查询速度。

（2）节省存储空间。随着硬件技术的发展，提供给用户使用的存储空间越来越大，但存储空间毕竟是有限的。而数据库，尤其是复杂应用的大型数据库，需要占用较大的存储空间。因此，节省存储空间仍是数据库设计中应该考虑的问题，不但要在数据库物理设计中考虑，而且还应在逻辑设计中加以考虑。减少每个属性占用的空间，是节省存储空间的有效措施。通常有两种方法来减少属性占用的空间，即用编码或缩写符号表示属性，这两种方法的缺点是使属性值的含义失去直观性。

（三）物理结构设计

数据库在物理设备上的存储结构和存取方法被称为数据库的物理结构，它依赖于选定的 DBMS。为一个给定的逻辑数据模型选取一个最适合应用要求的物理结构的过

程，就是数据库的物理设计。

数据库的物理设计工作过程如图 1–18 所示[①]。

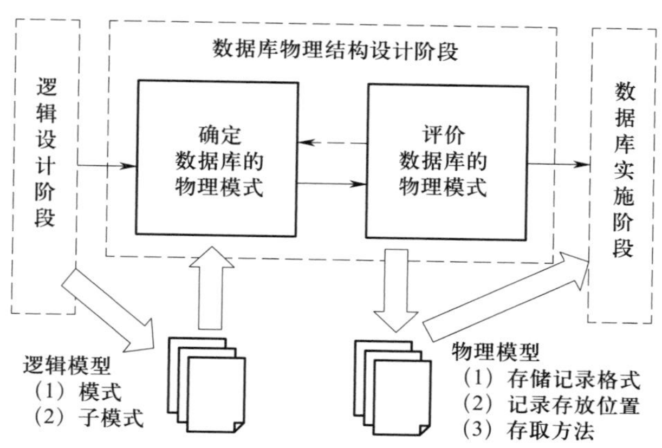

图 1–18 数据库的物理设计工作过程

数据库的物理结构设计主要分为两步。

（1）确定数据库的物理模式。在关系数据库中，主要指确定存储方法和存储结构。

（2）评价数据库的物理模式。评价的重点是时间和空间效率。如果评价的结果满足原设计要求，则可以进入物理实施阶段，否则就需要重新设计或修改物理结构，有时甚至要返回逻辑设计阶段修改逻辑数据模型。

需要注意的是，数据库的物理设计离不开具体的 DBMS，不同的 DBMS 对物理文件存储方式的支持是不同的，设计人员必须充分了解所用 DBMS 的内部特征，根据系统的处理要求和数据特点来确定物理结构。

对于应用系统，其涉及的 DBMS 多种多样，如表 1–15 所示。其中既有全结构化的 DBMS，也有半结构化甚至非结构化的 DBMS；既有由应用系统直接管理的 DBMS，也有由底层系统间接管理的 DBMS。因此，在进行物理结构设计时，需要从多方面权衡考虑。

① 王亚平，刘伟．数据库系统工程师教程［M］．4 版．北京：清华大学出版社，2020.

表 1–15 应用系统所涉及的 DBMS

管理模块	结构化程度	数据库类型	典型 DBMS 系统
由底层系统间接管理	非结构化	K–V 数据库	LevelDB、RocksDB 等
	半结构化	文档型数据库	CouchDB、MongoDB 等
	全结构化	关系型数据库	MySQL 等
由应用系统直接管理	非结构化	K–V 数据库	LevelDB、RocksDB 等
	半结构化	文档型数据库	CouchDB、MongoDB 等
	全结构化	关系型数据库	MySQL 等

三、能力实践

以数字版权系统为例，在本系统中存在 3 种不同类型的数据存储。

链上数据存储：基于区块链或与之相关的存储方式。

链下数据存储：基于传统关系数据库的存储方式，提高数据检索便捷性。

链下文件存储：基于分布式文件系统的存储方式，减轻区块链存储的负载。

在数字版权系统中，典型数据对象的存储方式如表 1–16 所示。

表 1–16 数字版权系统中典型数据对象的存储方式

序号	典型数据对象	存储方式	说明
1	用户管理 – 用户基本信息	链下数据	机密、敏感或隐私性数据不直接上链
2	用户管理 – 用户权限信息	链下数据	—
3	版权登记 – 数字作品要素信息	链上存储	—
4	版权登记 – 数字作品原始文件	链下文件	大文件不直接上链
5	版权转让 – 转让交易要素信息	链上存储	—
6	版权转让 – 转让电子合同文件	链下文件	大文件不直接上链
7	版权授权 – 授权交易要素信息	链上存储	—
8	版权授权 – 授权电子协议文件	链下文件	大文件不直接上链
9	版权维权 – 侵权投诉信息（用户举报的侵权线索和相关 URL）	链下数据	—

续表

序号	典型数据对象	存储方式	说明
10	版权维权 – 侵权证据的快照（系统采集 URL 内容生成的快照文件或图片）	链下文件	大文件不直接上链
11	版权维权 – 侵权证据的哈希存证（投诉编号，快照文件或图片的哈希值）	链上存储	—
12	应用系统操作日志	—	高频、冗余、低价值的数据不直接上链

（一）分析具体场景的数据流

限于篇幅，本小节只以版权登记确权为例，其相关数据流如图 1–19 所示。

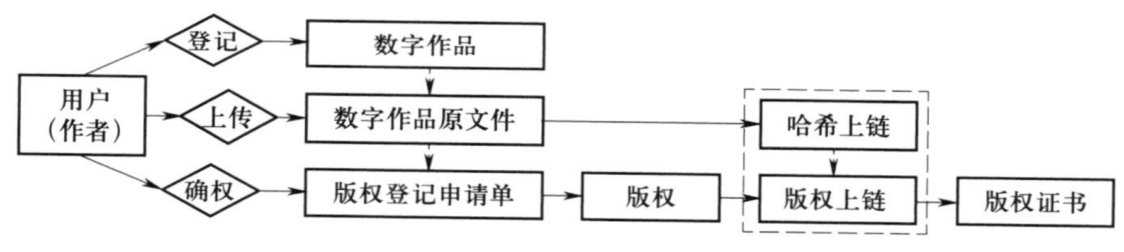

图 1–19　版权登记确权相关数据流

（1）作者创作某数字作品，作为本系统用户，登记其数字作品的基本信息。

（2）用户将数字作品原文件上传到本系统，并将文件哈希上链存储。

（3）用户发起确权，填写版权登记申请单。

（4）系统经过审核后，完成确权，记录在版权库，同时将版权信息写入区块链。

（5）系统自动生成版权认证证书，供用户下载。

上述过程中的相关实体包括用户、数字作品、原文件、版权登记申请单、版权、版权证书等，这些实体的数据元素分别以不同方式存储。

- 链上数据存储的实体包括数字作品的原文件哈希值、版权要素信息。
- 链下数据存储的实体包括用户信息、作品信息、版权申请单、版权信息、版权证书信息等。
- 链下文件存储的实体包括数字作品原文件，以及版权转让和授权相关的电子合同原文件等。

在本系统中，链下文件存储可直接使用IPFS，不涉及存储结构，此处不再赘述，下面主要讨论前两者的存储结构设计。

（二）设计链上数据存储结构

基于区块链的数据存储具有以下特点。

（1）多副本冗余存储，存储成本较高，通常只适合存储数据量小且价值高的数据。

（2）只能追加，不能修改或删除，因此只适合存储需要长期甚至永久保存的数据。

（3）采用异步存储机制，其操作的实时性较低，因此只适合存储访问频率低的数据。

（4）多方共同维护，链上数据公开透明，因此不适合存储机密性强、敏感的数据。

因此，在设计本系统时，只在区块链上存储以下内容。

（1）电子文件哈希存证信息：包括数字作品原文件、电子合同和电子协议、侵权证据快照文件或图片的哈希值，主要为后期版权维权提供证据或证明。

（2）数字作品版权要素信息。

底层系统通常会对外提供基于HTTP的上链接口，能够将特定的信息内容提交到区块链网络，并写入区块链账本中。对于确定性的结构数据，接口会明确每个字段的精确定义。对于不确定的半结构或非结构数据，接口提供K–V结构或JSON结构的接口，从而提供一定的扩展性。

由于底层系统很少会针对版权业务进行单独设计，因此通常会引入半结构化的设计，以JSON格式提交需要上链的信息。

电子文件哈希存证信息所存储的字段比较简单，其结构如表1–17所示，主要包括文件哈希、文件路径、文件描述三个字段。

表1–17　电子文件哈希存证信息结构

字段名称	数据类型	最大长度（位）	允许空值	默认值	字段说明
fileHash	char	32	否		主键，文件唯一标识
filePath	varchar	128	否		文件存储路径
fileDesc	varchar	128	否		文件描述

如果区块链底层只提供了 K–V 接口，那么可设计：K 字段，填写主键字段，即文件唯一标识，通常为文件的哈希值；V 字段，填写其他字段组成的 JSON 字符串。

数字作品版权要素信息所存储的字段，其结构如表 1–18 所示。

表 1–18　数字作品版权要素信息结构

字段名称	数据类型	最大长度（位）	允许空值	默认值	字段说明
copyrightId	char	32	否		主键，版权唯一标识
copyrightType	smallint	8	否	0	版权类型：1 人身权；2 所有权；3 使用权
copyrightTime	timestamp	32	否		版权获得时间，精确到秒
holderId	varchar	32	否		版权持有人的唯一标识
worksId	varchar	32	否		作品唯一标识
txID	varchar	32	否		交易唯一标识

同样，如果区块链底层只提供了 K–V 接口，那么可设计：K 字段，填写主键字段，即版权唯一标识；V 字段，填写除主键之外其他字段组成的 JSON 字符串。

（三）设计链下数据存储结构

链下数据存储通常还是基于传统关系数据库。这样一方面可集中管控，以避免用户隐私信息泄露；另一方面，可提高数据查询检索等操作的效率。

在常用关系数据库中，MySQL 是目前较流行的开源关系数据库，其具有体积小、访问速度快以及使用成本低的优势。因此，在本系统中，主要采用 MySQL 存储区块链之外的结构化数据。

在设计链下数据存储结构时，首先通过逐步细化的数据流图，清晰地展示系统实现业务功能时对数据的操作细节，进而梳理业务逻辑关系，为数据建模打下基础；然后通过绘制 E–R 图实现数据建模。版权登记确权的 E–R 图如图 1–20 所示，版权登记确权功能主要涉及作品、确权申请、版权内容和版权证书 4 类实体。

针对作品，可设计数字作品表，其结构如表 1–19 所示。

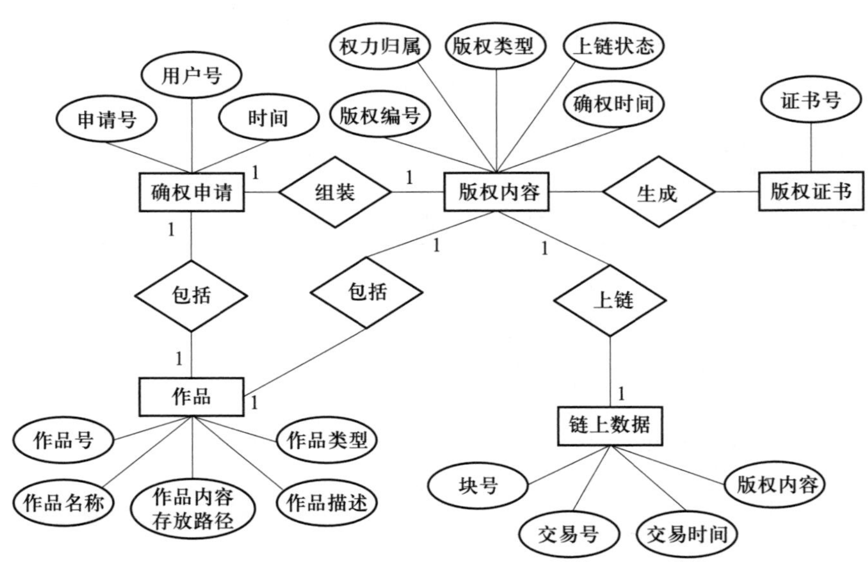

图 1–20 版权登记确权的 E–R 图

表 1–19 数字作品表的结构

字段名称	数据类型	最大长度（位）	允许空值	默认值	字段说明
worksId	varchar	32	否		主键，作品唯一标识
worksName	varchar	32	否		作品名称
worksDesc	varchar	256	否		作品描述
worksPath	varchar	128	否		作品源文件路径（或URL）
worksDate	varchar	8	否		作品创作或发表时间
worksType	smallint	6	否	0	作品类型
worksHash	text	65535	否		作品特征信息

针对确权申请，可设计确权申请表，其结构如表 1–20 所示。

表 1–20 确权申请表的结构

字段名称	数据类型	最大长度（位）	允许空值	默认值	字段说明
applId	varchar	32	否		主键，申请唯一标识
applTime	timestamp	–	否		申请发起的时间

续表

字段名称	数据类型	最大长度（位）	允许空值	默认值	字段说明
applType	smallint	6	否	0	申请类型
applUserId	varchar	32	否		提交申请的用户 ID
worksId	varchar	32	否		作品编号

针对版权信息，可设计版权信息表，其结构如表 1–21 所示。

表 1–21　　版权信息表的结构

字段名称	数据类型	最大长度（位）	允许空值	默认值	字段说明
copyrightId	varchar	32	否		主键，版权唯一标识
copyrightType	varchar	32	否		版权类型
obligee	varchar	32	否		作品权利人
copyrightTime	timestamp	32	否		获权时间
worksId	varchar	32	否		作品编号
chainState	smallint	6	否	0	上链状态
blkNum	Int	32	否	0	块号
txid	varchar	32	否	0	交易 ID

针对版权证书，可设计版权证书表，其结构如表 1–22 所示。

表 1–22　　版权证书表的结构

字段名称	数据类型	最大长度（位）	允许空值	默认值	字段说明
credentialsId	varchar	32	否		主键，证书唯一标识
credentials Holder	varchar	32	否		证书权利人
credentials Path	varchar	128	否		证书存储路径
copyrightId	varchar	32	否		版权 ID
worksId	varchar	32	否		作品编号
txid	varchar	32	否		区块链交易 ID

第四节　设计智能合约

考核知识点及能力要求

- 掌握设计语言和工具。
- 掌握智能合约的设计方法。
- 掌握应用系统技术设计文档规范的方法。
- 能使用软件工具设计智能合约。
- 能使用设计语言和工具展示设计内容。
- 能撰写应用系统技术设计文档。

一、设计语言和工具

智能合约的概念最早由尼克·萨博（Nick Szabo）于1996年提出，并被定义为“一套以数字形式定义的承诺，包括合约参与方可以在上面执行这些承诺的协议”。简单来说，智能合约是运行在区块链之上的、由事件驱动自动执行、能够根据预设条件自动处理链上资产和数据的一段程序，具有代码透明、数据透明、不可篡改、永久运行等特点。

智能合约极大地丰富了区块链的应用范围，为区块链支持大规模、多行业的商业应用创造了可能。

要实现智能合约，需要完成设计、开发、测试、部署等工作。不同的区块链平台提供了不同的编程语言来支持智能合约的实现。例如，Linux 基金会的超级账本 Fabric 支持用 Go、Java、Javascript 等多种高级编程语言来编写其称为链码（chaincode）的智

能合约。

可以使用多种工具实现智能合约，既可以使用操作系统自带的简单文本编辑器，也可使用 VS-Code 等免费的跨平台集成开发环境（IDE）。后者内置了扩展程序管理功能，以及 Git 等多种版本控制插件，还可以使用 IBM Blockchain Platform 等插件来简化开发、测试和部署 Fabric 链码。

二、智能合约设计方法

（一）智能合约的设计原则

智能合约与常规程序的执行有所不同，它通常需要在所有区块链节点的安全沙箱内冗余执行，并确保有相同的输出结果，从而能完成网络共识。

设计智能合约，通常要遵循以下通用原则。

1. 资源限制原则

为降低安全风险，沙箱会对合约的执行进行一定限制，如运行时间限制、最大内存限制、底层资源访问限制、外网网络访问限制等。因此，在设计智能合约时，应避免编写复杂的计算逻辑和存储大量数据。

2. 无状态原则

在设计智能合约时，不宜在合约内部使用全局变量，而应设计为无状态合约，并将状态的变化存储在区块链账本中。

3. 确定性原则

在设计智能合约时，应确保其在每个区块链节点上独立执行的结果必须确定且一致，这样才能达成网络共识。非确定性逻辑实现应避免放在智能合约中，而应放在上层应用中，通过代理服务等方式完成。

4. 简洁性原则

该原则包括确保智能合约逻辑简洁；确保合约和函数模块化；使用已经被广泛使用的合约或工具。清晰简明的代码实现比性能更重要。

5. 谨慎发布原则

应在正式发布智能合约之前发现并修复可能的缺陷。对智能合约进行彻底测试，并在任何新的攻击手法被发现后及时地测试（包括已经发布的合约）。在阶段性发布时，每个阶段都应提供足够的测试。

（二）智能合约的设计模式

智能合约在早期被设计出来的时候，并未打算支持复杂的业务场景体系，复杂逻辑与它的设计初衷相违背。缺陷的产生经常是由于程序员编写的代码和他想实现的逻辑之间存在差距。越简单的代码，其缺陷越少，也就越安全。因此，智能合约只有在足够简单和访问受限的情况下，才能保证安全。

目前，智能合约仍然处于发展的早期阶段，配套的工具、成熟的框架、第三方资源包寥寥无几。因此编写复杂业务场景的智能合约，只能从底层的逻辑实现开始：编写数据库模型的 CURD（create-update-read-delete）操作、跨合约数据交互、增强基本数据类型功能，等等，导致开发合约速度缓慢。此外，智能合约与传统应用程序还有一个明显的区别，由于区块链具有防篡改的特性，因此智能合约一经部署上链后，任何人都不能再对其进行修改。这意味着智能合约无法像传统应用程序那样实现敏捷开发，智能合约的每一个方法都需要进行大量测试，以保证整个智能合约的正确性和严谨性。即使能保证智能合约代码实现正确，不会出现需要修复的缺陷，也无法保证业务的需求是一成不变的，一旦业务逻辑变更，智能合约就无可避免地需要跟着变动。这就意味着智能合约需要被重新部署。由于旧的智能合约的数据无法转移到新的智能合约上，不能直接在原有的智能合约上直接修改后重新部署，同时已部署好的智能合约如果存在缺陷被恶意攻击，需要有方法能够尽快停止合约运行，保证用户数据不被篡改，留出时间让智能合约的编写者迅速修复缺陷，因此在智能合约设计之初就需要结合业务场景考虑合理的升级和管理机制。

设计模式是针对软件设计中常见问题的工具箱，是软件设计中常见问题的典型解决方案。即使开发者在设计中从未遇到过这些问题，了解设计模式仍然非常有用，因为它能指导开发者如何使用面向对象的设计原则来解决各种问题。

下面介绍一些在实际开发中常用的智能合约设计模式。

1. 检查—效果—交互模式

（1）动机。大多数区块链智能合约虚拟机不支持并发，当调用外部合约时，调用

合约也会将控制流转移到外部实体中。如果该外部实体是另一个智能合约，则可以执行任何固有代码。大多数情况下，这不会造成任何问题，但如果被调用的智能合约是恶意的，那么它可能会改变控制流，并将其意外状态返回至初始合约。重入攻击就是通过类似递归重复调用执行恶意合约，直到将初始合约中的资源消耗完。该设计模式旨在提供一个安全的解决方案，以使智能合约能防御任何形式的重入攻击。该设计模式要求智能合约按照“检查—效果—交互”的顺序来组织代码。采取该设计模式能在进行外部交互之前就完成对智能合约自身状态的所有相关工作，使得状态完整、逻辑自洽，这样外部调用就无法利用不完整的状态进行攻击。

（2）适用性。在以下情况下使用该模式：无法避免将控制流移交给外部实体；想要保护智能合约中的函数免受重入攻击。

（3）结构。采取该设计模式约束智能合约的编码风格，可有效避免重放攻击。通常情况下，一个函数包含以下 3 个部分：①检查：验证合约参数；②效果：修改合约状态；③交互：实现与外部交互。

为了实现检查—效果—交互模式，开发者需要知道智能合约中使用的函数有哪些部分是易受影响的部分。一旦确定外部调用及其对控制流的不安全性是缺陷的潜在原因，就可以采取相应的措施。比如重入攻击可能导致在第一次调用完成之前被再次调用。因此，在与外部实体实现交互之后，就不能对状态变量进行任何更改。这使开发者只能在外部交互之前，一次性更新所有的状态变量。

（4）范例。在以下范例中，withdraw() 函数就是检查—效果—交互模式的典型应用。

```
contract ChecksEffeotsInteractions {
    mapping(address => uint) balances;
    function deposit() public payable {
        balances[msg.sender] += msg.value;
    }
    function withdraw(uint amount) public {
        require(balances[msg.sender] >=amount);
        balances[msg.sender] -= amount;
```

```
            msg.sender.transfer(amount);
        }
    }
```

2. 预言机模式

（1）动机。智能合约通常运行在去中心化的区块链网络之上，并通过共识协议达成确定性一致，这就要求智能合约运行时的相关参数、数据和结果都是确定的、可验证的。因此，智能合约在设计之初就没有或者不宜有访问区块链外部数据的能力。

然而，访问外部数据对于大多数智能合约应用场景来说又至关重要，这一功能的缺失限制了智能合约的进一步发展。例如，涉及金融、供应链、保险、安全等诸多领域的智能合约都依赖于外部事件，如价格变动、物流日期、支付能力等。没有这些外部信息，大多数智能合约的应用都没有实际价值。

因此，有必要找到一种方法使区块链网络能够与外部系统可靠地交互，并获取可信的数据。预言机能够将区块链网络连接至真实世界中的数据和系统，并提供关键交互操作的基础架构。

（2）适用性。通常在以下情况下使用预言机模式：区块链系统依赖区块链中无法提供的信息；区块链系统信任必要信息的提供者。

（3）结构。预言机模式由三个实体组成：请求信息的智能合约、预言机和数据源。该过程从智能合约请求信息开始，它无法从区块链中检索这些信息。因此，一笔事务被发送至同样存在于区块链上的预言机合约。该事务包含智能合约希望履行的请求。可选参数可以是所需的数据源，也可以是在未来的某个时间应返回的响应结果。

预言机将请求转发到约定的数据源。因为数据源是链下的，所以这种通信不是通过区块链交易进行的，而是通过其他形式的数字通信进行的。

当请求到达数据源时，它会被处理并将回复信息发送至预言机。回复信息要么直接从预言机那里发送给请求联系人，要么等到请求中指定的时间再发送。初始合约通过函数调用接收数据，然后智能合约可以对数据执行逻辑。

预言机本身的实现主要是在链下完成的，因此开发者只关注请求合约中模式的实

 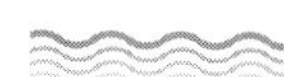

现。由于与智能合约交互的人可能会因为看到自己提供的数据被用于执行智能合约逻辑而被拒绝，因此必须信任智能合约的创建者。在这种情况下，智能合约创建者与预言机运营商必须是同一实体，这样就能确保其不会在从数据源至智能合约的过程中操纵数据。这重新引入了对信任的需求，用户可以尝试通过使用区块链来消除这种需求。

无论预言机是自行实现还是使用外部服务实现，请求合约都至少需要实现两种方法。第一种方法是组装一个查询，让预言机知道请求了哪些数据，并将其在事务中发送到预言机合约中。根据预言机的实现，可以将附加参数添加到请求中。通常，预言机会返回一个可以存储以供将来参考的 ID。第二种方法是定义回调函数。回调函数是预言机合约调用的用于传递查询结果的函数。回调函数要么存储查询结果，要么触发某个内部逻辑。传入呼叫可以通过第一种方法中返回的 ID 关联。在回调函数中包含一个检查，以确保只有预言机能够调用它时，它才是有意义的。否则，恶意实体可能提供错误信息来对系统造成伤害，并从中受益。

（4）范例。目前，预言机已提供的数据源包括 URL、IPFS、random、WolframAlpha 四种。以下范例代码将展示与预言机交互，并通过新一代的搜索引擎 WolframAlpha 获取当前伦敦气温信息。其他预言机以类似的方式集成。

```
pragma solidity ^0.4.0;
import "github.com/oraclize/ethereum-api/oraclizeAPI.sol";
contract WolframAlpha is usingOraclize {
   string public temperature;
   event newOraclizeQuery(string description);
   event newTemperatureMeasure(string temperature);
   function WolframAlpha() {
      update();
   }
   function update() payable {
      newOraclizeQuery("Oraclize query was sent, standing by for the answer..");
```

```
        oraclize_query("WolframAlpha", "temperature in London");
    }
    function __callback(bytes32 myid, string result) {
        if (msg.sender != oraclize_cbAddress()) throw;
        temperature = result;
        newTemperatureMeasure(temperature);
        // 根据所获得伦敦气温信息，来完成其他处理任务
    }
}
```

使用预言机的一个缺点是引入了单点故障。合约创建者以及与合约交互的用户在很大程度上依赖预言机提供的信息。预言机或其数据源过去曾报告过错误的数据，将来很可能会再次出现错误。不仅是错误，即使是所提供数据形式的微小变化也会破坏智能合约。另一个缺点是必须信任预言机和数据源。在努力去中心化的环境中，依赖单一的外部实体似乎是矛盾的。通过将请求转发给几个独立的预言机，这个问题可能会得到缓解。然后比较和评估结果，一种可能的策略是使用 M 个独立的预言机，并且只接受由至少 N（其中 $N<M$）个代理报告的结果。这种方法的一个缺点是，每增加一个预言机，成本就会增加。在大多数情况下，得到结论所需的时间也在增加，因为需要等待至少 N 个响应。

开发人员也可参考 Oraclize 的实现机制来减轻对预言机的强信任依赖。Oraclize 是一种服务，旨在使智能合约可以访问来自其他区块链或者互联网的数据。Oraclize 通过使用 TLSNotary 算法，可以证明智能合约在某个时间访问了指定的网站，并且确实得到了想要的结果。虽然这不会阻止 Oraclize 在获得所需结果之前查询随机数，但在所请求的数据在短时间内没有波动的情况下是值得信赖的。未来可以通过采用去中心化的预言机来解决进一步的信任问题。

3. 访问限制模式

（1）动机。由于区块链固有的公开性，因此无法完全保证智能合约的隐私性。用

户无法阻止某人从区块链中读取智能合约的状态，因为所有内容对所有人都是公开可见的。可以做的是限制其他智能合约对智能合约状态的读取访问，如将状态变量和函数声明为 private 类型。但是这样做会阻止智能合约范围之外的人在任何情况下调用它。如果简单地声明它为 public 类型，则它会对网络中的每个参与者都开放访问权限。大多数时候，用户只希望在满足某些规则的情况下才允许访问。访问通常应该被限制在一组定义的实体中，其他实体应该只允许在特殊时间点或愿意为访问付费的情况下才能访问。所有这些限制以及更多限制都可以通过访问限制模式来实现，由此可以防止未经授权访问智能合约功能。

（2）适用性。通常在以下情况下使用访问限制模式：智能合约只能在某些情况下被调用；智能合约的多个函数都需要类似的限制；为提高智能合约的安全性而禁止未经授权的访问。

（3）结构。该模式的参与者是被限制函数的调用实体，是函数所属的合约。调用实体可以是用户或另一个合约，并通过向各自的合约地址发送交易来调用该函数。被调用合约中涉及的参与者是受限功能以及负责实际访问控制的附加组件。

（4）范例。该模式保证了只有合约的拥有者才能调用某些函数。以下代码定义了一个 Owned 合约。

```
contract Owned {
    address public  _owner;
    constructor() {
        _owner = msg.sender;
    }
    modifier onlyOwner() {
        require(_owner == msg.sender);
        _;
    }
}
```

如果一个业务合约希望某个函数只能被拥有者调用，则按照以下方式继承 Owned 合约并使用 onlyOwner 修饰符。

```
contract Biz is Owned {
    function manage() public onlyOwner {
        //...
    }
}
```

这样，当调用 manage() 函数时，onlyOwner 修饰符就会先运行并检测调用者是否与合约拥有者一致，从而将无授权的调用拦截在外。

采用访问限制模式时需考虑代码的可读性和安全性。一方面，通过给修饰符赋予有意义的名称，并在函数头中清楚地识别限制条件，可以使代码更容易理解；另一方面，修饰符机制使得流程执行需要在多个代码行中跳转，破坏了程序的结构化，使得跟踪和审核代码变得困难，容易出现程序缺陷。

该模式的优势在于它易于适应不同的情况，而且可复用性较强，它同时提供了一种安全的方式来限制对功能的访问，从而提高了智能合约的安全性。

该模式与检查—效果—交互模式，两者都可加强智能合约的安全性。但后者着重于函数参数、函数返回等方面的安全，而访问限制模式则着重访问权限、合约状态等方面的安全性。

该模式建议智能合约的函数应检查本次调用是否合法，包括调用者是否有权利调用此函数，此函数是否处于可调用状态。

4. 数据与逻辑分离模式

（1）动机。在区块链中，智能合约一经部署就无法修改。当智能合约出现缺陷或需要变更业务逻辑时，通常需要考虑以下问题：智能合约已有的业务数据怎么处理？怎样尽可能减小升级带来的影响，让其他功能不受影响？依赖该智能合约的其他合约该如何处理？

面向对象编程的核心思想是将变化的事物和不变的事物分离，以阻止变化在系统

中传播。因此设计良好的代码通常是高度模块化、高内聚、低耦合的。开发者可以借此思想解决以上问题。

（2）适用性。通常在以下情况下使用数据与逻辑分离模式：业务逻辑复杂，突破智能合约的大小限制，需要拆分智能合约；智能合约需要可控，当出现问题时，需要管理员关闭关键性操作；要通过升级逻辑合约来更新智能合约。

（3）结构。该模式将传统智能合约拆分成入口合约、业务合约、存储合约，3个合约各司其职。

所有与合约的交互都要通过入口合约。入口合约记录了存储合约地址，通过委托调用转发给业务合约处理，修改存储合约数据。入口合约还记录了业务合约的地址与版本，知道该转发给哪个版本的业务合约进行处理。

业务合约负责业务场景下的业务逻辑，通过调用存储合约来完成复杂的逻辑操作。

存储合约负责数据存储。智能合约的存储结构不能变动，一旦设定就不能轻易修改；其他合约不能直接访问当前合约的数据，需要通过调用外部函数接口来访问和修改数据，实现存储合约的CURD。

入口合约用于提供对外访问的地址，将用户的请求转发到业务合约进行处理；业务合约通过调用存储合约来完成逻辑操作；存储合约只负责数据存取。这样，当业务发生变更时，修改并重新部署业务合约，且将新版本的业务合约注册至入口合约即可。若发现智能合约存在缺陷，被恶意攻击，则可以在入口合约中冻结智能合约访问，以保证用户数据不被篡改。

基于这个模式，遵循“自顶向下”的分析方式，从对外提供的服务接口开始设计各类业务合约，再逐步过渡到服务接口所需要的数据模型和存储方式，进而设计各类数据的存储合约，可以较为快速地完成智能合约架构的设计。

该设计模式的优点：一是智能合约可拆分，从而绕过合约大小的限制，实现复杂的功能；二是智能合约可升级，可以通过升级业务合约来更新智能合约逻辑；三是智能合约可管控，当出现问题时，管理员账户可以通过入口合约关闭关键性操作。

该设计模式的缺点：一是智能合约拆分后，合约总体代码量增加，若在某些底层区块链中还会增加部署时燃料的消耗；二是合约的可读性下降，用户难以读懂合约的逻辑；三是键值对的存储合约操作复杂。

（4）范例。以下代码定义了一个 Computer 智能合约。它包含两个功能，一个是通过 setData() 实现数据存储，另一个是通过 compute() 实现数据计算。如果智能合约部署一段时间后，发现 compute() 函数实现错误，就会引出如何升级合约的问题。这时可以部署一个新合约，并尝试将已有数据迁移到新合约上，这是一个很复杂的操作，一方面要编写迁移工具的代码，另一方面原先的数据完全作废，浪费了宝贵的节点存储资源。

```
contract Computer {
    uint private _data;
    function setData(uint data) public {
        _data = data;
    }
    function compute() public view returns(uint){
        return _data * 10;
    }
}
```

因此在编程之初进行模块化操作十分必要。如果将“数据”看成不变的事物，将“逻辑”看成可能改变的事物，就可以规避上述问题。数据与逻辑分离模式很好地实现了这一想法。

开发者可先将数据读写操作专门转移到一个名为 DataRepository 的独立合约中。

```
contract DataRepository {
    uint private _data:
    function setData(uint data) public {
        _data = data;
    }
```

```
        function getData() public view returns(uint){
            return _data;
        }
    }
```

再将计算功能单独放入一个业务合约中。

```
contract Computer{
    DataRepository private _dataRepository;
    constructor(address addr){
        _dataRepository = DataRepository(addr);
    }
    // 业务代码
    function compute() public view returns(uint){
        return _dataRepository.getData() * 10;
    }
}
```

这样，只要数据合约是稳定的，业务合约的升级过程就能轻量化实现。

5. 状态机模式

（1）动机。在智能合约的开发过程中，智能合约可能需要根据不同的情况做出不同的处理。最直接的解决方案是将所有可能发生的情况全都考虑到，然后使用 if...else... 语句做状态判断，针对不同情况进行处理。但是这对复杂状态的判断就会有些力不从心。随着状态的增加，智能合约的可读性、扩展性也会变得很弱，维护也会很麻烦。

当一个智能合约从初始状态经过几个中间状态，转换到最终状态时，在每个状态下，智能合约应以不同的方式来表现，并为用户提供不同的功能。一种状态可以通过不同的方式过渡到另一种状态。状态有时会随着函数的结束而结束，有时会在指定的时间后转换。

（2）适用性。通常在以下情况下使用状态机模式：智能合约必须经过几个状态过渡阶段；智能合约的功能只能在某些状态下访问；状态过渡只能由部分参与者完成。

（3）结构。状态机模式有两个参与者：第一个参与者负责执行合约，当智能合约在预定义的状态中进行转换时，该参与者确保系统只能调用各个状态中的预期功能；另一个参与者是智能合约的所有者或交互用户，他们能够通过定时转换直接或间接启动状态转换。

状态机模式的实现包括 3 个主要组件：状态的表示、功能的交互控制和状态转换。开发者可以声明一个包含所有可能状态的枚举，之后该枚举的一个实例可用于存储当前状态并通过为其分配一个新状态来过渡到下一个状态。如果枚举还支持显式转换为整数类型，那么就可以通过给状态值加 1 来完成，并转换到下一个状态。

状态转换通常有 2 种实现方法。一种是直接调用函数，通过将新状态分配给状态变量、使用修饰符在函数末尾启动转换或通过辅助函数，实现状态转换；另一种是自动定时转换，将一个状态应该持续的时间或未来应该执行状态转换的时间点存储在智能合约中，在每个函数被调用时，应先检查当前时间戳并判断是否需要转换到下一个状态，若已到达该时间点则转化到下一状态。

（4）范例。以下智能合约展示了用于盲拍的状态机，它具有状态转换以及定时转换功能。盲拍是在公开拍卖代码的基础上引入哈希算法，对在竞拍期的竞拍信息进行隐藏。在展示期间，通过输入对应的值与竞拍期的值进行比较，若相同则正常工作。

```
contract StateMachine{
    enum Stages { AcceptingBlindBids, RevealBids, WinnerDetermined, Finished }
    Stages public stage = Stages.AcceptingBlindBids;
    uint public creationTime = now;
```

```
    modifier atStage(Stages _stage) {
        require(stage ==_stage);
        _;
    }
    modifier transitionAfter() {
        _;
        nextStage();
    }
    modifier timedTransitions(){
        if(stage == Stages.AcceptingBlindBids && now >= creationTime + 6 days) {
            nextStage();
        }
        if(stage == Stages.RevealBids && now >= creationTime+ 10 days) {
            nextStage();
        }
        // 通过交易进入下一个阶段
        _;
    }
    function bid() public payable timedTransitions atStage(Stages.AcceptingBlindBids) {
        // 在此实现投标功能
    }
    function reveal() public timedTransitions atStage(Stages. RevealBids) {
        // 在此实现开标功能
    }
    function claimGoods() public timedTransitions atStage(Stages.WinnerDetermined)
transitionAfter {
```

```
        // 在此执行货物处理
    }

    function cleanup() public atStage(Stages.Finished) {
        // 在此执行拍卖清理
    }
    function nextStage() internal {
        stage = Stages(uint(stage) + 1);
    }
}
```

应用状态机模式的一个结果是将合约行为划分为不同的状态。它允许仅在预定时间调用函数。此外，该模式可根据场景需求提供多个选项，从而启动相应状态转换，引导合约进入不同状态。

三、应用系统技术设计规范

（一）系统技术架构设计

1. 总体框架

总体框架应介绍产品背景及主要的业务流程，提出应用区块链的方法、途径，并说明其应用价值，其要点包括以下内容。

（1）智能合约的总体设计说明。

（2）智能合约的触发与业务流程或关键节点间的调用关系。

（3）业务是如何在区块链中串接、流转，并最终形成闭环的。

（4）数据是如何在区块链中串接、流转，并最终形成闭环的。

（5）对用户访问智能合约的控制机制有规划和设计。

（6）智能合约在系统中发挥的优势，或者依赖于该技术的场景。

（7）区块链在系统中发挥的优势，或者依赖于区块链不可篡改、抗抵赖能力的

场景。

2. 密钥说明

系统一般可以有用于签名和验签的用户公私钥，用于数据完整性验证的哈希算法，用户数据存储加密的加密密钥等，可以对其使用方式及产生机制做出阐述。

（1）说明密钥的产生、获取、存储、使用的原则。

（2）说明密钥使用对象。

3. 角色与权限

该部分应描述整个系统中的角色设计。常用的角色分类如下。

（1）一般角色。一般的实体（人或物），由应用系统的分布式、多中心的证书注册机制生成，没有特定权限。

（2）授权机构。具有发行低段位授权普通用户的权限。

（3）机构委员会成员。具有管理授权机构成员资格的权限。

（4）系统管理员。具有管理成员资格的权限，未来还包括修改合约地址的权限。

（5）特殊身份。可以在链上声明所属类型，如学校、政府机构、医院等。

（二）数据库结构设计

该部分应描述与智能合约相关的数据库结构，描述时应注意以下要点。

（1）账本数据应根据数据对象的类别独立存储，账户数据、交易数据、配置数据以及账本元数据库应分别存储、分别管理、分别操作。

（2）敏感信息应加密存储，并应设置数据访问权限，以便控制和管理。

（3）节点的数字认证证书及私钥应私密存储和管理。

（4）数据存储可选用结构化数据库、非结构化数据库或混合使用。数据库应选用安全高效率并经过检验的主流版本。

（5）账本结构应具有防篡改性。账本结构宜使用块链式或近似块链式存储结构，应使用哈希嵌套保证数据难以被篡改。账本结构应支持数据校验功能，任何一条记录被非法篡改，都可通过历史账本数据回溯以快速检验出来。

（三）智能合约设计

该部分应描述智能合约包括的要素，包括以下内容。

（1）智能合约的调用前提条件，即权限、数据、业务需满足什么条件。

（2）合约数据的主检索 ID，即主键，用于数据的重复性验证、查询及溯源。

（3）合约的详细业务逻辑设计，即其与业务系统、业务数据间的流程关系。

（4）如果涉及其他合约的调用，则需要明确如何调用。

（5）智能合约的全生命周期管理，如部署、运行、升级、冻结、解冻、废止等。

（6）智能合约的版本控制，设计文档提供智能合约版本号的制定规则。

（7）协议流程图。

智能合约设计文档规范化表格如表 1–23 所示。

表 1–23　　智能合约设计文档规范化表格

项目	说　　明
合约名称	经纪商身份创建
合约描述	创建经纪商身份信息，执行相关校验并记录在链上
业务规则	单个经纪商在区块链上仅具有唯一档案信息 不同的业务平台完成注册，会生成不同的账户地址
调用前提	经纪商用户通过中间件的四要素认证后，向区块链提交身份注册

智能合约设计文档可以采用时序图来规范化描述，如图 1–21 所示。

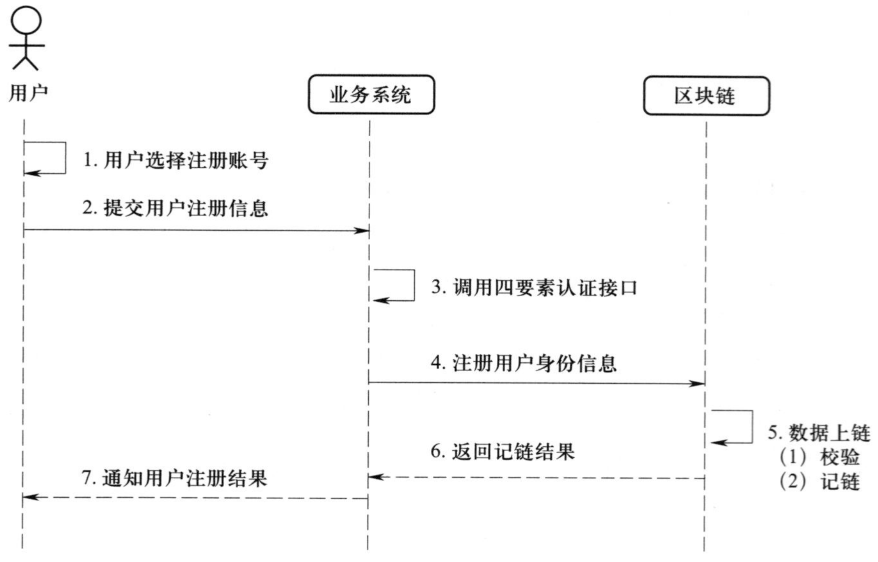

图 1–21　智能合约设计文档规范化时序图

具体流程说明如下。

（1）用户登录业务系统，创建账号。

（2）用户提交创建信息，进行用户创建。

（3）业务平台调用中间件完成四要素认证。

（4）业务平台将创建信息的相关字段发送给区块链节点网络。

（5）应用系统进行校验，如果合法则记链。

（6）返回记链结果。

（7）通知用户注册结果。

（四）技术设计文档检查单

1. SDK 接口设计

（1）整体介绍智能合约对外提供多少个接口，每个接口的功能，接口的调用说明，以及接口使用的数据编码格式等。详细的接口描述应包括：接口的业务字段描述；接口的业务字段的限制条件或限制逻辑；接口的返回字段；通用的状态码、错误字段描述等。

（2）需要考虑是否对外提供给业务系统查询数据的接口（即查链、验证接口）。

（3）考虑节点拉取账本数据的接口，从区块链上恢复关键的业务数据。

2. 用户界面设计

针对业务系统，修改或新增界面，需要检查以下内容。

（1）界面修改场景。业务系统需要配合增加的调用区块链上链的部分，以及对区块链相关数据的呈现的部分，如存证地址、证书、核验等。

（2）新增界面场景。业务系统增加的界面展示原型示例描述。

3. 项目计划

项目计划的主要内容包括以下几点。

（1）项目的工作分解。包括项目开发预算、人员计划安排、项目跟踪等一系列项目管理工作。

（2）争议的解决方案。

（3）缺陷的修改。

（4）测试。包括单元测试、功能测试、编写测试用例、整体回归测试。

（5）项目发布。

（6）技术支持。编写项目的操作手册、项目部署手册、日常维护手册、常见问题答疑清单等。

（7）培训计划。包括制定培训主题、确定目标听众、安排计划开始日期等。

4. 项目状态报告

该报告应强调开发周期内的工期预算、进度、问题、风险等活动，包括以下内容。

（1）项目的状态。

（2）里程碑状态。记录需求、设计、迭代等关键时刻点的计划日期。

（3）问题和风险。描述周期内遇到的问题、发现的日期、责任人以及相关行动计划。

（4）变更管理。记录项目的功能变更、提交日期、是否通过审批以及状态等。

5. 评审总结报告

该报告应对相关的业务需求说明书、功能变更、测试用例等环节进行评审，需要记录评审内容、发现问题数目、评审方式，以及记录责任人和纠正的措施等。

四、能力实践

下面以一个简单的账户模型为例，使用智能合约模拟双方转账，并设计如下规则。初始化 bob、mary 的账户余额为 100；转账操作完成后一方的余额减少，另一方的余额增加相对应的值；支持查询账户余额。

本实践将以梧桐链平台作为测试环境，通过实现上述功能来介绍智能合约相关设计过程。

（一）使用软件工具设计智能合约

WVM 是一种自定义的轻量级虚拟机方案，该方案由 WVM 智能合约引擎和 WVM 智能合约语言两部分组成，智能合约在智能合约引擎中执行。编写智能合约可以使用多种工具，下面以 WebIDE 为例说明。

（1）登录 WebIDE。WebIDE 是一个集成合约代码编写、编译、测试运行为一体的测试环境，可以使用邮箱注册个人测试账户。注册完成后，用户就可通过网址登录进

入 WebIDE 界面。

（2）编写合约。WebIDE 界面如图 1–22 所示，该 IDE 编辑器主要分 3 个区域，左侧是资源目录导航区，保存记录个人编写的智能合约；右侧上方是智能合约代码编辑区，支持合约代码的编译与测试；右侧下方是输出控制台区，主要用于显示合约编译结果的提示信息。

（3）编译合约。单击图 1–22 中的“编译”按钮，编译文件编译器中当前选中的智能合约项目，比如示例合约文件。编译完成后，如果没有编译错误，则输出控制台区输出“build success”提示信息。

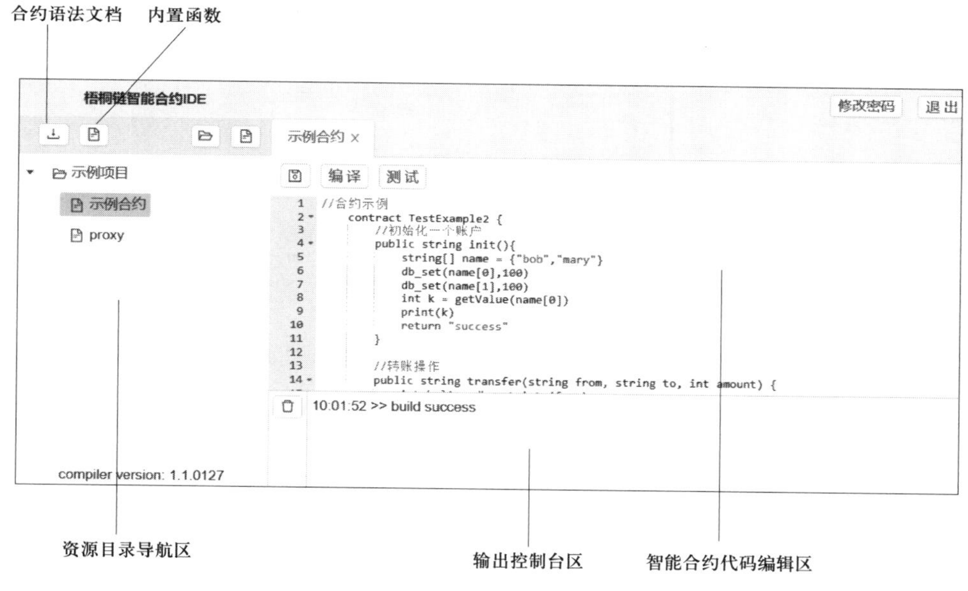

图 1–22　WebIDE 界面

（4）测试合约。合约编译成功后，可以单击“测试”按钮，测试合约代码。选择合约中的函数，输入相关参数，单击“运行”按钮，输出控制台区输出合约运行的结果，如图 1–23 所示。

（5）查看帮助文档。WebIDE 集成了 WVM 智能合约语言的帮助文档，单击图 WebIDE 界面中的“内置函数”或者“合约语法文档”按钮查看相关帮助提示。

（二）使用设计语言和工具展示设计内容

按照业务要求，编写符合 WVM 智能合约语言相关语法的合约代码。

测试：示例合约

函数名：**init**

运行

函数名：**transfer**

from string

to string

amount int

运行

函数名：**getBlance**

account string

运行

```
14:35:14 >>
contract invoke return : success
2022-03-31 14:35:13 [WVMPrint] op_print -> INFO 001[0m bob
2022-03-31 14:35:13 [WVMPrint] op_print -> INFO 002[0m 100
```

图 1–23　测试合约代码

（1）编写合约编码。将合约代码的内容进行 base64 编码。使用编程语言的内置代码库或者使用第三方工具转码。如图 1–24 所示，把编写好的智能合约转换成 base64 格式字符。

（2）安装合约。调用梧桐链 SDK 合约安装接口，将 base64 编码作为 POST 的请求报文体传入。使用 Postman 工具模拟安装合约，如图 1–25 所示。

（3）调用合约。合约在区块链上被成功安装后，接下来可以模拟调用智能合约。还是以 Postman 操作为例，模拟调用智能合约如图 1–26 所示。此例中调用了合约的 Add 函数，成功执行会返回 success 提示信息。

（4）查询合约。接口调用成功后，会获得合约名（合约地址），后续根据需求，通过 SDK 对合约进行调用和查询操作。合约查询结果如图 1–27 所示。

```
//合约示例
    contract TestExample2 {
        //初始化一个账户
        public string init(){
            string[] name = {"bob","mary"}
            db_set(name[0],100)
            db_set(name[1],100)
            int k = getBlance(name[0])
            print(k)
            return "success"
        }

        //转账操作
        public string transfer(string from, string to, int amount) {
            int balA = db_get<int>(from)
            int balB = db_get<int>(to)
            balA = balA-amount
            if (balA>0){
                balB = balB+amount
                db_set(from, balA)
                db_set(to, balB)
            }else{
```

解码(decode)　编码(encode)　UTF-8

图 1–24　base64 编码

POST　http://10.1.3.160:8886/v2/tx/sc/install?ledger=6ps8biwyjv　Send

Params ●　Authorization　Headers (8)　Body ●　Pre-request Script　Tests　Settings　Cookies

none　form-data　x-www-form-urlencoded　raw　binary　GraphQL　JSON　Beautify


```
{
    "category": "wvm",
    "file":"Y29udHJhY3QgQ291bnRlcnsKCiAgICBzdHJpbmcgY291bnRfa2V5ID0gImNvdW50X2ludm9rZSIKCiAgICBwdWJsaWMgc3RyaW5nIGluaXQoKXsKICAgICAgICBkY19zZXQoY291bnRfa2V5LDEwMCkKICAgICAgICByZXR1cm4gInN1Y2Nlc3MiCgogICAgfQoKICAgIHB1YmxpYyBzdHJpbmcgQWRkKCkgewogICAgICAgIHVpbnQ2NCBjdXJfbnVtCiAgICAgICAgY3VyX251bSA9IGdldChjb3VudF9rZXkpCiAgICAgICAgICBkY19zZXQoY291bnRfa2V5LGN1cl9udW0gKyAxKQogICAgICAgcmV0dXJuICJzdWNjZXNzIgoKICAgIH0KCiAgICBwcml2YXRlIHVpbnQ2NCBnZXQoc3RyaW5nIGtleSkgewogICAgICAgIHJldHVybiBkY19nZXQ8dWludDY0PihrZXkpCiAgICB9CgogICAgcHVibGljIHVpbnQ2NCBRdWVyeSgpewogICAgICAgIHJldHVybiBnZXQoY291bnRfa2V5KQogICAgfQoKfQ=="
}
```


图 1–25　模拟安装智能合约

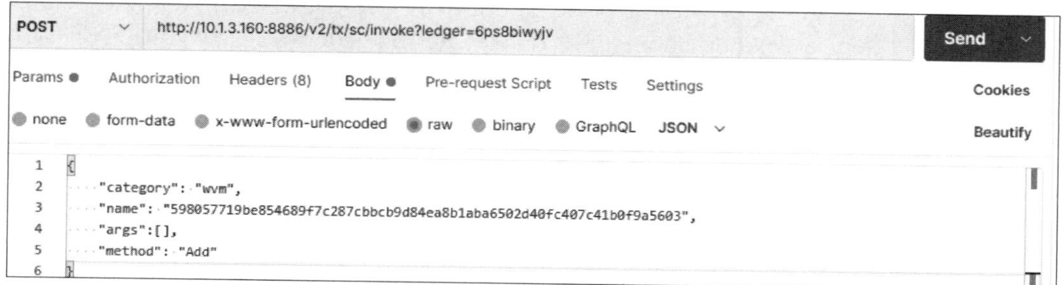

图 1–26　智能合约模拟调用

```
{
    "state": 200,
    "message": "success",
    "data": {
        "result": "101"
    }
}
```

图 1–27　合约查询结果

（三）撰写应用系统技术设计文档

1. 编写 SDK 接口说明文档

编写智能合约相关的接口文档，方便与其他模块做业务上的交互。

（1）合约安装接口。通过 P2P 网络将合约安装在网络中所有节点上，合约的升级和安装使用同一接口。

（2）接口请求示例。接口请求示例如表 1–24 所示。

表 1–24　　接口请求示例

HTTP 请求	参数值
方法	POST
URL 地址	http://host:port/v2/tx/sc/install?ledger=tc2qk1rlnf3

报文体	{
	"category": "wvm",
	"file":
	"Ly/lk IjnuqbnpLrkvosKY29udHJhY3QgVGVzdEV4YW1wbGUyIHsKCS8v5Yid5
	aeL5YyW5LiA5Liq6LSm5oi3CglwdWJsaWMgc3RyaW5nIHNldChzdHJpbmcg
	YWNjb3VudCxpbnQgYW1vdW50KXsKCQlwcmludChhY2NvdW50KQoJCXBy
	aW50KGFtb3VudCkKCQlkYl9zZXQoYWNjb3VudCxhbW91bnQpCiAgICAgICA
	gcmV0dXJuICJzdWNjZXNzIgoJfQoJCglwdWJsaWMgc3RyaW5nIGluaXQoKX
	sKCQlyZXR1cm4gInN1Y2Nlc3MiCgl9CgkKCS8v6L2s6LSm5p0N5L2cCglwdW
	JsaWMgc3RyaW5nIHRyYW5zZmVyKHN0cmluZyBmcm9tLCBzdHJpbmcgdG
	8sIGludCBhbW91bnQpIHsKCQlpbnQgYmFsQSA9IGRiX2dldDxpbnQ+KGZyb
	20pCgkJaW50IGJhbElgPSBkYl9nZXQ8aW50Pih0bykKCQliYWxBID0gYmFsQ
	S1hbW91bnQKCQlpZiAoYmFsQT4wKXsKCQkJYmFsQiA9IGJhbElrYW1vdW5
	0CgkJCWRiX3NldChmcm9tLCBiYWxBKQoJCQlkYl9zZXQodG8sIGJhbElpCgk
	JfWVsc2V7CiAgICAgICAgICAgIHJldHVybiAiZmFpbGVkIgogICAgICAgIH0KC
	QlyZXR1cm4gInN1Y2Nlc3MiCgl9CgoJLy/mn6Xor6LotKbmiLfkvZnpop0KCXB
	1YmxpYyBpbnQgZ2V0QmxhbmNlKHN0cmluZyBhY2NvdW50KXsKCQlwcmlu
	dChhY2NvdW50KQoJCWludCBhID0gZGJfZ2V0PGludD4oYWNjb3VudCkKCQ
	lyZXR1cm4gYQoJfQoJCn0="
	}

（3）接口请求参数说明。接口请求参数说明如表 1–25 所示。

表 1–25　　接口请求参数说明

参数	类型	是否必需	说　明
category	string	Yes	合约类型
file	string	Yes	合约代码内容，需要 base64 编码
version	string	No	合约版本

（4）接口返回结果示例。正常返回结果如下。


```
{
    "state": 200,
    "message": "success",
    "data": {
        "txId":
"652992e1dcfdf6fbcf1731d5e3305c72351c3e20284e2d9b7d646d15c72d0554",
        "name":
"bcd27baef3d5ada8cac6402faf940cc4c71ae1a82cd5348bb99ab3bcc77fd346"
    }
}
```


（5）接口返回参数说明。接口返回参数说明如表 1–26 所示。

表 1–26　　接口返回参数说明

参数	说　明
txid	交易 ID
name	合约名称

2. 编写项目里程碑和交付物文档

确定项目里程碑和交付物文档，如表 1–27 所示。

表 1–27　　项目里程碑和交付物文档

序号	里程碑	交付物	交付日期	相关责任人
1				
2				

3. 编写技术评审计划表

确定技术评审计划表，应包括评审时间、评审对象、评审类型和干系人等信息，如表 1–28 所示。

表 1–28　　技术评审计划表

评审时间	评审对象	评审类型	干系人

4. 编写软件测试计划文档或软件测试计划表

可参考《计算机软件文档编制规范》中的文档 STP 大纲来编写软件测试计划文档，如表 1–29 所示。表中应确定各阶段任务的工作量、负责人、开始日期、结束日期等关键信息，同时设计和编写测试用例集。

表 1–29　　软件测试计划表

阶段任务	工作量	负责人	开始日期	结束日期
制订计划				
测试环境				
设计测试用例				
执行测试				
完成测试报告				

第五节　综合能力实践

前文案例中的数字作品，主要是针对数字图像内容。在实际场景中，除了数字图像之外，还有大量数字音乐、数字影视作品也需要进行版权登记、授权和保护。

请针对数字音乐版权的开放授权场景，完成“数字音乐版权登记和授权应用系统”设计的相关任务，并输出相应的软件需求和设计文档。

1. 分析应用系统需求。包括但不限于数字音乐作品的版权登记、协议登记、用户播放许可授权、授权统计等功能需求，以及相关非功能需求和系统约束。

2. 设计应用系统功能模块。

3. 设计数据库结构。包括链上、链下的数据库结构。

4. 设计智能合约。包括但不限于协议登记合约、许可授权合约等，后者还应考虑灵活多样的授权方式。

思考题

1. 在区块链应用分析中，请举例说明灵活地运用需求获取的几种方法。
2. 在区块链应用分析中，请举例说明如何综合使用访谈分析法和建模分析法。
3. 请举例说明哪些应用场景比较适合引入区块链技术。宜选用哪种区块链？
4. 请举例说明将应用系统与原有的数据库系统进行集成，可使用哪些技术方案。
5. 设计链上数据结构时，通常采用哪种方法？是否需要严格采用第三范式？
6. 为什么智能合约需要基于区块链技术来实现？

第二章
开发应用系统

在系统分析阶段，已经指明了软件“做什么”的问题，确定了目标系统的逻辑模型，接下来就该考虑如何把软件“做什么”的逻辑模型转换成“怎么做”的物理模型，即进入开发设计阶段，着手实现软件系统的需求。区块链工程技术人员需要理解并掌握区块链应用系统的特点，以及与传统中心化应用系统开发的区别。

本章从组件开发和接口开发层面切入，详细介绍开发区块链应用系统所需要具备的理论知识，着重培养开发人员的工程能力。

- **职业功能：** 开发应用系统。
- **工作内容：** 开发组件；开发接口。
- **专业能力要求：** 能开发应用系统的组件；能实现与其他系统集成；能开发应用系统接口；能完成应用系统接口单元测试。
- **相关知识要求：** 软件设计概念和原理；软件结构化设计知识；面向对象编程范式知识；面向服务架构知识；软件接口知识；单元测试知识。

第一节 开发组件

考核知识点及能力要求

- 掌握软件设计的概念和原理。
- 掌握软件结构化设计知识。
- 掌握面向对象编程范式知识。
- 掌握面向服务架构知识。
- 能开发应用系统的组件。
- 能实现与其他系统集成。

一、软件设计的概念和原理

（一）基础知识

软件设计的主要目的就是为系统制定蓝图，在各种技术和实施方法中权衡利弊，精心设计，合理地使用各种资源，最终勾画出软件的设计方案。主要设计内容包括系统总体结构设计、代码设计、输出设计、输入设计、处理过程设计、数据存储设计、用户界面设计和安全控制设计等。基本目标就是用比较抽象、概括的方式确定系统的物理模型，确保目标系统正确完成预定的任务。

从技术观点上来看，开发传统的应用系统时，软件设计内容包括软件结构设计、数据设计、接口设计、过程设计。结构设计负责定义软件系统主要部件之间的关系；数据设计将分析阶段创建的模型转化为数据结构的定义；接口设计主要描述了软件内部、软件和协作系统之间及软件与人之间如何通信；过程设计则把系统结构部件转换为软件的过程性描述。开发分布式的区块链应用系统，在以上内容之外，增加了智能合约设计的活动，需要定义区块链网络中多个参与主体的业务协作模型。

软件设计主要有结构化设计和面向对象设计两种方法，结构化设计方法是一种自顶向下面向数据流的设计方法，适用于设计大型数据处理系统；面向对象设计方法是以客观世界中的对象为中心，其设计思想是尽可能模拟人类的思维方式，使得软件的开发方法与过程尽可能接近人类认识世界、解决现实问题的方法和过程。随着面向对象、软件重用等开发方法和技术的发展，更现实、更有效的开发途径是自顶向下和自底向上两种方法的有机结合。

（二）区块链应用系统的可靠性和安全性设计

1. 区块链应用系统的可靠性

区块链是一种按照时间顺序将数据区块相链接，并以密码学方式保证的不可篡改和不可伪造的分布式账本。与中心化的应用系统相比，区块链应用系统有着较高的可靠性。

（1）区块链底层数据采用密码学技术。区块链应用系统引入了多种加密算法来处理交易数据，包括哈希函数、对称加密、椭圆曲线或RSA等算法的非对称加密、数据签名和验签、数字认证证书校验、对隐私数据的同态加密、零知识证明等。在数据格式上，区块链的数据结构本身包含了各种签名、哈希值等交易外的校验性数据，保证数据打包解包、传输、校验等环节的公开透明与可验证性。

（2）区块链上的数据无法被篡改。一方面区块中的交易信息被组织成默克尔树的形式保存；另一方面，区块之间采用整个区块的哈希指针实现链接。任一交易的篡改将导致当前区块及后续所有区块哈希的变化，进而导致链接无效。因此，在区块链网络众多节点不被单一组织控制的情况下，很难做到篡改数据。

（3）账本数据共享。典型区块链系统中，各参与方按照算法规则共同存储信息并达成共识，所有参与方共同验证数据。算法保证了维护权的公平性，经过确认的数据被广播给全网所有节点，每个节点共同保存最终信息。区块链能够将传统单方维护的

 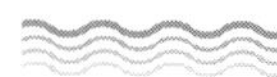

仅涉及自己业务的多个孤立数据库整合在一起，分布存储在多方共同维护的多个节点之上。任何一方都无法完全控制这些数据，只能按照严格的共识规则进行更新，从而实现可信的多方间的信息共享和监督，避免烦琐的人工对账，提高业务处理效率，降低交易成本。对于数据共享中的数据可信问题，区块链通过集成点对点协议、非对称加密、共识机制、块链结构等多种技术，开创性地解决了无须借助任何第三方可信机构的前提下，互不了解互不信任的多方之间可信、对等的价值传输问题。

（4）区块链应用系统能够有效抵御攻击和破坏。区块链系统使用点对点对等网络，网络中服务和资源分散于各个节点，且资源的交换无须经由第三方，所以网络中不存在明显的弱节点，能够有效抵御攻击和破坏，且易于实现网络带宽、检点数和负载的自我调节，从而具有高容错和抗攻击的特点。

2. 区块链应用系统的安全性

智能合约具有公开透明、实时更新、准确执行等显著特点，在区块链中为信息存储、交易执行和资产管理等功能的实现提供了更安全、高效、可信的方式。但是，智能合约本身是由程序员编写的代码，可能存在安全和隐私的问题，这也影响了区块链技术的进一步推广使用。智能合约的安全通常采用形式化验证、模糊测试、零知识证明和可信执行环境等技术来保障。同时，在实现区块链应用时，采用防御式编程的方法也能够提升应用的安全性。防御式编程可帮助程序员尽早发现程序问题，针对程序运行时会大概率发生的错误和异常，提前编写处理代码，防止程序产生异常或停止运行。防御式编程常用的方法有以下几种。

（1）输入数据检查。当从文件、用户、网络或其他外部接口中获取数据时，应检查所获得的数据值，以确保它在允许的范围内，否则就拒绝接受，从而保护程序免遭非法输入数据的破坏。在开发需要确保安全的应用程序时，还要充分考虑到潜在的攻击系统的数据，包括企图令缓冲区溢出的数据、注入的 SQL 命令、注入的 HTML 或 XML 代码、整数溢出以及传递给系统调用的数据等。

（2）断言。断言是指在开发期间使用的、让程序在运行时进行自检的代码（通常是一个子程序或宏）。断言为真，表明程序运行正常，反之则意味着在代码中发现意料之外的错误。例如，如果系统假定一份客户信息文件所含的记录数不能超过

50 000，那么程序中可以包含一个断定记录数小于等于50 000的断言。只要记录数小于等于50 000，这一断言都会“默默无语”，然而一旦记录数超过50 000，它就会“断言”程序中存在错误。通过使用断言，程序员能更快地排查出因修改代码或者其他原因造成的错误，修正各种不希望发生的错误情形。

（3）错误处理技术。错误处理是指对软件应用程序中存在的错误情况响应和恢复的过程。对于预料中可能要发生的错误，根据所处情形的不同，可以通过开发必要的代码来处理错误，也可以使用软件工具来处理错误。在最坏的情况下，可强制注销用户并关闭应用程序，从而解决运行时的错误，将其影响最小化。

（4）异常处理技术。异常处理是编程语言或计算机硬件里的一种机制，用于处理软件或信息系统中出现的异常状况（即超出程序正常执行流程的某些特殊条件），异常处理使用抛出异常、捕获并处理异常的方式来处理程序运行时出现的任何意外或异常情况。通过异常处理，可以有效地防止未知错误产生，以免程序崩溃。

（5）辅助调试代码。使用调试助手（辅助调试的代码），可以帮助程序员快速地检测错误。如建立日志通知机制，将程序运行中生成的必要的过程信息、变量信息保存，以便发生错误时及时通知程序员核查错误，修正代码。

3. 区块链应用系统的数据存储

区块链系统具有在不可信的网络中支持数据的一致性以及不可篡改等特点。与传统的数据存储方式相比较，区块链应用系统中的数据存储有以下特征。

（1）存储内容不同。传统数据库用来存储信息的数据结构，存储在数据库中的信息可以使用管理系统来进行管理，数据库管理员可以创建、删除、修改数据库中的任何记录，并且可以完全控制数据库。区块链是不可更改的数字账本，是逐渐增长的加密分布式数据库。信息存储在同等大小的区块中，每个区块都会包含前个区块的哈希信息，并且指向下个区块的地址，从而提供加密安全性。

（2）异地容灾性更强。对于传统的中心化存储来说，一般两地三中心就属于最高级别的容灾，且建设成本高昂，这是目前世界上很多大型企业、机构的容灾率很低的原因之一。区块链采用P2P的网络架构，并不需要中心化的数据库，而是通过互相连接的所有网络节点实现数据存储和传输。因此，没有任何一方可以控制所有的

 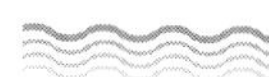

节点。

（3）数据安全共享。利用区块链的分布式存储，能够实现真正的多主体的数据安全存储，数据权属可以得到保护，体现数据的应用价值和商业价值。同时，利用区块链的数据安全共享机制，也能够打破各个行业部门的数据壁垒，构建安全可靠的数据共享机制，使得数据流转更具价值。区块链提供的所有权证明，不仅可以确认数据的存在，还可以对买卖双方之间的合同提供所有权证明。通过提供交易的清晰证据，区块链可以消除手动跟踪交易的需要，并增强整个系统的可信性。

（4）多中心化。区块链的去中心化特征并不是指使用区块链技术后就不能有中心的存在，而是用多个节点共识的方式取代了传统的单一技术中心。数据实际储存在所有参与共识的节点上，形成多中心化的存储模式。

二、软件结构化设计知识

结构化方法是从分析、设计到实现都使用结构化思想的软件开发方法，它由三部分组成：结构化分析（SA）、结构化设计（SD）和结构化程序设计（SPD）。

（一）结构化分析

结构化分析是软件工程中的一种面向数据流的需求分析的方法，旨在减少分析活动中的错误，建立满足用户需求的系统逻辑模型。结构化分析的工作要点是根据软件内部数据传递、变换的关系，采用“自顶向下，逐层分解”的方法，经过一系列分解和抽象，建立系统的逻辑模型。

结构化分析方法利用图形表示用户需求，使用数据流图（DFD）、数据字典（DD）、结构化语言、判定表和判定树等工具来建立一种结构化的目标文档和需求规格说明书。

（二）结构化设计

结构化设计方法将软件设计分为概要设计和详细设计两个阶段。概要设计又叫总体设计，即对全局问题的设计，其核心任务是设计系统总的处理方案，包括将一个复杂系统按功能进行模块划分、建立模块的层次结构及调用关系、确定模块间的接口及人机界面等。详细设计是为软件结构图中的每一个模块确定采用的算法、模块内数据结构，用某种选定的表达工具给出清晰的描述。它从整个程序的结构出发，利用模块结构图表述程序模块之间的关系。

1. 概要设计

概要设计基本过程主要包括三个方面，首先是系统架构设计，用于定义组成系统的子系统，以及对子系统的控制、子系统之间的通信和数据环境等；其次是软件结构的设计，用于定义构造子系统的功能模块、模块接口、模块之间的调用与返回关系；最后是数据结构设计，包括数据库结构、数据表的定义等，如图 2–1 所示。

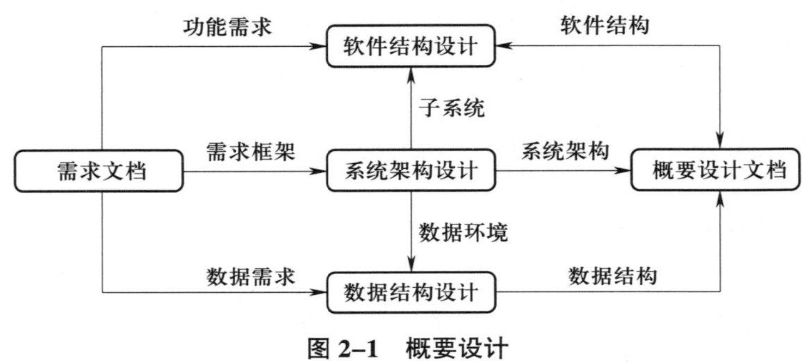

图 2–1　概要设计

概要设计的主要任务包括技术和管理两个方面，具体的任务有以下几项。

（1）制定规范。具有一定规模的软件项目总是需要通过团队形式实施开发，比如组成多个开发小组分别承担子系统或模块的开发任务，为了更好地协调团队之间的工作，提高协作效率，保证软件交付质量，制定开发团队共同遵守的规范是非常有必要的，也是有效的。

（2）系统架构设计。系统架构设计就是根据系统的需求框架，确定系统的基本结构，以获得有关系统创建的总体方案。

（3）软件结构设计。软件结构设计是在系统构架确定以后，对组成系统的各个子系统的结构设计。如将系统进一步分解为诸多功能模块，并考虑如何通过这些模块来构造软件。

（4）公共数据结构设计。被多个模块共同使用的公共数据，也需要在概要设计阶段确定其构造和定义。例如，统一的状态码、公共变量、数据文件以及数据库中数据

等，这些数据将被看作系统的公共数据环境。

（5）安全性设计。系统安全性设计包括操作身份认证设计、权限管理设计、操作日志审计设计、机密文件与数据保密设计以及特定功能的操作校验设计等。

2. 详细设计

详细设计的任务是在概要设计的基础上，将系统功能需求和性能要求转化为具体实现细节，得出对目标系统的精确描述。该阶段通常采用自顶向下、逐步求精的设计方式和单入口单出口的控制结构。常使用的工具包括程序流程图、盒图、问题分析图和程序设计语言等。

详细设计的主要任务有以下几点。

（1）为每个模块确定采用的算法，选择某种适当的工具表达算法的过程，写出模块的详细过程性描述。

（2）确定每一模块使用的数据结构。

（3）确定模块接口的细节。

（4）为每一个模块设计出一组测试用例。

（5）编写详细设计说明书。

（三）结构化程序设计

结构化开发方法是以数据流为中心、面向过程的方法论，侧重于描述数据在系统各个模块之间如何流动以及处理变换的过程，系统构建工作也主要以数据为中心展开。

区块链是一个带有时间戳的分布式存储系统，因此在开发区块链应用系统时，区块链常被看作类似数据库的存储子系统，并将其纳入整体软件架构中。设计者可借助结构化开发方法梳理清楚数据的流动脉络，明确链上链下的数据交互过程。当设计和开发一个区块链应用系统时，可按照以下几个步骤来进行。

1. 识别子系统

区块链作为一个分布式的对等网络系统，其节点通常运行在不同的网络环境下。相比中心化的数据库存储架构，理论上区块链存在多个数据访问入口。实际的区块链应用项目，通常由多个主体共同建设、共同使用，从而会涉及分属各个参与主体的应用系统与区块链完成对接交互的需求。因此在开发系统之初，需要设计者从全局视角出发，识别出整体解决方案中的子系统，以及各自承担的功能作用，并根据参与主体在整体项目中承担的不同角色，对区块链上的数据和功能设置不同的访问权限。

以区块链数字版权系统为例，其相关子系统包括以下几个。

（1）区块链数字版权平台。该子系统为整个系统提供底层的数据支持，涉及区块链接入服务 API 和 SDK 开发接口程序，以及智能合约、数字资产、加密存储、密钥管理、客户端钱包等相关功能。

（2）数字版权登记系统。该子系统主要功能包括用户管理、系统管理、支付结算等。

（3）数字版权验证服务。该子系统用于审核艺术品合规性，以及对发行的数字藏品版权鉴定。其主要功能包括数字藏品管理（藏品发布、分类、检索、下架等）、数字藏品发行（竞拍、转让、签约等）以及资产管理（资产标识、公证、评估、冻结）等。

2. 确定数据字典

数据字典描述系统中各数据项的组成结构，为开发者在编写代码时定义数据结构和数据库存储结构提供参考。区块链作为分布式共享账本，数据一旦上链，则各方均可见。因此在确定上链数据结构时，需要考虑敏感数据的隐私性，比如个人隐私信息、商业秘密等。除此之外，还需要考虑数据的可证明性，一般可通过数字签名或哈希锁等方式来证明链上资产或数据的拥有权利。

同样以区块链数字版权系统为例，本系统中上链的数据有以下内容。

（1）经纪商信息。包括经纪商编号、经纪商名称、经纪商营业执照注册号、企业地址、成立年份、股东身份证、手机号码、电子邮箱、经营许可等。

（2）营业执照艺术品信息。包括艺术品编号、艺术品名称、艺术主题、艺术风格、艺术品数量、艺术品详情、艺术家、艺术品高清全图、低清版本小图、经纪商等。

（3）艺术品审核信息。包括艺术品编号、审核机构、审核账号、审核时间、审核结果、审核说明、审核类型、出售方式、保证金、底价等。

（4）订单信息。包括订单生成时间、交易价格、交易数量、出售类型、所有者姓名、艺术品编号、艺术品哈希值、合同哈希值、经纪商、经纪商营业执照、艺术品提供方姓名、交割时间、证明机构、出证时间和预览字段等信息。

3. 确定链上链下交互过程

上链数据结构确定之后，应该考虑各个子系统与区块链的具体交互过程。在多方协作的场景中，区块链扮演了中间协调者的角色，通过维护全局共享状态，使得多方的业务行为可以保证一致性。使用数据流图工具可以很好地描绘系统模块之间的数据交互关系，清楚地展示数据从产生、处理到应用的全生命周期，描述各子系统和模块的输入输出，帮助开发人员从全局视角来理解系统的运行过程。

三、面向对象编程范式知识

软件系统具有固有的复杂性，虽然有些功能有限的软件系统开发难度不大，单个程序员即可完成系统的提出、构建、维护和使用，但如今工业级软件系统，其复杂度和开发难度就大得多。工业级软件系统通常具有非常丰富的行为，维护着数百万甚至上亿条信息记录的完整性，同时允许并发的更新和查询，时间和空间对它们来说都是稀有资源。这些系统一般具有很长的生命周期，随着时间的推移，许多用户的正常工作逐渐依赖于这些软件系统。单个开发者要理解整个系统设计的所有方面非常困难，甚至是不可能的。从根本上来说，这种复杂性可以被掌握，但不能被消除。

（一）面向对象基础知识

实践表明，应用面向对象方法，可以创建出灵活适应变化的软件，对构建关注问题域中“事物”的模型具有很大价值。面向对象方法以客观世界中的对象为中心，其思想符合人们的思维方式，分析和设计的结构与客观世界的实际比较接近，容易被人们接受。此外，在现实生活中，用户需求可能会经常发生变化，但客观世界的对象及对象之间的关系却比较稳定，因此面向对象的设计结构也相对比较稳定，从而可以提升软件的正确性，降低开发复杂软件系统的固有风险。面向对象方法这种处理系统中固有复杂性的能力，不仅使其适用于程序设计语言，也适用于用户界面、数据库甚至计算机架构的设计。

彼得·库德（Peter Coad）和爱德华·尤顿（Edward Yourdon）提出了下面的等式来识别面向对象方法：

面向对象 = 对象 + 分类 + 封装 + 继承 + 多态 + 通过消息的通信

（二）面向对象设计

面向对象设计是将面向对象分析（OOA）所创建的分析模型转化为设计模型，其目标是定义系统构造蓝图。在将概念模型生成的分析模型装入执行环境时，需要考虑现实情况加以调整和增补，如可以根据编程语言是否支持多重继承的特性来调整类的结构设计。面向对象设计（OOD）同样应遵循抽象、信息隐蔽、功能独立、模块化等设计准则。

OOD 主要包含以下五个活动：识别类及对象，定义属性，定义服务，识别关系，识别包。

与其他设计活动一样，要设计出结构良好且高效率的系统是困难的。因此，设计阶段还必须充分考虑系统的稳定性，如目标环境所需的最大存储空间、可靠性和响应时间等。对象标识的目标是分析对象，设计过程也是发现对象的过程，可称之为再处理，并补充与实现有关的新的组成部分。面向对象设计应该尽可能隔离实现条件对系统的影响，对于不可隔离的因素，需要按实现条件调整模型，并且必须有从分析模型到设计模型再到程序设计语言的线性转换规则。面向对象系统的开发需要面向对象的程序设计风格，与面向对象程序设计语言无直接关系，面向对象更多的是一种程序设计风格，而不只是对一类具有继承性、封装性和动态性编程语言族的命名。

（三）设计模式

设计模式是面向问题的，每一种设计模式都旨在解决特定类型的问题，根据要解决问题的类型不同可将设计模式分为三类，分别为创建型、结构型和行为型。

创建型模式抽象了实例化过程，帮助系统独立于如何创建、组合和表示系统内的对象。创建型模式允许通过定义一个较小的基本行为集来替换一组固定行为的硬编码，并且这些行为可以被组合成任意数量的更复杂的行为。创建型模式将创建对象的过程

进行了抽象，也可以理解为将创建对象的过程进行了封装。常见的创建型模式包括简单工厂模式、工厂方法模式、创建者模式、单例模式等。在区块链应用场景中，系统可以提供多种不同类型的哈希算法，这些哈希算法都源自同一个基类，不过在继承基类后，不同的子类根据各自的规则有不同的实现方式。如果我们希望在使用这些算法时，不需要知道这些具体算法类的名字，而只需要知道表示该哈希算法类的一个参数，并提供一个调用方便的方法，将该参数传入方法即可返回一个相应的算法实例对象，此时可以使用简单工厂模式对不同类型的哈希算法进行封装。

结构型模式涉及如何组合类和对象从而获得更大的结构。结构型类模式采用继承机制来组合接口或实现，有助于多个独立开发的类库协同工作。结构型对象模式不是对接口和实现进行组合，而是描述了如何对一些对象进行组合，进而实现新功能的方法。常见结构型模式包括适配器模式、代理模式、装饰模式等。以适配器模式为例，客户端可以通过目标类的接口访问其所提供的服务。有时，现有的类可以满足客户类的功能需要，但是它所提供的接口不一定是客户类所期望的，这可能是由于现有类中的方法名与目标类中定义的方法名不一致等原因所导致的。在这种情况下，现有的接口需要转化为客户类期望的接口，这样就保证了对现有类的重用。如果不进行这样的转化，客户类就不能利用现有类所提供的功能。适配器模式可以完成这样的转化。在适配器模式中可以定义一个包装类，这个包装类指的就是适配器（adapter），它所包装的对象就是适配者（adaptee），即被适配的类。

行为型模式涉及算法和对象间职责的分配。行为型模式不仅描述对象或类的模式，而且描述它们之间的通信模式。这些模式刻画了在运行时难以跟踪的、复杂的控制流。行为型类模式使用继承机制在类间分配行为，而行为型对象模式使用对象复合而不是继承。一些行为型对象模式描述了一组对等的对象如何相互协作，以完成其中任一个对象都无法单独完成的任务。这在区块链系统的共识算法上尤为明显。因为共识算法要求每个区块链网络节点独立运行同时又必须依靠通信协议保证整个系统的数据一致性，常见的行为型模式有状态模式、策略模式和责任链模式。

（四）区块链中面向对象的编程范式

开发企业级区块链应用系统时，应用系统作为区块链的客户端，与区块链交互较为频繁的开发活动主要是智能合约的调用。区块链通常是作为企业基础设施提供给上层应用系统的服务。为了屏蔽底层的复杂性，提升整体开发效率和代码质量，满足企业统一的监控要求和安全规范，常采取构建公共代码组件的方式，来实现对基础服务的统一管理和分配，促进代码复用，同时也有利于保护企业的数字资产。

本节将详细阐述基于面向对象的编程范式，构建一个企业级区块链的公共组件，该组件至少需要具备以下能力：①记录所有的数据上链请求操作，并与企业日志系统集成。②支持多个区块链底层平台。③支持密钥统一托管。④支持同步和异步两种上链方式。

1. 组件与面向对象的技术关系

基于组件的开发要求创建封装良好的通用模块。一个组件应该具有一个定义良好的接口，从服务的角度来说，接口定义了该组件提供的服务，以及该组件可以向其他组件请求的服务。从逻辑上来看，组件和对象一样，必须同时包含数据和针对数据的操作。因此，组件和对象具有同样的外部特征。更重要的是，面向对象的设计原则能够确保对象封装良好，避免冗余，将变化的影响局限在相关的对象类型之中。

对于面向对象实践的理解，也就是理解如何以最好的方式把功能分解到独立的组件上。需要注意的是，这不意味着组件自身必须是面向对象的，也不表示组件开发必须使用面向对象技术。相反，基于组件开发的一个重要目标是实现非面向对象的组件可复用性。

2. 不同领域的组件之间的交互

对属于不同领域的组件之间的交互方式进行标准化也是很有用的。最常用的方法是定义一个分层架构。分层架构的基本原则是处在相同层的组件都作为下一层组件的客户程序，对下层组件来说，它们所扮演的角色相似。区块链系统业务架构如图 2–2 所示，由下而上分为云端管理层、开发框架层、业务组件层以及业务场景层。每一层都是相对独立的模块，通过接口与其他层相互调用，每一层都可以根据用户需求提供不同的功能。

图 2-2 区块链系统业务架构

请求的发出是单向的，这有助于减少组件之间的依赖关系。因此，尽管一个表示层的组件要求它用到的业务逻辑层组件必须存在，但是业务逻辑层组件不会要求任何表示层的组件必须存在。如此一来，业务逻辑层组件就可以用在不同的上下文中，与不同的表示层组件共存。类似地，业务逻辑层组件要求提供特定接口的数据访问组件必须存在，但数据访问组件不需要知道任何业务逻辑层组件的知识。使用分层架构为我们提供了简单的控制依赖性的方法，确保在一层中的组件都不会对它的客户程序产生依赖。

四、面向服务架构知识

（一）基础知识

面向服务架构（service-oriented architecture，SOA）作为一种面向服务的架构，实质上是一种设计思想和方法论。在 SOA 中，服务是最核心的抽象手段和系统最基础的描述单元。每个服务组件具备独立的功能，并且可以复用，服务组件之间的接口遵循统一标准，可互相访问和组合扩展。服务之间通过交互和协调来完成业务的整体逻辑。所有的服务都通过服务总线或流程管理器来连接，这种松耦合的结构使得服务在交互过程中无须考虑双方的内部实现细节。

服务实现定义中包含服务和端口描述。一个服务往往会包含多个服务访问入口，而每个访问入口都会使用一个端口元素来描述。端口描述的是一个服务访问入口的部署细节，例如，通过哪个地址来访问，以及应当使用何种消息调用模式来访问等。

简单对象访问协议（simple object access protocol，SOAP）定义了服务请求者和服务提供者之间的消息传输规范。SOAP 使用 XML 格式化消息，并使用 HTTP 承载消息。通过 SOAP，应用程序可以在网络中进行数据交换和远程过程调用（RPC）。

1. SOA 的实现方法

目前，实现 SOA 的方法也比较多，其中主流方式有 Web Service（Web 服务）、企业服务总线和服务注册表。Web Service 是一种常用的解决方案，包括三种角色：服务提供者、服务请求者和服务注册中心。其中，服务提供者和服务请求者是必需的，服务注册中心是一个可选的角色。它们之间的交互和操作构成了 SOA 的一种实现架构。

（1）服务提供者。服务提供者是服务的所有者，负责定义并实现服务。他们使用 WSDL 对服务进行详细、准确、规范的描述，并将该描述发布到服务注册中心，供服务请求者查找并绑定使用。

（2）服务请求者。服务请求者是服务的使用者，虽然服务面向的是程序，但程序的最终使用者仍然是用户。从架构的角度来看，服务请求者是查找、绑定并调用服务，或与服务进行交互的应用程序。服务请求者角色可以由浏览器来担当，由人或程序来控制。

（3）服务注册中心。服务注册中心是连接服务提供者和服务请求者的纽带，服务提供者在此发布他们的服务描述，而服务请求者在服务注册中心查找他们需要的服务。不过，在某些情况下，服务注册中心是整个模型中的可选角色。例如，如果使用静态绑定的服务，则服务提供者可以把描述直接发送给服务请求者。

2. 微服务

微服务采用一组服务的方式来构建一个应用，服务独立部署在不同的进程中，不同服务通过一些轻量级交互机制来通信，例如RPC、HTTP等，服务可独立扩展伸缩，每个服务定义了明确的边界，不同的服务甚至可以采用不同的编程语言来实现，由独立的团队来维护。相对于SOA，微服务是细粒度的，微服务架构强调的一个重点是业务需要彻底的组件化和服务化。在微服务架构中，业务逻辑被拆分成一系列小而松散耦合的分布式组件，共同构成了一个较大的应用。每个组件都被称为微服务，而每个微服务都在整体架构中执行着单独的任务，或负责单独的功能。每个微服务可能会被一个或多个其他微服务调用，以执行较大应用需要完成的具体任务；系统还为诸如搜索或显示图片任务，或者其他可能需要多次执行的任务提供了统一的解决处理方式，并限制应用内不同地方生成或维护相同功能的多个版本。

微服务有以下优点。

（1）分解单体应用为多个服务模块，从而解决复杂性问题，每一个服务有明确的边界。

（2）每个服务都可以有不同的开发团队，开发者自由选择开发技术，包括使用不同的开发语言，提供API服务，利于小团体之间实施敏捷开发。

（3）功能开发完成之后可以直接进行测试、部署上线、运维等。在花费很小的成本下进行技术升级，减少系统改造的成本松耦合。

（4）微服务架构模式使得每个服务独立扩展，根据服务的性质最大化地利用硬件资源。

微服务架构也有以下不足之处。

（1）微服务应用是分布式系统，由此带来一些进程间通信的复杂性。开发者需要在RPC或者API接口消息传递之间制定好通信协议。此外，还必须增加代码来处理消息传递中数据丢包失效以及时序错乱等问题。

（2）不同应用之间维持数据的一致性问题。微服务经常会同时更新多个事务，因为需要同时更新不同服务所在的不同数据库。而在单体应用中，这个问题很容易解决，因为只有一个数据库。

（3）服务的变更问题。服务之间的依赖会导致某一个被依赖的服务重启时，依赖它的服务也必须重启，并且服务之间的依赖顺序也限制了服务的启动顺序。

（4）分布式带来的复杂性问题。每个服务都有多个实例，这就形成了大量需要配置、部署、扩展和监控的部分。当服务数量增加，管理将越加复杂。

微服务与SOA都属于典型的、包含松耦合分布式组件的系统结构。但是两种架构背后的意图是不同的：SOA尝试将应用集成，通常采用中央管理模式来确保各应用能够交互运作；而微服务尝试部署新功能，并快速有效地扩展开发团队，着重于分散管理、代码再利用与自动化执行。表2–1中对微服务与SOA的功能进行了比较。

表2–1　微服务与SOA的功能对比

功能	微服务	SOA
组件大小	单独任务或小块业务逻辑	大块业务逻辑
耦合	松耦合度高	松耦合度低
组织类型	小型、专注于功能交叉的团队	任何类型
管理方式	分布式管理	集中管理
目标	执行新功能，快速拓展开发团队	确保应用能够交互操作
技术平台	不同的业务选择不同的技术	统一技术平台
架构模式	独立微小的服务	根据业务模块分层

（二）面向服务架构在区块链应用系统中的案例

1. 案例背景介绍

区块链存证平台不仅可作为独立可信第三方为企业提供互联网数据存证服务，更可为企业提供一站式数据保全、公证、鉴定、仲裁、法律等司法服务，司法部门可通过区块链技术更高效地助力实体经济。存证平台采用基于区块链的SaaS[①]，为接入方提供诸如数据上链、系统管理和设置、系统监控等服务；为终端用户提供

① SaaS：软件即服务。

可信存证公示与查询功能。此外，平台还包括功能丰富的后台管理和运维系统管理等功能。

2. 设计方案

案例中的区块链存证平台以国产自主可控的区块链为基础，封装区块链操作细节，增加面对客户界面、接口等内容。方案设计时充分考虑存证平台的性能、并发、可靠性和易用性等系统需求，同时为开发者提供相应的开发工具和 HTTP Restful 应用网关，大大降低二次开发的难度，使得应用系统的接入非常简单，从而达到降低企业接入和使用区块链成本的目的。此区块链系统架构如图 2–3 所示。

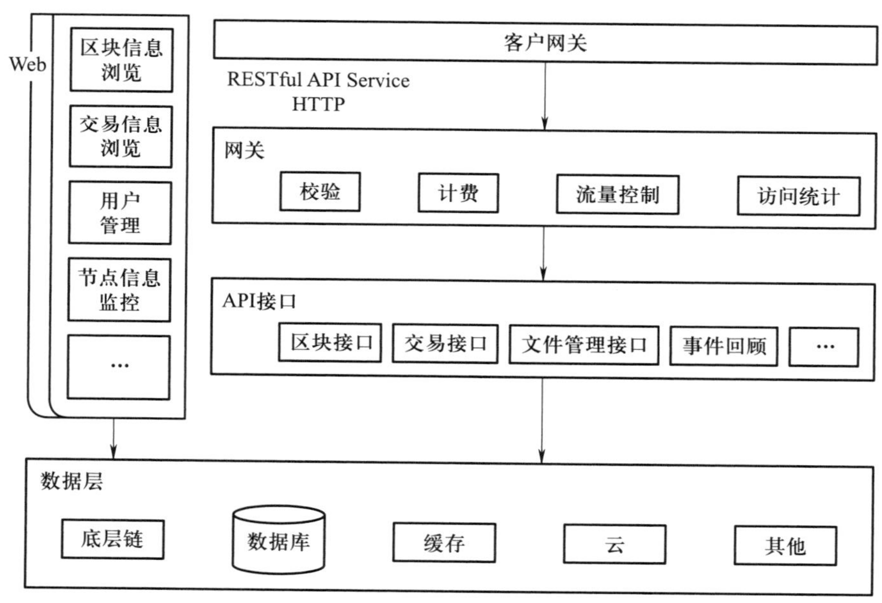

图 2–3　区块链存证平台系统架构图

3. 产品功能

存证平台为接入方提供数据上链、系统管理和设置、系统监控等服务，为终端用户提供可信存证公示与查询等功能。同时存证平台还有一套功能丰富的后台管理、运维系统。平台功能具体描述如下。

（1）数据上链。调用方只需关心上链数据和数据签名，无须改造现有的业务系统，通过简单的接口调用，即可轻松实现数据上链。

存证平台定义了一系列事件类型并对其进行追踪，如区块链增长事件、交易上链事件等。业务系统只需选择自己所关心的事件，接收相关业务数据的消息推送即可。

（2）数据查询。区块链以键值对（key-value）的形式保存数据，只能根据区块 ID 进行块内检索，无法根据业务字段进行查询。为解决该问题，存证平台对上链的数据维护了业务字段与区块链数据结构之间的对应索引，使业务系统无须处理区块链底层的数据检索逻辑，能够实现丰富灵活的查询方式。

根据业务需求的不同，合作方可以选择通过接口查询数据，获取结构化的数据以便后续自定义场景中的使用；也可以使用存证平台提供的区块链浏览器，直接查询区块链中的区块和交易信息。

（3）用户管理。用户登录存证平台界面，可以查看账户概览及账户详情信息，了解账户状态和账户类型，方便对账户信息进行更新、管理和维护。同时在概览页面，用户可以查看调用的 App（应用程序）以及状态，及时对应用状态进行确认和进一步管理。在消息页面可以查看系统消息，了解系统升级更新或者账号状态变更等重要通知。

（4）应用管理。用户进入应用信息界面，可以查看目前应用状态以及对应用进行管理，对应用进行激活和失效操作。应用可由用户自行添加，应用 ID 和密钥由系统自动创建。用户可自行设置应用 IP 白名单对网络地址进行限制。

4. API 接口服务开发

API 接口服务是连接底层存证平台系统与上层应用服务访问的入口，是系统的一个单独服务组件，且无须依赖应用程序及其运行平台。这种松耦合的结构使得服务在交互过程中无须考虑对方的内部实现细节。API 接口服务的示例（按区块高度获取区块详情接口）如下。

（1）接口说明。通过区块高度来查询获取到区块的详细信息，如区块哈希、前一区块哈希、交易哈希等内容。

（2）URL。

/block/getDetailByHeight。

（3）HTTP 请求方式。

GET。

（4）传入参数，如表 2-2 所示。

表 2-2　　接口参数表

参数名称	是否必选	类型	描述	示例
height	是	Int	查询区块高度	2
appid	是	string	用户应用 ID	D5xxxxxxxxx
token	是	string	安全值	3xxxxxxxxxx

（5）返回结果，如表 2-3 所示。

表 2-3　　接口返回参数表

参数名称	类型	描述
height	Int	所查询区块高度
timestamp	Int	时间戳
blockHash	string	当前区块的哈希值
previousHash	string	前一区块哈希值
worldstateRoot	string	区块链当前世界状态哈希值
transactionRoot	string	交易根哈希值
txs	[]string	该区块中所有的交易哈希值

（6）接口示例。

- 请求。

在浏览器地址栏中输入接口的 URL 以发出请求，具体命令如下。此处省略了请求 Header 参数及编码等因素。

```
http：//$host/block/getDetailByHeight
```

- 成功返回。


```
{
"code"： 200,
"data"： {
  "data"： {
    "header"： {
    "height"： 27,
    "timestamp"： 1552618392,
    "blockHash"： "7MhlT5ZDBloi39FrFxBMJmgHSLcDiG8LhaMibBXmdbQ=",
    "previousHash"： "Y4MxVMHCAccfjwNP/EgPskhqHyieLLKqCDSgf95jkn8=",
    "worldStateRoot"： "YsCimZZsnsCgMdAdi9UzCxkUYaXdE6SsXdZiCXxvwJk=",
        "transactionRoot"：
    "/wasO/sCDDeZNYlBJL66Ez9Bog1TZ8I0SwZ32FkiME0="
    },
"txs"： [
    "N2THhn66PO7D0I4r4QYMxpbiukm2baYiRL5i0/29/EQ="
      ]
    }
},
"msg"： ""
}
```


- 错误返回。参照通用错误代码。

五、能力实践

本节内容以数字版权系统行业产业链为例，详细介绍区块链应用系统的开发过程。

（一）开发应用系统的组件

基于区块链技术的数字版权系统提供不可篡改、可追溯的数字版权存证以及数字藏品权益证明，保证数字版权的唯一性、真实性和永久性，有效解决数字版权的确权和存储问题。

从系统的参与方来看，区块链的组成节点主要由平台方、知识产权局、监管机构、公证处等组成，如图 2–4 所示。

数字版权系统架构如图 2–5 所示。根据组件的开发设计原则，整个应用系统大致可分为三个组件：数字艺术品平台组件、区块链接入服务组件和区块链网络组件。数字艺术品平台组件作为系统业务的前端，可以通过 Web 页面的形式对平台进行管理和艺术品展示；区块链接入服务组件作为连接艺术品平台与区块链网络的中间件，艺术品平台会调用中间件组件的接口。区块链网络支持数字艺术品的智能合约。

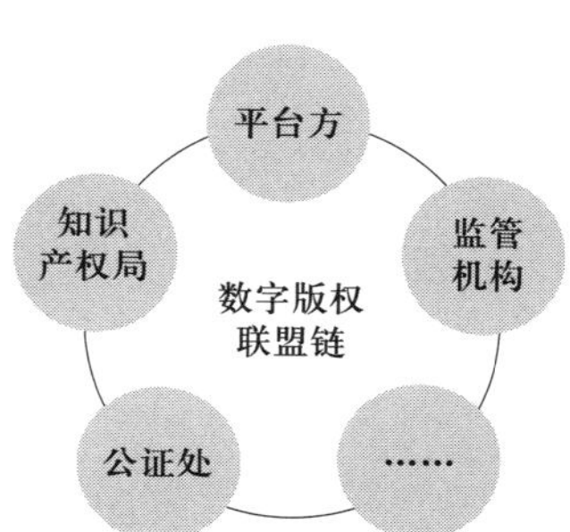

图 2–4　系统参与方

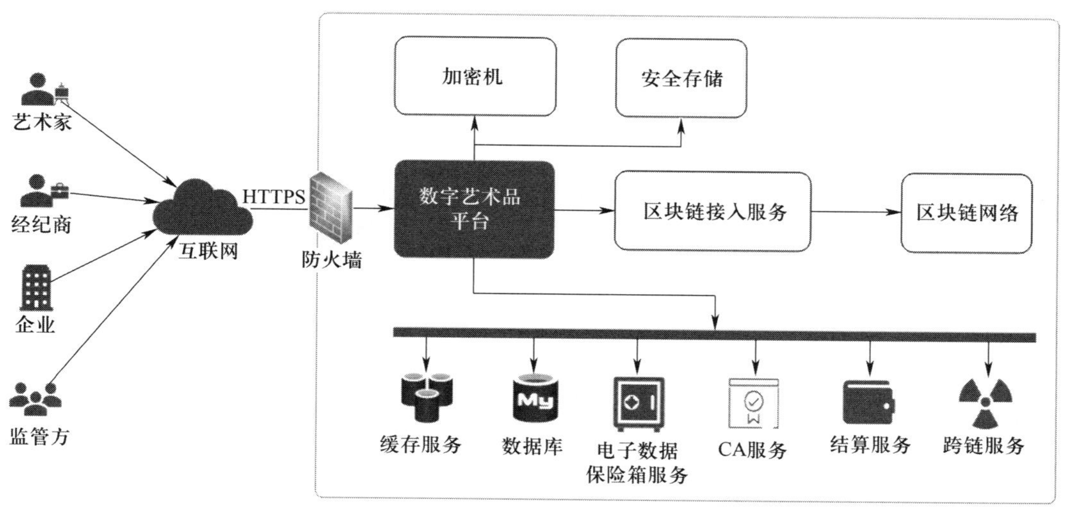

图 2–5　数字版权系统架构图

1. 数字艺术品平台组件

数字艺术品平台是数字版权系统的业务组件，主要是为艺术家提供数字艺术品创作平台，实现对数字收藏品数字资产的交易确认、知识产权的估值等，为数字版权应用系统提供可视化的前端可操作的界面。该组件大致分为三个模块功能。

经纪商管理：通过平台管理功能，注册审核，生成经纪商唯一标识和密钥对。

艺术品管理：经纪商对艺术品进行上架 / 下架操作，艺术品审核上链保存。

艺术品展示：艺术品列表及艺术品详情展示。

根据案例运行的逻辑可设计出数字艺术品平台组件的业务类图，如图 2–6 所示。

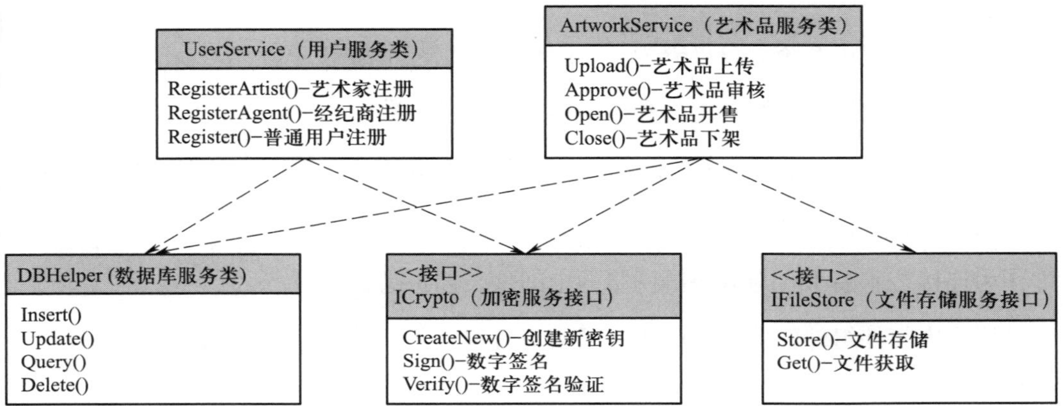

图 2–6　数字艺术品平台组件业务类图

各模块功能代码实现可参考下文描述。

（1）经纪商管理模块设计。经纪商是艺术品的拥有方的代理方，他们的信息在经过审核后录入系统，同时生成各自的唯一标识和密钥对。该模块可分为注册平台账户和注册区块链系统账户两个步骤完成。

```
    KmsAddKeyResp addKeyResp = kmspublic String add(BrokerAddDTO dto,MultipartFile
license,MultipartFile licenseFiling,MultipartFile idCard,MultipartFile bylaw,MultipartFile
agreement, MultipartFile logo) {
    // 经纪商名称唯一校验
    Broker broker = getOne(Wrappers.lambdaQuery(Broker.class).eq(Broker::
getBrokerName, dto.getBrokerName()));
    if (ObjectUtil.isNotNull(broker)) { throw new AppException(ResponseCode.INVALID_
```

```
PARAMS, " 经纪商名称已经存在 "); }
    // 手机号唯一校验
    SysUser sysUser = sysUserService.getOne(Wrappers.lambdaQuery(SysUser.class).
eq(SysUser::getPhone, dto.getPhone()).eq(SysUser::getRoleId, Constant.RoleId.BROKER));
    if (ObjectUtil.isNotNull(sysUser)) {throw new AppException(ResponseCode.INVALID_
PARAMS, " 手机号已经存在 ");}
    // 文件上传
    File licenseFile = fileService.upload(license, Constant.FileUploadPath.LICENSE,
Constant.FileType.LICENSE);
    File licenseFilingFile = fileService.upload(licenseFiling, Constant.FileUploadPath.
LICENSE_FILING, Constant.FileType.LICENSE_FILING);
    File idCardFile = fileService.upload(idCard, Constant.FileUploadPath.ID_CARD,
Constant.FileType.ID_CARD);
    File bylawFile = null;
    if (ObjectUtil.isNotNull(bylaw)){
    bylawFile = fileService.upload(bylaw, Constant.FileUploadPath.BYLAW, Constant.
FileType.BYLAW);
    }
    File agreementFile = fileService.upload(agreement, Constant.FileUploadPath.
AGREEMENT, Constant.FileType.AGREEMENT);
    File logoFile = null;
    if (ObjectUtil.isNotNull(logo)){
    logoFile = fileService.uploadPub(logo, Constant.FileUploadPath.LOGO, Constant.
FileType.LOGO);
    }
    // 创建用户密钥对
   Client.createPubKeyForSm2(Constant.KMS_PIN, Constant.KEY_FORMAT);
```

```
    //创建系统账户
    String password = RandomUtil.randomString(4)+"@"+RandomUtil.
randomStringUpper(4);
    sysUser = addSysUser(dto, addKeyResp, password);
    //创建经纪商
    broker = BeanUtil.copyProperties(dto, Broker.class);
   broker.setBrokerNo(System.currentTimeMillis()+RandomUtil.randomNumbers(3));
    broker.setUserId(sysUser.getId());
    broker.setLicense(licenseFile.getId());
    broker.setLicenseFiling(licenseFilingFile.getId());
    broker.setIdCard(idCardFile.getId());
    broker.setBylaw(bylawFile == null ? null : bylawFile.getId());
    broker.setAgreement(agreementFile.getId());
    broker.setLogo(logoFile == null ? null : logoFile.getId());
    save(broker);
}
```

①注册平台账户。经纪商在注册平台账户时，除了提交名称、营业执照、电话、邮件、地址等信息之外，还需要完成对经纪商的验证、认证文件存储、创建平台账户等步骤。用户的身份密钥可以通过调用 KMS 密钥库创建。艺术品平台用户账户创建认证成功后，再调用区块链中间件相应的 API 接口将用户的身份 ID 存储在区块链系统上。

②注册区块链系统账户。经纪商在平台系统上注册完成后还需要在区块链系统上注册。调用区块链接入服务组件的 API 接口将经纪商的信息存储到区块链上，根据传入的用户身份 ID 创建一个密钥对来代表经纪商在区块链网络的一个地址，该地址在平台系统上与账户 ID 绑定作为用户在整个数字版权系统中的唯一身份。

此处需要注意，链上账户的注册创建需要艺术品平台用户创建完成之后才可以创

建。平台上的用户为应用层级，可以展示用户的基本信息，包括一些身份认证相关信息；链上的账户创建是平台用户在区块链系统的一个账户映射，链上账户注册需要传入平台用户的唯一账户 ID 信息。

注册区块链系统账户代码示例如下所示：

```
// 创建链上账户
WtResult registerResult =
      wtClient.accountRegister(addKeyResp.getKeyId());
sysUser.setChainAccount(registerResult.getAddress());
sysUser.setChainHash(registerResult.getTxId());
sysUserService.updateById(sysUser);
```

（2）艺术品管理。艺术品管理可以分为艺术品信息录入、艺术品审核和艺术品发行。艺术品审核完成后，平台会对其做相关版权认证，艺术品的元数据信息项会存储在底层区块链上，保证每个艺术品都独一无二地被确权。艺术品的发行环节会调用区块链接入服务组件的 API，涉及与其他组件的系统集成操作。

①艺术品信息录入。艺术品相关属性主要包括艺术品名称、形式、相关主题、分辨率和尺幅等基础属性，还包括一些出售参数，如出售方式、保证金、售出方的个人信息。需要注意艺术品有系列、最大发行数量、种类信息等限制，超出了界限可通过抛异常的方式提示艺术品的定义调用方。艺术品信息录入实现可参照以下代码。

```
// 艺术品信息项定义
  // 获取系列信息
  Series series = seriesService.getById(dto.getTopic());
  if (ObjectUtil.isNull(series)) {
    throw new AppException(ResponseCode.DATA_NOT_FOUND, " 系列不存在 ");
  }
  // 最大发行数判断
```

```
    Integer upNum = dto.getNum() == null ? 1 : dto.getNum();
    if (series.getMax() < upNum) {
        throw new AppException(ResponseCode.DATA_ERROR, " 艺术品数量超出该系列最大发行数 ");
    }
    // 艺术品种类数量判断
    Integer numForSeries = getBaseMapper().getNumForSeries(dto.getTopic());
    if (numForSeries >= series.getNum()) {
        throw new AppException(ResponseCode.DATA_ERROR, " 系列艺术品种类数量超出上限 ");
    }
    // 获取经纪商信息
    Broker broker = brokerService.getOne(Wrappers.lambdaQuery(Broker.class).select(Broker:: getId, Broker::getBrokerNo).eq(Broker::getUserId, LoginUserUtil.getLoginUseId()));
```

②艺术品审核。艺术品审核是对艺术品做版权确认的环节，艺术品信息被输入系统后，平台会对艺术品进行审核，由相关机构查验艺术品是否符合规范，是否允许上线销售等。对于审核有异常的艺术品可以通过抛异常的形式返回给前端的调用方。

```
public void check(ArtworkCheckDTO dto) {
    // 查询艺术品信息
    Artwork artwork = getOne(Wrappers.lambdaQuery(Artwork.class).eq(Artwork::getArtworkNo, dto.getArtworkNo()));
    if (ObjectUtil.isNull(artwork)) {
        throw new AppException(ResponseCode.DATA_NOT_FOUND, " 艺术品不存在 ");
    }
    // 状态判断
    if (ObjectUtil.equal(artwork.getOrgAuthStatus(),dto.getCheckStatus())){
```

```
    throw new AppException(ResponseCode.DATA_ERROR, " 无效操作，请修改审核状
态 ");
    }
    if (ObjectUtil.notEqual(artwork.getOrgAuthStatus(), Constant.ArtworkSellStatus.
PENDING_REVIEW)) {
        throw new AppException(ResponseCode.DATA_ERROR," 艺术品无须重复审核 ");
    }
    // 更新
    artwork.setOrgAuthTime(LocalDateTime.now());
    artwork.setOrgAuthText(dto.getCheckMessage());
    artwork.setOrgAuthUserId(LoginUserUtil.getLoginUseId());
    artwork.setOrgAuthStatus(dto.getCheckStatus());
    // 审核信息上链
    CheckArgs checkArgs = new CheckArgs();
    checkArgs.setArtwork(artwork);
    checkArgs.setCheckUser(sysUserService.getById(artwork.getOrgAuthUserId()));
    String txHash = wtClient.check(checkArgs);
    artwork.setOrgAuthChainHash(txHash);
    updateById(artwork);
    // 自动上架
    if (ObjectUtil.equal(artwork.getIsAuto(), Constant.YES) && ObjectUtil.equal(artwork.
  getOrgAuthStatus(),Constant.ArtworkSellStatus.EXAMINATION_PASSED)) {
        ArtworkOnTheShelfDTO onTheShelfDTO = new ArtworkOnTheShelfDTO();
        onTheShelfDTO.setSellTime(LocalDateTime.now().plusDays(Constant.SELL_DAY));
        onTheShelf(artwork.getArtworkNo(), onTheShelfDTO);
    }
}
```

艺术品审核完成后，调用区块链接入服务组件的接口，将审核的数据存入区块链，实现艺术品链上存储，具体代码如下。

```
// 审核信息上链
checkArgs checkArgs = new CheckArgs();
checkArgs.setArtwork(artwork);
checkArgs.setCheckUser(sysUserService.getById(artwork.getOrgAuthUserId()));
String txHash = wtClient.check(checkArgs);
artwork.setOrgAuthChainHash(txHash);
updateById(artwork);
```

③艺术品发行。用户通过 Web 端对心仪物品进行意向登记，并缴纳保证金，对艺术品进行竞拍出价。用户竞拍成功后，系统调用区块链接入服务组件的接口调用数字艺术品转账合约，把数字艺术品的所有权转为用户所有。此过程的实现需要考虑以下几个方面：用户的实名认证、艺术品的状态信息、艺术品可出售数量、是否在开售时间区间和用户的订单数限制。

艺术品竞拍成功完成以后就可以调用区块链接入服务组件的 API 接口在区块链系统上发行艺术品。调用接入服务的 API 接口需要指定 URL 和接口名。代码示例如下。

```
public WtResult issue(Map<String, Object> attach){
    String url = host + "/cr/v1/artwork/issue";
    WtResp wtResp = this.restTemplate.postForObject(url, attach, WtResp.class);
    assert wtResp != null;
    if (ObjectUtil.notEqual(wtResp.getState(), HttpStatus.HTTP_OK)) {
        throw new AppException(ResponseCode.CHAIN_ERROR, wtResp.getMessage());
    }
    return wtResp.getData();
}
```

（3）艺术品展示。展示信息包括艺术品缩略图、艺术品名称、艺术品区块链地址、交易时间和艺术品对应的经纪商等。点击艺术品跳转到艺术品详情页面，艺术品详情除了艺术品的基本属性外，还要包含经纪商、用户等相关信息。可以通过创建视图的方式查询。

```
// 查看艺术品详情
    public ArtworkDTO detail(String artworkNo) {
    ArtworkDTO dto = getBaseMapper().detail(artworkNo);
    if (ObjectUtil.isNull(dto)) {
        throw new AppException(ResponseCode.DATA_NOT_FOUND," 艺术品不存在 ");
    }
    return dto;
}
// 多链表的 SQL 语句
@Select("SELECT a.*, b.broker_no, b.broker_name, s.series_name, u.display_name
orgAuthUserNickName, u.account orgAuthUserAccount " +
        "FROM tbl_artwork a " +
        "INNER JOIN tbl_broker b ON b.id = a.broker_id " +
        "INNER JOIN tbl_series s ON s.id = a.topic " +
        "LEFT JOIN tbl_sys_user u ON u.id = a.org_auth_user_id " +
        "WHERE a.artwork_no = #{artworkNo}")
ArtworkDTO detail(String artworkNo);
```

2. 区块链接入服务组件

区块链接入服务组件作为一个独立的中间件服务，内部封装了对底层区块链的细节操作，对外提供了可视化的 REST-ful API 的接口。应用层端通过调用 REST-ful 接口传递相应参数，具体的业务由中间件来执行，最终把结果通过 JSON 格式的数据再返回给应用层调用方。

开发区块链接入服务的中间件组件大致流程为：定义中间件服务模式、制定接口协议参数、确定服务接口名称、实现服务接口以及编写使用文档。以下以 Golang 开发语言为例进行说明。

（1）定义中间件服务模式。考虑到区块链接入服务组件是为上层应用系统服务的，因此在开发实现上选择 HTTP 接口的形式，能更方便地与应用系统集成。中间件服务启动如以下代码所示。

```
import(
   "github.com/spf13/viper"
   "github.com/gin-gonic/gin")
func Startup() {
   var httpPort = viper.GetInt("Http.Port")
   r := gin.New()
   //configRoute
   err := r.Run(fmt.Sprintf(":%d", httpPort))
   if err != nil {
      logger.Info(err)
   }}
```

（2）制定接口协议参数。使用 JSON 作为通信协议，接口返回数据包含公共参数和业务参数，所有接口都会返回公共参数，不同的接口返回的业务参数不同。本案例中公共参数可制定如下。

```
{
"state":200,
"message":"success",
"data": {any}
}
```

接口返回的公共参数说明如表 2–4 所示。

表 2–4　　接口返回参数表

参数	说　　明
state	接口请求的返回码
message	接口请求成功或错误描述
data	任意类型，返回的具体业务参数

（3）确定服务接口名称。根据接口开发原则，接口的定义应该简洁扼要，可遵循以下原则。

①服务接口的命名遵循层级策略，第一级是固定前缀、第二级是版本号、第三级是模块名称、第四级是模块的函数名称。

②服务接口的名称一般带有固定前缀，便于区分接口的功能，如表 2–5 中的接口名称中包含的 cr 关键字。

③接口名称中的“v1”表示当前的接口版本，随着后续服务的扩展与兼容，还会有“v2”“v3”等。

④接口命名包括模块的定义，如接口名称中的 artwork、account 分别标识艺术品模块和用户账户模块。

⑤函数名称建议采用动词组合结构，标识当前模块下的操作。

本案例组件的服务接口名称可确定如表 2–5所示。

表 2–5　　接口名称表

接口名称	请求方式	说明
/cr/v1/artwork/issue	POST	艺术品发行
/cr/v1/artwork/query	GET	艺术品查询
/cr/v1/account/register	POST	用户信息注册
/cr/v1/account/detail	GET	用户信息查询

（4）实现服务接口。接口实现过程中注意各个接口的传入参数以及返回值等相关信息。现以 API 接口艺术品发行（/cr/v1/artwork/issue）为例说明接口的实现，其发行流程如图 2–7 所示。

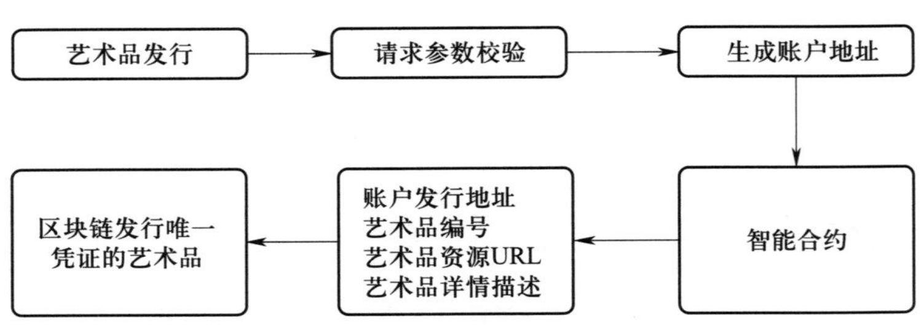

图 2–7　艺术品发行实现流程

艺术品发行主要涉及与区块链上的智能合约交互，通过向智能合约传递艺术品编号、URL 等关键信息在区块链系统上生成艺术品唯一的数字凭证，其实现代码如下。

```
// 艺术品发行
func (n *NFT) artworkIssue (c *gin.Context) {
        var req issue
        // 获取并校验接口入参
        if err := c.ShouldBind(&req); err != nil {
                logger.Errorf("Invalid parameter, error:%v", err)
                reply.ErrReplyV3(c, err)
                return
    }
        // 生产用户地址
        addr, err := n.getAddrByKeyId(req.KeyId)
        if err != nil {
                logger.Errorf("genAddr failed, error:%v", err)
                reply.ErrReplyV3(c, fmt.Errorf("genAddr failed failed, error:%v", err))
                return
        }
        ctx := getCtx(c, true)
        // 调用合约发行艺术品
```

```
        txid, err := n.artIssue(ctx, req.ScAddress, req.ArtWorkId, addr, 1, req.Url, req.
ArtHash)
        if err != nil {
                logger.Errorf("artwork issue fail：%v", err)
                reply.ErrReplyV3(c, fmt.Errorf("artwork issue fail：%v", err))
                return
        }
        // 返回结果
        reply.OkReplyV3(c, gin.H{"txId": hex.EncodeToString(txid)})
        return
}
```

（5）编写 API 使用文档。API 使用文档应详尽介绍请求参数说明、请求示例、API 接口的返回参数说明和接口使用注意事项等，以艺术品发行（/cr/v1/artwork/issue）为例说明如下。

接口说明：艺术品发行上链，此接口用于出售艺术品。

请求方式：POST。

请求 URL：http://host:port/cr/v1/artwork/issue。

请求示例如下。

```
{
        "keyId":"c8imi7mogclfuo3jrqtg",
        "scAddress":"3a4b7859cbbc74dd4092765a968956b6ee17bad6e8c49af54fc8d45
4fa9523f8",
        "url":"********",
        "artworkId":"",
        "artHash":""}
```

接口请求参数说明如表 2–6 所示。

表 2–6　　接口请求参数说明

参数名称	类型	是否必要	说　明
keyId	string	Y	账户 keyId
scAddress	string	Y	合约地址
url	string	Y	艺术品的 URL
artworkId	string	Y	艺术品的 ID
artHash	string	Y	艺术品信息 Hash

返回信息示例如下。


```
{
        "state":200,
        "message":"success",
        "data":{
            "txId":"0d8c729a9a8219274b6a9c70fe60b80b6e10ebbf6cd9179e41c532f7f
0547fea"
    }}
```


返回信息中，参数 state 为 200 表示请求成功的状态；message 为请求结果描述；data 表示返回 JSON 格式的数据；txId 是交易的 Hash 值，采用 Hex 格式表示。

如上，每个 API 的接口文档应该详尽描述，以便与其他模块组件进行对接。

3. 区块链网络组件

智能合约作为整个系统的一个独立组件，可运行于区块链网络系统之上。根据业务的逻辑设计数字艺术品的智能合约类图，如图 2–8 所示。

（1）智能合约接口定义。底层的区块链网络需要支持艺术品创建、艺术品信息展示以及发行相关的功能。根据上述需求，智能合约接口定义如表 2–7 所示。这些接口是艺术品合约的主要对外服务接口，供上层组件调用。接口之间相互独立，并无逻辑关系，因此上层组件可以根据业务需要调用对应的合约接口。

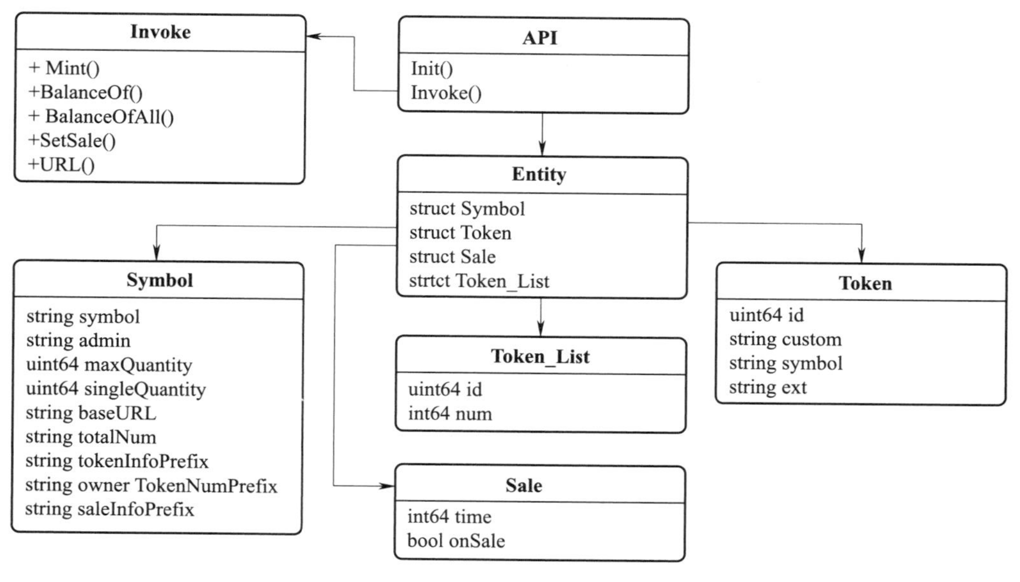

图 2-8　智能合约类图

表 2-7　智能合约接口定义

接口定义	接口描述
Mint	数字版权资产发行，支持发行数量、版权资产的 URL 元数据等
BalanceOf	查看某个用户地址下是否有指定的数字版权资产
BalanceOfAll	查看某个用户下的全部数字版权资产
SetSale	设置或更新艺术品的开售日期和最大销售数量
URL	获取某个数字版权资产的元数据

（2）数据结构定义。数字艺术品是存储在区块链中的数字数据，其所有权也记录在区块链中，并且可以由所有者发行与转让。数字艺术品通常包括对数字文件的引用，例如照片、音视频等，每个数字艺术品都是唯一可识别的，在区块链系统上能被完整地追踪，提供公开的真实性和所有权证明。

（3）艺术品的发行。案例中发行艺术品是通过区块链系统上的智能合约来实现，合约方法是区块链接入服务艺术品发行接口（/cr/v1/artwork/issue）在区块链系统上的具体实现。为保证合约能正常执行，调用此合约传递的参数应当满足以下条件。

- 归属账户应当在艺术品平台完成认证并将映射的账户 ID 存储在区块链上。
- 艺术品发行日期满足 SetSale() 方法限定的开售日期。

- 艺术品的发行量满足 SetSale() 方法限定的最大发行数量。

合约方法的代码实现参考如下。

```
//数字资产发行
//id 为资产唯一标识 ,to 为归属账户 ,num 为数量 ,url 代表 URL
public string Mint(uint64 id,string to, int64 num,string custom,string ext) {
//TODO: verify admin
    // 开售时间检测
    Sale sl = getSaleInfo(id)
    int64 ti = time() // 取当前时间
    if (sl.onSale == false || sl.time > ti) {
        return "sale has not yet been"
    }
    if (custom==""){
        custom = URL(id)
    }
    // 获取历史数量
    int64 hn =  getSingleNum(id)
    int64 hnt = getCategoryNum()
    if (hnt >= maxQuantity) {
        return "maximum number of species is "+ itoa(maxQuantity)
    }
    if (hn == 0) { // 新增 token
        if (num > singleQuantity || num < 1) { // 大于最大允许单个 token 的最大发行量
        return "The number of _mint is greater than " + itoa(singleQuantity) + " or less 
than 1"
    }
    else{
```

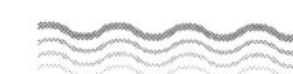

```
            //1 记录发行量
            SetSingleNum(id,num)
            //2 更新最大种类数量
            setCategoryNum(hnt+1)
            NFT_Token tk
            tk.id = id
            tk.symbol = symbol
            tk.custom = custom
            tk.ext = ext
            string st = obj_to_json(tk)
            //3
            db_set(tokenInfoPrefix + itoa(id),st) // 持久化新增 token 信息
            //4
            db_set(ownerTokenNumPrefix + to + itoa(id),num) // 持久化 owner 资产
        }
    }
    else { // 增发
        if (hn + num > singleQuantity ){ // 历史数量和增发数量总额超出
            return "The number of _mint is greater than " + itoa(singleQuantity)
        }
        //1 更新发行量
        setSingleNum(id,num + hn)
        //2 更新用户资产
        int64 onum = getOwnerTokenNum(id,to)
        db_set(ownerTokenNumPrefix + to + itoa(id),num + onum)
        }
        return "success"
}
```

（4）获取艺术品相关的属性。数字资产权益证明存储在区块链上，其相关的元数据支持外部存储。

```
// 艺术品属性的元数据信息
public string URL(uint64 id) {
    bool n = db_exist(saleInfoPrefix + itoa(id))
    if (n==false){
        return itoa(id) + " has not been in the sale"
    }
    return baseURL+"/"+itoa(id)
}
public string BaseURL() {
    return baseURL
}
```

（5）获取账户下所有的数字艺术品信息。查看指定用户下的所有数字资产相关信息。智能合约相关代码设计如下。

```
// 查看用户地址下的所有数字资产信息
public string BalanceOfAll(string owner) {
    map<string,int64> tokens
    db_search(ownerTokenNumPrefix + owner,filter,tokens)
    string k
    int64 val
    Token_List[] tls
    while(range(tokens,k,val) == true) {
        if (val > 0) {
            Token_List tl
            string subs = ownerTokenNumPrefix + owner
```

```
            string ids =removeStr(k,subs)
            uint64 idnum = atoi(ids)
            tl.id = idnum
            tl.num = val
            add(tls,tl)
        }}
    return obj_to_json(tls)
}
public int64 BalanceOf(string owner,uint64 id) {
    return db_get<int64>(ownerTokenNumPrefix + owner + itoa(id))
}
```

（二）实现与其他系统集成

整个数字版权系统可分为艺术品平台组件、区块链接入服务组件和区块链系统组件三个组件。其中区块链接入服务组件作为系统的中间件是其他两个组件连接的桥梁，艺术品平台组件通过调用中间件服务提供的 API 接口与之集成，同时中间件组件通过访问区块链系统提供的 RPC 服务建立集成关系。三个组件的系统集成如图 2–9 所示。

图 2–9　数字版权系统组件集成

艺术品平台组件系统通过区块链接入服务中间件与区块链网络中的节点连接。通过中间件服务，可以达到数据交互的目的，区块链网络与平台系统具体交互的数据内容可以通过智能合约来解决。

艺术品平台与区块链网络系统之间的工作流程如下。

- 艺术品平台向接入服务中间件组件发送 HTTP 请求。
- 中间件接收到请求，通过了基础验证再根据不同的接口转向区块链网络系统。
- 中间件再次向区块链网络节点发送 RPC 请求，同时保持跟平台的连接直至连接超时。

● 区块链网络节点处理 RPC 请求的事务交易，返回给中间件相关事务的交易 ID 后，再处理事务同步、打包、共识出块、执行事务交易等相关操作。

● 中间件接收到区块链网络返回的交易 ID 后返回给平台，平台根据返回结果处理数据。

● 平台接收到了交易 ID 并不能确保事务交易在区块链系统上已经执行，根据区块链特征可能会有延后，平台可以再次通过中间件接口向区块链网络节点查询结果。

1. 艺术品平台与区块链接入服务中间件组件的集成

艺术品平台作为整个系统的前端信息展示界面，其与区块链系统的交互主要是通过区块链接入服务中间件组件来完成的。而区块链接入服务中间件组件具有公开的 API 接口，这些接口就是艺术品平台与中间件组件集成的关键操作。

（1）注册 API 接口服务。中间件引入了 Gin 框架，可通过 gin.RouterGroup 函数注册 API 接口服务。

```
// 配置接口路由
    func ConfigRouter(){
    // 注册 v1 版本
    g := gin.RouterGroup.Group(v1)
    // 艺术品发行上链
    g.POST("/artwork/issue", n.artworkIssue)
    // 艺术品信息查询
    g.GET("/artwork/query", n.artworkQuery)
    // 用户注册
    g.POST("/account/register", n.accountRegister)
    // 账户资产查询
    g.GET("/account/query", n.accountQuery)
  }
```

接口路由配置如上，v1 表示当前注册了 v1 版本，为后续版本升级做兼容。

POST、GET 函数表示当前的接口是 HTTP 的 POST 请求还是 GET 请求，根据具体的接口业务情况进行选择。

POST 或者 GET 函数的第一个参数为 HTTP 请求的 URL 路径，如艺术品发行的 URL 请求路径定义为：/v1/artwork/issue。

POST 或者 GET 函数的第二个参数为接口的具体实现，所有的请求参数封装在函数内部，如艺术品发行的接口处理函数为 artworkIssue。

（2）运行区块链接入服务中间件服务。所有接口服务被注册后，就可以启动中间件服务，启动代码如下所示。中间件服务启动成功以后会存在一个监听本地指定端口的进程服务。

```
func Startup() {
  var httpPort = viper.GetInt("Http.Port")
  r := gin.New()
    ConfigRoute
    err := r.Run(fmt.Sprintf(":%d", httpPort))
  if err != nil {
    logger.Info(err)
  }
}
```

（3）艺术品平台调用区块链接入服务中间件接口。

艺术品平台调用区块链中间件服务的艺术品发行接口：

请求方式：POST

请求 URL：http://host:port/cr/v1/artwork/issue

平台调用中间件接口的代码示例如下。

```
// 调用区块链接入服务中间件 API 接口
  public WtResult artworkIssue(Map<String, Object> attach){
```

```
        String url = host + "/cr/v1/artwork/issue";
        WtResp wtResp = this.restTemplate.postForObject(url,attach, WtResp.class);
        assert wtResp != null;
        if (ObjectUtil.notEqual(wtResp.getState(), HttpStatus.HTTP_OK)) {
            throw new AppException(ResponseCode.CHAIN_ERROR, wtResp.
getMessage());
        }
        return wtResp.getData();
    }
  // 返回结果 Response 类型定义
    public class WtResp {
    private Integer state;
    private String message;
    private WtResult data;
  }
  // 返回结果数据类型定义
    public class WtResult {
        private String address;  // 账户地址
        private String txId;    // 交易哈希
        private String detail;  // 账户详情
        private String name;    // 合约名称
  }
```

2. 区块链接入服务中间件与区块链系统组件的集成

区块链接入服务对上层应用提供区块链操作相关的 API 接口，接口的内部又包含对区块链的一些集成操作。中间件与区块链系统的集成可分为启动区块链节点、安装智能合约、调用智能合约、查询结果等几个过程。

（1）启动区块链节点。启动区块链节点需要事先给每个节点生成不同的节点证书，配置每个节点的服务端口。节点成功启动后依据其内部协议自动组建 P2P 网络，这里仅需要关心对外服务接口即可。

①区块链的通信协议。区块链节点对外提供了 RPC 的接口服务，中间件通过实现 RPC 协议来与节点组件进行通信。节点 RPC 服务定义如下。

```
service Peer{
    //PeerRequest: SubLedger, PeerResponse:PeerResponse
    rpc NewLedger(PeerRequest) returns(PeerResponse){};
    //PeerRequest: Transaction, PeerResponse:PeerResponse
    rpc NewTransaction(PeerRequest) returns(PeerResponse){};
    //PeerRequest: Transaction, PeerResponse:PeerResponse
    rpc NewQueryTransaction(PeerRequest) returns(PeerResponse){};
    //PeerRequest: PeerRequest, PeerResponse:BlockchainNumber
    rpc BlockchainGetHeight(PeerRequest) returns(PeerResponse){};
    //PeerRequest: BlockchainHash, PeerResponse:Block
    rpc BlockchainGetBlockByHash(PeerRequest) returns(PeerResponse){};}
```

节点的 RPC 接口请求参数为 PeerRequest，返回的参数格式为 PeerResponse。其数据结构多以字节码的形式传递。

```
//Request 参数定义
message PeerRequest{
    bytes nonce = 1; // 唯一标识
    bytes payload = 2;// 数据 ,Request 或其他结构体的序列化
    bytes pubkey = 3; // 发送方公钥
    bytes sign = 4;// 对数据的签名
}
//Response 参数定义
```

```
message PeerResponse{
        bytes nonce = 1; // 唯一标识 , 等同请求中的 nonce
        bytes payload = 2; // Response
        bool ok = 3;
        string err = 4;
}
```

为了方便统一接口参数和实现接口程序，所有参数都限制为 PeerRequest，其中 payload 为具体参数的实例，可由开发人员进行自定义操作。

②区块链网络的运行。首先运行节点程序，节点程序启动后会在本地监听运行 RPC 服务接口。中间件通过调用 RPC 接口与节点做相关的交互操作。根据区块链网络的共识算法，至少需要运行 3 个节点组成一个可以容错的区块链网络系统。

（2）安装智能合约。智能合约是链上可运行的具有状态的应用程序，艺术品智能合约部署安装在区块链系统后才能执行中间件接口的艺术品发行、展示以及用户注册等功能。

智能合约安装需要中间件调用节点 RPC 的 Transaction 接口。合约安装涉及定义合约操作类型、转义智能合约代码、计算合约交易的哈希和签名信息、组装数据结构、组合 RPC 的请求参数以及发送安装合约请求等关键步骤。

①定义合约操作类型。智能合约是 RPC 接口实现事务交易的一种机制，具有安装、销毁、调用、授权等操作子类型，不同的操作需要指定具体的交易类型。

```
// 智能合约交易类型定义
const (
        WVMSCInstall SubType = iota            // 合约安装
        WVMSCDest                              // 合约销毁
        WVMSCInvoke                            // 合约调用
        WVMIssue                               // 合约发行
```

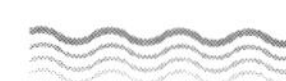

```
        WVMAuth                                    // 合约授权
    )
```

②转义智能合约。智能合约源码需要转为 base64 的字符串，合约源码包含的编程符号将被统一转换成字符串的格式，以便在区块链上运行。

```
    content, err := base64.StdEncoding.DecodeString(req.File)
```

其中 req.File 参数为传入的合约源码文件。content 为 base64 格式的合约字符串。

③计算合约交易的哈希 (hash) 和签名（sign）信息。

```
// 合约内容序列化
        bs := core.NewStreamWriter()
        // 时间戳
        timestamp := uint64(time.Now().UnixNano() / 1000000)
        // 交易头
        bs.PutUint32(uint32(version)).PutUint32(uint32(typ)).PutUint32 (uint32 (subtype)).
PutUint64(timestamp)
        // 交易内容
        bs.PutBytes(content)
        // 扩展字段
        bs.PutBytes(ext)
        // 公钥
        pk := GetAuthPubKey()
        bs.PutBytes(pk)
        bs.PutBytes([]byte(nil))
        // 交易 hash
        hash, err := util.GenHash(string(auth.HashType), bs.Bytes(false))
        if err != nil {
```

```
            return nil, err
        }
        // 签名信息
        sign, err :=SignTrans(hash)
        if err != nil {
            return nil, err
}
```

④组装数据结构。数据传输协议采用成熟的 protobuf 协议，将数据组装成 protobuf 协议的数据结构，利用 protobuf 即可实现完整的 RPC 远程调用。

```
// 定义交易头的数据结构
txHeader := &pbtx.TransactionHeader{
        Version:            uint32(version),
        Type:               uint32(typ),
        SubType:            uint32(subtype),
        Timestamp:         timestamp,
        TransactionHash: hash,
}
// 定义交易体的数据结构
tx := &pbtx.Transaction{
        Header: txHeader,
        Data:   txbody,
        Pubkey: pk,
        Sign:   sign,
        Result: []byte{},
        Extra:  ext,
}
return tx, nil
```

⑤组合 RPC 的请求参数。组合 RPC 请求的参数可使用 PeerRequest 方法来表示。

```
var request pbpeer.PeerRequest
        request.Nonce = nil
        payLoad, err := proto.Marshal(tx)
        if err != nil {
                return nil, err
        }
        request.Payload = payLoad
        puk :=getAuthPublicKey()
        request.Pubkey = puk
return &request, nil
```

⑥发送安装合约请求。请求参数组合完成后，就可以向区块链系统发送安装合约的事务请求。

```
response, err = client.NewTransaction(ctx, request)
```

（3）调用智能合约。调用智能合约的流程包括确定合约操作类型、指定合约调用函数与参数、发送合约调用请求。智能合约公开了内置函数供应用程序与合约交互。如实践中的艺术品发行实现发行接口（/cr/v1/artwork/issue）就需要调用合约的 mint 函数。

①确定合约操作类型。参考智能合约的交易定义，合约调用类型为 WVMSCInvoke。

②指定合约调用函数与参数。智能合约的调用操作与安装流程类似，不同之处在于构造合约交易的数据结构中增加了函数名称与函数参数。

```
// 合约调用
argtmp := ContractCallArg{
    Gas:        4294967295,
```

```
        Method:  method,
        Caller:      []byte(caller),
        Version:   version,
        Args:       args,
    }
    sc:= WVMContractTx{
        arg:  argtmp,
        name: name,
    }
    body,err:= sc.Encode()
```

其中 ContractCallArg 的 Method 参数是要调用的合约函数，这里可以传入“mint”字符串，Args 为合约“mint”函数的参数，如果要调用的合约函数没有参数，可以不用传递。

③发送合约调用请求。合约调用的其他环节与合约安装操作步骤类似，这里就不再叙述。

（4）查询结果。向智能合约查询并不会触发一笔事务交易，因为查询仅限于读取合约的当前状态值，不涉及状态值的更改。查询的具体步骤如下。

①指定合约查询的函数与参数。

②计算合约交易的哈希和签名信息。

③组装数据结构。与智能合约安装步骤一样，这里也需要组装成 protobuf 协议的数据结构。

④组合 RPC 的请求参数 PeerRequest。

⑤发送合约查询请求。合约查询接口需要调用底层链的 RPC service 指定的 NewQueryTransaction 接口。具体的结果值需要通过解析 PeerResponse 的返回参数来获取。

第二节　开发接口

考核知识点及能力要求

- 掌握软件接口知识。
- 掌握单元测试知识。
- 能开发应用系统接口。
- 能完成应用系统接口单元测试。

一、软件接口知识

（一）基础知识

软件接口即应用程序编程接口（application programming interface，API），是一组预先定义的计算接口，规定了软件之间的交互规范及数据格式。应用将自身的服务能力封装成 API 供调用方使用，而调用方无须关心具体的实现细节，通过信息隐藏，可以简化应用的开发，从而节省时间和成本。

随着 Web API 的普及，相应的协议规范也随之产生，推动了信息交换的标准化。简单对象访问协议（SOAP）的提出也促使了 SOA 架构模式的出现。另外一个重要规范是表现层状态转换（REST），它允许客户端发出以统一资源标识符访问和操作网络资源的请求，并且其操作与 HTTP 协议预定义的无状态操作集一致，比复杂的 SOAP 协议更容易被掌握。如今，RESTful API 变得越来越普及。GraphQL 是一种可替代 RESTful 的新兴接口规范，它可优先让客户端准确地获得所需的数据，允许开发人员构建相应的请求，从而通过单个 API 调用从多个数据源中提取数据。

API 是实现系统集成的关键技术之一，它将 IT 组织中的各种数据、应用和设备全都集成联动起来，使得所采用的各项技术能够更好地相互通信并协同工作。

（二）接口设计原则

1. 本地 API 设计原则

（1）极简。极简的 API 是指尽可能减少每个结构体公开成员数量，使得 API 更易理解、记忆、调试和变更。

（2）完备。完备的 API 应包含所期望的所有功能，但这会与保持 API 极简有冲突。例如一个成员函数被放在错误的类中，那么这个函数的潜在用户将无法找到它，这就违反了完备性原则。

（3）语义要清晰简洁。遵循“最少意外原则”。出色的 API 能够让日常任务变得更加轻松，同时具备完成不常见任务的可能性。而在没有需求的情况下，应避免过度通用化解决方案。

（4）面向用例设计。如果设计者希望能够设计出被广泛使用的 API，那么必须站在用户的角度来考虑如何设计 API 库，以及如何才能设计出这样的 API 库。

（5）易于记忆。为使 API 易于记忆，API 的命名约定应该具有一致性和精确性。使用易于识别的模式和概念，并且避免用缩写。

（6）引导 API 使用者写出可读代码。写出可读性好的代码有时候要花费更多的时间，但对于产品的整个生命周期来说是节省了开发时间的。

（7）提供最小化的接口。每个 API 接口应该只专注一件事，并尽力做到最好。当设计类时，应尽量不让用户知道类内部的工作原理，提供的接口要尽可能少，只有当用户有真正需求时才添加相关接口。

（8）采用良好的设计思路。在设计过程中收集用户建议，从用户的角度审视 API 设计和实现，保证 API 设计的易用和合理，保证后续的需求可以通过扩展的形式完成。尽量少做事情是抑制 API 设计错误的一个有效方案。第一版应该做尽量少的内容，新的需求可以通过扩展的形式完成。对外提供清晰的 API 和文档规范，避免用户错误地使用 API。

（9）合理命名。设计 API 的时候，命名涉及多个方面，包括统一资源标识符（URI）、请求参数、响应数据等。需要注意以下几点。

- 尽可能和领域名词保持一致，例如聚合根、实体、事件等。
- RESTful 设计的 URI 中使用名词复数。
- 尽可能不要过度简写。
- 尽可能使用不需要编码的字符。

（10）注重安全。安全是任何一项软件设计都必须考虑的因素，对于 API 设计来说，暴露给内部系统的 API 和开放给外部系统的 API 略有不同。

（11）版本化。一个对外开放的服务，极大的概率会发生变化。业务变化可能修改 API 参数或相应数据结构，以及资源之间的关系。一般来说，字段的增加不会影响旧的客户端运行。但是当存在一些破坏性修改时，就需要使用新的版本将数据导向新的资源地址。

2. 远程 API 设计原则

远程过程调用（remote procedure call，RPC）是一种通过网络从远程计算机程序上请求服务，而不需要了解底层网络技术的技术实现。RPC 采用 C/S 模式，请求程序就是客户机，而服务提供程序就是服务器。客户机调用进程发送一个带有进程参数的调用信息到服务进程，并等待应答信息。服务器端的进程保持睡眠状态，直到调用信息的到达。当收到调用信息后，服务器获得进程参数，计算结果并发送答复信息，然后等待下一个调用信息。最后，客户端调用进程接收答复信息，获得进程结果。

设计远程 API 遵循以下几个原则。

（1）避免简单封装。API 应该服务于业务能力的封装，避免简单封装让 API 彻底变成了数据库操作接口。例如，标记订单状态为已支付，因为订单支付有具体的业务逻辑，可能涉及大量复杂的操作，所以应该提供如 POST /orders/1/pay 的专用支付 API，而不是先提供 PATCH /orders/1 接口，然后再通过更新具体的字段来修改订单状态。这是因为使用简单的更新操作会让业务逻辑泄露到系统之外，同时系统外也需要知道“订单状态”这个在系统内部使用的字段。更为重要的是后者破坏了业务逻辑的封装，同时也会影响其他非功能需求，例如，权限控制、日志记录、通知等。

（2）关注点分离。一个高质量的接口应该注重合理性，例如，在用户修改密码和修改个人资料的场景中，这两个操作看起来很类似，但是在设计 API 的时候应使用不同 URI。

现定义一个对象，该对象可能直接使用了 User 这个类：

```
{ "username"： " 用户名 ", "password"： " 密码 "}
```

这样，在修改用户名的时候，password 是不必要的，但是在修改密码的操作中，一个 password 字段却不够用了，可能还需要 confirmPassword。

于是这个接口就会变为：

```
{ "username"： " 用户名 ", "password"： " 密码 ", "confirmPassword"： " 重复密码 "}
```

这种复用会给后续维护的开发者带来困惑，同时对消费者也非常不友好。合理的设计应该是两个分离的 API：

```
// POST /users/{userId}/password
{ "password"： " 密码 ", "confirmPassword"： " 重复密码 "}
// PATCH /users/{userId}
{ "username"： " 用户名 ", "xxxx"： " 其他可更新的字段 "}
```

对应的实现，在 Java 中需要定义两个数据传输对象（DTO），分别处理不同的接口。这就体现了面向对象思想中的关注点分离。

（3）完全穷尽，彼此独立。API 之间应尽量遵守完全穷尽，彼此独立的原则，不应该提供相互叠加的 API。例如，针对订单和订单项这两个资源，如果提供了形如 PUT /orders/1/order-items/1 这样的接口去修改订单项，那么接口 PUT /orders/1 就不应该具备处理某一个 order-item 的能力。这样就不会存在重复的 API，造成维护和理解上的复杂性。

如何做到完全穷尽和彼此独立呢？简单的方法是使用表格设计 API，标出每个

URI 具备的能力。

（4）版本化。为了应对业务变化，可以采用 URI 前缀、Header 和 Query 的方式来传递版本信息。

较为推荐的做法是使用 URI 前缀，例如，/v1/users/ 表达获取 v1 版本下的用户列表。

常见的反模式是通过增加 URI 后缀来实现的，例如，/users/1/updateV2。但这样做的缺陷是版本信息侵入业务逻辑中，给路由的统一管理带来不便。

使用 Header 和 Query 发送版本信息时都是将版本信息作为参数发送。三者相比而言，使用 URI 前缀在 MVC 框架中实现相对简单，只需要定义好路由即可，而使用 Header 和 Query 还需要编写额外的拦截器。

（5）合理命名。设计 API 时，命名涉及 URI、请求参数、响应数据等多个方面。其中最主要且最具挑战性的是全局命名统一。同时，命名还需要注意以下方面。

- 尽可能和领域名词保持一致，例如聚合根、实体、事件等。
- RESTful 设计的 URI 中使用名词复数。
- 尽可能不要过度简写，例如将 user 简写成 usr。
- 尽可能使用不需要编码的字符。
- 识别出的领域名词可以直接作为 URI 来使用。如果存在多个单词的连接可以使用中横线，例如 /orders/1/order-items。

（6）安全。安全是任何软件设计都必须考虑的事情，对于应用程序接口 API 设计来说，内部系统的 API 和外部系统的 API 有所不同。

对于内部系统，更多的是考虑是否足够健壮，对接收的数据有足够的验证，并给出错误的反馈信息。而对于外部系统的 API 则有更多的挑战，例如，错误的调用方式，接口滥用，浏览器消费 API 时因安全漏洞导致的非法访问。

因此，设计 API 时应该考虑相应的应对措施。针对错误的调用方式，API 不应该进入业务处理流程，而应及时给出错误信息；对于接口滥用的情况，可以采取一些限速方案限制每个用户对 API 的请求频率；对于浏览器消费者的安全问题，可以在 API 响应中添加一些安全增强头部。

（7）性能和高可用。区块链系统的事务处理需要等待网络节点的一致共识，交易执行具有一定的滞后性。接口开发与一般软件接口开发相比要更注重性能和高可用性，一些可能会超时的接口需要明确接口的平均响应时长，而且要在接口文档中写明并建议接口调用方设置合理的超时时间，防止由于接口超时而造成服务不可用。

（三）开发接口的检查单

（1）接口设计是否考虑了足够多的特征。

（2）检查接口入参和返回值是否和接口文档一致。

（3）检查保存接口是否有重复性校验，入参是否有添加校验。

（4）检查是否所有接口完成单元测试。

（5）发布新版本后，检查是否有数据库字段升级，是否需要在测试环境手动添加，需要删除字段或者表，提前备份。

（6）是否存在某个接口，某些客户仅仅使用其部分方法。

（7）在设计中是否增加了不必要的功能，是否为未来的变更进行了过度设计。

（8）接口设计是否只提供给用户绝对需要的东西。

（9）接口设计是否从用户角度定义类。

（10）接口设计是否考虑了可扩展性。

（11）接口设计是否考虑了健壮性。

（12）接口设计是否考虑了可维护性。

二、单元测试

（一）基本概念

单元测试（unit testing），是指对软件中的最小可测试单元进行检查和验证。对于单元测试中单元的含义，要根据实际情况去判定，如函数式编程语言中单元指一个函数，面向对象编程里单元指一个类，图形化的软件中单元可以指一个窗口或一个菜单等。总体来说，单元就是人为规定的最小被测功能模块。单元测试是在软件开发过程中要进行的最低级别的测试活动，软件的独立单元将在与程序的其他部分相隔离的情

况下进行测试。

单元测试的实现方式有两种：人工静态检查和动态执行跟踪。

1. 人工静态检查

人工静态检查通常又被称作“代码走查”，是指开发小组成员一起审查程序代码，主要查看和验证代码逻辑的正确性。人工静态检查主要包含以下内容。

（1）检查算法的逻辑正确性。

（2）检查模块接口的正确性。

（3）检查输入参数有没有做正确性校验。

（4）检查是否包含异常错误处理。

（5）检查表达式、SQL 语句的正确性。

（6）检查常量或全局变量使用的正确性。

（7）检查程序风格的一致性和规范性。

（8）检查代码注释是否完整。

2. 动态执行跟踪

动态执行跟踪需要编写测试脚本调用业务代码进行测试，将程序代码运行起来，用代码来测试代码，检查实际的运行结果和预期结果是否一致。

执行单元测试就是为了验证代码的行为和我们的期望是否一致。单元测试应该由开发工程师本人负责完成。对于开发工程师来说，培养对自己编写的代码进行单元测试的习惯，不但可以写出高质量的代码，而且还能提高编程水平。

良好的单元测试应当具有以下特性。

（1）代码简洁清晰。针对一个单元编写多个测试用例，用尽量简洁的代码覆盖所有的测试用例。

（2）可靠性强。单元测试的编写必须保证是正确的，才能验证被测试函数或者类实现的正确性，并确保代码的行为与期望是一致的。单元测试应该产生可重复的、一致的结果。

（3）可读性强。测试用例的名称应该直截了当地表明测试内容和意图，如果测试失败，可以简单快速地定位问题。

（4）覆盖率高。单元测试应充分考虑输入与输出组合的各种场景，保证代码的覆盖率。测试应该覆盖所有代码路径，包括方法或者函数、语句、分支、条件等。

（5）健壮性好。单元测试应具备良好的健壮性，当被测试的类或者函数被修改内部实现或者添加功能时，一个好的单元测试应该完全不需要被修改或者只有极少的修改。比如一个排序函数的单元测试实现是完全稳定的，不应该随着算法实现的变化而变化。健壮的单元测试为代码重构提供了强有力的保障。

（6）执行速度快。单元测试运行频率较高，因此如果速度非常慢会影响效率，会导致更多人在本地跳过单元测试。

（7）测试独立单元。单元测试和集成测试的目的不同，单元测试应该排除外部因素的影响。单元测试的运行通过或者失败不依赖于其他测试。

（8）可维护性好。单元测试必须和产品代码一起保存和维护，产品代码有更新时，单元测试代码也应该做对应的变更。单元测试应该尽可能地集成到自动化测试的框架中，以提高测试效率。

单元测试是所有测试中的第一个环节，也是比较重要的一个环节，是唯一保证能够实现代码覆盖率百分之百的测试，是整个软件测试过程的基础和前提。单元测试的作用在于防止软件开发后期因缺陷过多而失控，对软件产品的质量至关重要。据统计，大约有 80% 的错误是在软件设计阶段引入的。修正一个软件错误所需的费用将随着软件生命期的进展而上升，错误发现得越晚，修复费用就越高，而且呈指数增长的趋势。微软公司的测试数据统计表明，在单元测试阶段发现缺陷，平均耗时 3.25 小时，而系统测试阶段发现缺陷则需花费 11.5 小时。因此让缺陷尽早地暴露，既可以提升产品质量，又能降低软件开发的时间和人力成本，如图 2–10 所示。

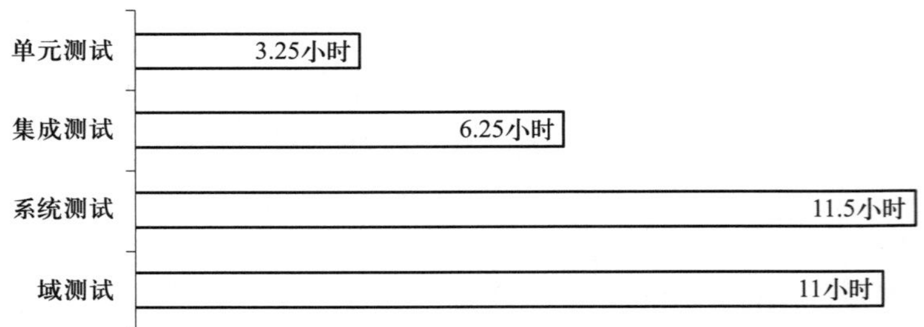

图 2–10　测试阶段与发现缺陷耗时

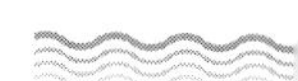

研究成果表明，软件系统无论何时进行变更都需要进行完整的回归测试。在软件系统生命周期中尽早地对软件产品进行测试，将使效率和质量都能获得最好的保证。缺陷发现得越晚，修改它所需的成本就越高。因此从经济角度来看，应该尽可能早地查找和修改缺陷。在修改成本变得过高之前，单元测试是一个早期抓住缺陷的机会。

相比其他阶段的测试，单元测试的创建更简单，维护更容易。从全生命周期的成本来考虑，相比复杂且旷日持久的集成测试和系统测试，单元测试所需的成本是比较低的。

（二）如何编写单元测试

单元测试的代码结构一般包含三部分，分别是准备、调用与断言。

1. 准备

在准备部分，设置好调用所需要的外部环境，如数据、驱动程序、桩程序（Stub）、Mock、临时变量、环境变量和调用请求等，以下重点介绍三个方面。

（1）驱动程序。驱动程序（driver）也称驱动模块，用以模拟被测模块的上级模块，能够调用被测模块。在测试过程中，驱动模块接收测试数据，调用被测模块并把相关的数据传送给被测模块。例如，被测试的模块没有 main() 方法入口，所以需要写一个带 main 的方法来调用被测模块或方法，这个就是驱动程序。

（2）桩程序。桩程序也称桩模块，用以模拟被测模块工作过程中所调用的下层模块，即被测模块本身调用的其他关联函数。桩模块由被测模块调用，通常只进行少量的数据处理。桩程序是指用来代替关联代码或者未实现代码的代码，为了让测试对象可以正常执行，通常会对输入和输出进行硬编码，保证被测模块能够正常运行。

（3）Mock。Mock 除了保证桩程序的功能之外，还可深入地模拟对象之间的交互方式，例如，调用了几次，在某种情况下是否会抛出异常。

2. 调用

调用过程是实际调用需要测试的方法，即函数、类或者流程本身。为了使代码便于测试，可能需要对其进行重构。重构的过程中，每次只做少量的改动。尽可能多地运行集成测试，以此了解重构是否使得系统原有的功能被破坏。

3. 断言

断言部分判断调用部分的返回结果是否符合预期。计算机程序要求务必准确，往往少了一个符号或者单词拼写错误就会让程序出现意想不到的结果。单元测试可以帮助程序员检查程序的输入是否正确，并重复运行，因此需要告诉单元测试什么是对的，什么是错的，这就是断言。简而言之，断言的目的就是报错，在单元测试中断言是非常重要的组成部分。

（三）单元测试的检查单

单元测试需要清晰考虑整个待测对象的框架，并且其本身应该具备简单、直接、易用和易于维护的特点。对于测试开始和结束的时间点应该有清晰的认识。使用检查清单能帮助开发工程师确保测试范围的有效性、达成测试目标和避免一些明显的错误。下面列举了一些检查内容，开发工程师在编写测试检查单时可以参考。

（1）每个单元测试应该有个有意义的名称。

（2）一个测试类只对应一个被测类。

（3）保证单元测试的外部环境尽量和实际使用时是一致的。

（4）每次只测试一个方法。避免测试私有方法，因为它们是被封装起来的。

（5）测试用例中的变量和方法都要有明确的含义。

（6）测试用例应该通俗易懂。测试用例可能会被其他开发工程师参考，帮助他们在调试前理解被测类的逻辑。

（7）测试代码中不要有流程控制语句（如 switch、if 等）。如果涉及多场景，应该编写多个测试用例。

（8）测试用例要验证预期的异常场景。

（9）测试用例要符合代码规范。

（10）测试用例不要连接数据库。如果测试中需要有连接数据库的操作，则必须使用 mock，并确保每个新的测试方法都能自主引导到临时数据库。

（11）测试用例不要连接网络资源。测试某个方法时无法确保第三方诸如网络和设备的有效性。

（12）测试用例要处理好边界情况，如极限值（max，min）和 null 变量等。

（13）测试用例在任何情况下都可运行，并且不需要配置和人工干预。

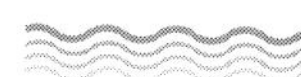

（14）测试用例应该易于改进。测试用例要能够支持代码的演变，如果很难维护，那就变成了负担。

（15）测试用例中的步骤要具体。

（16）测试用例中使用 mock 来模拟复杂的类结构或方法。

（17）测试用例应该可以运行于任何平台，而非指定的平台。不要期望测试用例只运行在一个特定的设备或者硬件配置之上，否则测试用例的迁移会变得困难，使用频率将变得很低。

（18）测试用例的运行速度应尽可能快。

三、能力实践

（一）开发应用系统接口

在产品系统开发中，当涉及前后端数据交互或者两套系统集成的时候，基本离不开接口的调用，通常情况下接口的开发调试关乎系统能不能正常工作。下面以数字版权系统为应用场景开发区块链接入服务中间件接口为案例，从接口规范、日志系统、接口管理工具和接口文档内容四个方面介绍如何开发应用系统接口。

1. 接口规范

为了便于开发人员之间更好地配合，开发应用系统接口时应事先应制定好规范。

（1）确定交互协议。为了确保不同系统 / 模块间的数据交互，需要事先约定好通信协议，如 TCP、HTTP、HTTPS 协议。

在数字版权系统中，区块链接入服务中间件接口根据实际的业务需求采用 RESTful 接口协议，并根据部署情况采用 HTTP 或者 HTTPS。

例如，艺术品平台前端可以通过 JS 访问中间件的接口，代码如下。

```
// 获取区块链高度
axios({
    method： "get",
    url： 'https：//dev-env.wutongchain.com：49080/v1/block/height ',
```

```
}).then((data)=>{
    console.log(data.data);
    //{
    //      "state"： 200,
    //      "message"： "success",
    //      "data"： 10
    //}
})
```

（2）规范接口路径。为了清晰地区分来自不同系统的接口，可以采用不同系统/模块名作为接口路径前缀。具体格式规范如下。

艺术品模块 /artwork/xxx。

账户模块 /account/xxx。

支付模块 /pay/xxx。

（3）实现版本控制。为便于后期接口的升级和维护，建议在接口路径中加入版本号，以便于管理，实现接口多版本的可维护性。

例如，在区块链接入服务中间件接口中，接口路径中添加类似“v1”“v2”等作为版本号。

```
// 当前使用的版本 v1
http：//host：port/cr/v1/artwork/issue
// 后续升级的版本 v2
http：//host：port/cr/v2/artwork/issue
```

（4）统一接口命名。良好且统一的接口命名规范，不仅可以增强其可读性，还会减少很多不必要的口头或书面上的解释。

区块链接入服务中间件接口的格式规范如下：

```
/cr/v1/artwork/query        数字版本服务 / 模块的艺术品查询接口
/cr/v1/account/register     数字版权服务 / 模块中，用户账户注册
```

接口命名应遵循以下规则：接口名称以接口数据操作的动词为前 / 后缀；接口路径中包含具体接口名称的名词。

2. 日志系统

系统运维和开发人员可以通过日志了解应用系统接口服务器软硬件信息，检查配置过程中的错误及错误发生的原因。

（1）定义日志输出级别。在接口开发设计阶段，日志模块可以单独定义，并在需要时可引入日志工具开发包。日志模块应支持自定义设置日志的输出格式和输出级别。

设定日志的输出格式。

```
// 引入第三方日志代码库
import(
    "github.com/op/go-logging"
)
// 日志输出格式
const (
    pkgLogID          = "flogging"
    defaultFormat = "%{color}%{time: 2006-01-02 15: 04: 05.000 MST} [%{module}]
%{shortfunc} -> %{level: .4s} %{id: 03x}%{color: reset} %{message}"
    fileFormat = "%{time: 2006-01-02    15: 04: 05.000 MST} [%{module}]
%{shortfunc} -> %{level: .4s} %{id: 03x} %{message}"
    defaultLevel  = logging.INFO
)
```

设定输出级别。

```
// 日志输出目录 logDir
flogging.LogTxt(logDir, "", logConf.LogMaxAge, console)
```

```
// 日志默认级别
flogging.SetModuleLevel("", logConf.Level)
// 手动指定模块下的日志级别
flogging.SetModuleLevel("artwork", logConf.TxLevel)
flogging.SetModuleLevel("account", logConf.TxLevel)
flogging.SetModuleLevel("pay", logConf.TxLevel)
flogging.SetModuleLevel("block", logConf.TxLevel)
```

（2）记录接口行为日志。行为日志主要记录用户调用接口的操作记录。接口的行为日志还可以发送给日志服务器保存，用于追踪和审查。

创建审计日志。

```
// 生成审计日志接口
func NewAuditLogByOpts(opts ... AuditLogOption) {
    // 不启用审计日志，不再记录日志
    if !peerMsg.enabled {
        return
    }
    // 设置默认参数，日志等级、时间格式等
    log : = &store.AuditLog{
        Level:      uint64(LogLevel(Info)),
        Timestamp:  uint64(time.Now().UnixNano() / 1e6),
        Peerid:     peerMsg.peerId,
    }
    for _, o : = range opts {
        o(log)
    }
```

```
// 解析字段为中文，保存到本地文件
levelMeg ： = parseLevel(LogLevel(log.Level))
logTypeMeg ： = parseType(LogType(log.Type))
logOpMes ： = parseOp(LogType(log.Type), log.Op)
err ： = genLogData(log)
    auditLogger.Infof("%s [%s] %s %s %s %s： %s", levelMeg, log.Ledger,
logTypeMeg, logOpMes, log.Comment, SIGNHASH, log.Hash)
if err != nil {
        return
}
if peerMsg.enabled && peerMsg.logServerUrl == "" {
                logger.Warning("The parameter logServerUrl configuration cannot
be empty")
        return
}

// 发送给日志服务器系统
data, err ： = json.Marshal(log)
if err != nil {
        logger.Warning("json marshal err", err)
        return
}
sendLog ： = &localLog{
        data：      data,
        pubkey：  pubkey,
        num：       1,
```

```
        }
        saveAuditLog(sendLog)
    }
```

发送行为日志。

```
    // 生成发送给管理系统的日志、公钥、签名
    func genLogData(log *store.AuditLog) error {
        //logBuf ： = prepareData(log)
        // 日志的序列号
        logBuf, err ： = json.Marshal(log)
        if err != nil {
            logger.Warning("json marshal err：", err.Error())
            return err
        }
        // 对日志内容进行签名
            sign, err ： = peerMsg.cryptPlug.Sign(rand.Reader, logBuf, peerMsg.
cryptPlug.HashFunc())
        if err != nil {
            logger.Warning("auditlog generate sign err", err.Error())
            return err
        }
        // 计算日志的 Hash 值，防止被篡改
                                logHash, _ ： = miscellaneous.GenHash(peerMsg.
cryptPlug.HashFunc().New(), sign)
        // logHash ： = sha256.Sum256(sign)
        log.Hash = fmt.Sprintf("%x", logHash)
```

```
        return nil
    }
```

记录审计日志。

```
    // 记录用户调用艺术品发行的审计日志
    auditlog.NewAuditLogByOpts(
                        auditlog.WithLedger(" 区块链账本 id"),
                        auditlog.WithTyp(" 调用接口 "),
                        auditlog.WithOp(" 艺术品发行 "),
                        auditlog.WithComment(" 用户 xxx 发行了艺术品 id"),
                        )
```

（3）记录接口操作日志。应用系统接口的操作日志主要记录代码在业务逻辑上运行的情况，如对某个对象进行新增操作或者修改操作后的记录。这些日志对于开发人员来说尤为重要，可以为排查问题提供依据，方便针对操作错误的分析和具体定位。

日志的记录应当遵循以下原则。

- 确保函数日志有始有终，有进入某个函数的日志和离开这个函数的日志。
- 记录函数的输入参数和返回参数。
- 记录代码执行错误的日志。
- 按日志级别输出日志。

例如，艺术品发行的接口实现，代码如下。

```
    // 艺术品发行
    func (n *Artwork) artworkIssue(c *gin.Context) {
        // 函数进入日志和离开日志
    logger.Debugf("entry artworkIssue")
```

```
    defer logger.Debugf("exit artworkIssue")
    var req issue
    // 获取并校验接口入参
    if err ：= c.ShouldBind(&req)； err != nil {
        // 参数验证错误日志
        logger.Errorf("Invalid parameter, error：%v", err)
        reply.ErrReplyV3(c, err)
        return
    }
// 记录输入参数日志
    logger.Debugf("req.KeyId：%s",req.KeyId)
    logger.Debugf("req.ScAddress：%s",req.ScAddress)
    logger.Debugf("req.ArtWorkId：%s",req.ArtWorkId)
    logger.Debugf("req.Url：%s",req.Url)
    logger.Debugf("req.ArtHash：%s",req.ArtHash)
    // 生产用户地址
    addr, err ：= n.getAddrByKeyId(req.KeyId)
    if err != nil {
        // 执行错误的日志
        logger.Errorf("genAddr failed, error：%v", err)
        reply.ErrReplyV3(c, fmt.Errorf("genAddr failed failed, error：%v", err))
        return
    }
    ctx ：= getCtx(c, true)
    // 调用合约发行艺术品
```

```
    logger.Infof("exec artIssue")
    txid, err : = n.artIssue(ctx, req.ScAddress, req.ArtWorkId, addr, 1, req.Url, req.
ArtHash)
    if err != nil {
        // 执行错误的日志
        logger.Errorf("artwork issue fail: %v", err)
        reply.ErrReplyV3(c, fmt.Errorf("artwork issue fail: %v", err))
        return
    }
    // 返回结果
    reply.OkReplyV3(c, gin.H{"txId": hex.EncodeToString(txid)})
    // 记录处理结果日志
logger.Infof("artIssue response txid: %x",txid)
    return
}
```

3. 接口管理工具

接口管理工具可以有效地保持接口代码和文档的一致性。区块链接入服务中间件使用 Swagger 作为接口管理工具。Swagger 定义了丰富的注解，可以在接口添加 Swagger 相关的注解。这样，当接口代码修改后，Swagger 在工程启动后就会根据代码自动生成最新的接口 HTML 文档。同时，Swagger 提供了 Mock 接口模拟的功能，能够更加方便地模拟接口，并且能够在 Swagger 界面上直接发起接口调用，方便调用方在还没写代码的时候就尝试一下接口调用后的结果。

（1）安装 Swagger 工具。

```
go get -u github.com/swaggo/swag/cmd/swag
```

（2）查看 Swagger 是否安装成功。

```
swag -version
```

返回。

```
swag.exe version v1.7.0
```

返回版本信息代表成功。

（3）编写参数。

①服务的 main 函数添加注释。

```
// @title wtchain API
// @version 1.0
// @description This is a sample server Petstore server.
// @termsOfService http：//swagger.io/terms/
// @contact.name wutongchain
// @contact.url http：//www.swagger.io/support
// @contact.email support@swagger.io
// @license.name license
// @license.url http：//www.apache.org/licenses/LICENSE-2.0.html
// @host 127.0.0.1：
// @BasePath /v2
```

title：文档标题，必填。

version：程序 API 的版本，必填。

license.name：用于 API 的许可证名称，必填。

host：API 的主机地址 + 端口。

BasePath：API 基本路径。

②注册 API 接口时同时注册 Swagger 页面。

在注册接口处添加以下代码。

```
p.Router.GET("/swagger/*any", ginSwagger.WrapHandler(swaggerFiles.Handler))
```

③ API 接口添加注释。

以艺术品发行接口为例。

```
// 艺术品发行接口
// @Summary 艺术品发行
// @Accept json
// @Produce json
// @Param keyid body string true " 账户 keyid"
// @Param scAddress body string true " 合约地址 "
// @Param url body string true " 艺术品 URL"
// @Param artworkId body string true " 艺术品 id"
// @Param artHash body string true " 艺术品哈希值 "
// @Param detail body string false " 艺术品描述 "
// @Success 200 body reply.ErrReplyV2
// @Router /artwork/issue [post]
func (n *Artwork) artworkIssue(c *gin.Context) {
   ……
}
```

Summary：简短介绍。

Accept：API 可以使用的 MIME 类型列表。

Produce：API 可以生成的 MIME 类型列表。

Param：由空格分隔的参数。

Success：成功后的返回。

Failure：失败后的返回。

Router：路径定义。

（4）编译。

到 main 函数路径下：github.com\tjfoc\middleware\artwork

执行 swag init –g ../artwork /main.go –d ../handler/api/

–g 为 main（ ）函数路径。

–d 为 API 接口注册路径。

将会生成 docs 文档。每次修改 Swagger 注释时都需要重新执行一遍以保证文档最新。

编译 SDK 时：

```
go build -ldflags=all="-X 'main.Doc=true'"
```

（5）使用 Swagger。

URL 地址：ip：port//swagger/index.html。

编译通过以后就可以通过 URL 地址访问。

4. 接口文档内容

以区块链接入服务中间件接口文档举例说明，其主要内容包括以下几点。

（1）功能说明。以艺术品的发行功能为例，用户在平台系统上点击“发行”按钮后，需要在平台系统获取当前用户的 keyid 是否经过认证，获取艺术品的 URL 地址信息，在平台系统上对艺术品做哈希计算，通过验证后调用该接口发送请求，由链上的智能合约执行保存上链操作，获取本次交易的交易 ID、状态等参数。

（2）URL 地址。接口的 URL 地址以网址的形式展示，通过发送请求给这个网址来对接口进行交互操作。

```
http：//host：port/cr/v1/artwork/issue
```

（3）参数格式。指定接口的传入参数以及返回的数据格式需要定义清楚，不同的数据格式需要不同的解析方式。

这里定义数据格式为 JSON，并要求调用方与接口实现方各自实现转换。

```
{
"state"：200,
"message"： "success",
"data"：{ }
}
```

（4）HTTP/HTTPS 请求方式。通常所说的 HTTP 传输方式有两种：Get 和 Post。Get 用于获取资源信息，Post 用于更新资源信息。具体还是要看接口的业务情况。

（5）输入参数说明。所有参数都需要进行 URL 编码，以防止特殊字符转义失败等问题。参数属性包括名称、类型、是否必填、描述等内容。

例如，对于艺术品发行接口的输入参数说明，见表 2-8。

表 2-8　　艺术品发行接口的输入参数

参数名称	类型	是否必填	说　明
KeyId	String	Y	买方账户 ID
ScAddress	String	Y	合约地址
URL	String	Y	艺术品 URL 地址
Artworkid	String	Y	艺术品 ID
Arthash	String	Y	艺术品的哈希值
Detail	String	N	艺术品描述信息

（6）返回参数。返回参数是接口正常响应后返回的内容。

例如，在艺术品发行接口中，定义了返回参数，其数据格式为 JSON。

```
{
"state"：200,
"message"："success",
"data"：{
"txId"： "0d8c729a9a8219274b6a9c70fe60b80b6e10ebbf6cd9179e41c532f7f0547f
ea"
```

```
    }
}
```

其中，data 数据部分是接口影响的实际数据，txId 表示链上处理这笔事务交易的凭证 ID。

如果接口返回的参数不止一个，那么接口文档上要详细列出每个参数代表的意义。

（7）错误代码。接口请求失败后，应返回错误代码，方便开发人员定位问题原因。

常用的错误代码可以使用状态码数字表示，也可以自定义类型。

例如，接入服务中间件的通用返回码定义，见表 2-9。

表 2-9　　接入服务中间件的通用返回码定义表

返回码	说　明
200	请求成功
400	客户端参数错误
404	请求的实体不存在
500	服务器内部错误
503	请求超时

（二）完成应用系统接口单元测试

前面章节根据开发应用系统接口的实践内容，编写完成了区块链如何接入服务中间件。下面以此为基础介绍应用系统接口的单元测试，具体实施步骤如下。

1. 梳理需要测试的接口

为中间件的 API 接口编写单元测试时，能够对特定请求返回正确的响应是至关重要的。所以，让我们先来梳理需要测试的接口和功能点。

以 API 接口艺术品发行 /artwork/artworkIssue 为例。artworkIssue 的主要功能是在区块链系统上发行艺术品。

2. 测试接口

测试接口的一般步骤如下：获得接口的 URL；向接口发送请求；检查响应的 HTTP 状态码、返回的数据等是否符合预期。

以下是编写测试 artworkIssue 的代码示例。

```
//艺术品发行功能测试
func Test_ArtWorkIssue(t *testing.T) {
        url：="http：//10.1.3.153：58086/cr/v1/artwork/issue"
        client：= common.NewClient()
        is：= issue{
                ScAddress：  "960df755f325e279357261c671a537d187185253f8256fc
846a6b3f19a900170",
                KeyId：      "c8rthtuogclcvp9eabcg",
                ArtWorkId：  "1605226544801105",
                ArtHash：    "c5882b0fc2d33590982f636eb0e92af1cd7ad90e8f478f3ea
6c4dbdf51c84b3e",
        }
        data, _：= json.Marshal(is)
        _, resp, err：= client.Post(url, string(data))
        if err != nil {
                t.Fatal("http post err：  ", err)
        }
        var respSt struct {
                State   int          'json："state"'
                Message string       'json："message"'
                Data    any          'json："data"'
        }
        if err：= json.Unmarshal(resp, &respSt)；  err != nil {
                t.Fatal(err)
        }
```

```
        if respSt.State != 200 {
                t.Fatal(respSt.Message)
        }
        t.Logf("%+v", respSt)
}
```

首先，实例化接口的参数对象 issue，并模拟赋值账户 KeyId、合约地址 ScAddress、艺术品编号 ArtWorkId、艺术品的哈希值 ArtHash 等参数。通过调用 json.Marshal（ ）函数将参数对象 issue 转换为 JSON 的数据格式的 data。

然后，向指定的 URL 地址发送 POST 请求。

```
response,err：= client.POST(URL,string(data))
```

其中，client 是通过引入开发包 common 的类库，通过 common.NewClient（ ）创建的连接。

最后，检查请求的响应结果 response 创建艺术品发行成功后，预期返回的状态码应该是 200，接口返回的数据在 response.data 属性中，我们对接口返回的状态码和部分数据进行了断言，确保符合预期的结果。

```
    // 成功返回结果
    PS G：\gocode\src\github.com\tjfoc\middleware\nft> go test -v -run ArtWorkIssue
    === RUN   Test_ArtWorkIssue
        nft_test.go：604： {State：200 Message：success Data：map[txId：b41aca65e18283e9204ab0313c4d64e095c4a9f1da8478d7d2e2fa0d259e2ec2]}
    --- PASS： Test_ArtWorkIssue (9.17s)
    PASS
ok      github.com/tjfoc/middleware/nft 11.292s
```

以上是艺术品创建发行成功的情况。测试时不能只测试正常情况，还要关注边界

情况和异常情况，因此可以再增加一个艺术品创建数据格式不正确导致创建失败的测试案例。

```
// 艺术品发行功能测试 2
func Test_ArtWorkIssue2(t *testing.T) {
        url ：= "http：//10.1.3.153：58086/cr/v1/artwork/issue"
        client ：= common.NewClient()
        // 模拟错误参数
        is ：= issue{
                ScAddress：  "960df755f325e279357261c671a537d187185253f8256fc
846a6b3f19a900170",
                KeyId：       "abcdef",
                ArtWorkId：  "123456",
                ArtHash：    "c5882b0fc2d33590982f636eb0e92af1cd7ad90e8f478f3ea
6c4dbdf51c84b3e",
        }
        data, _ ：= json.Marshal(is)
        _, resp, err ：= client.Post(url, string(data))
        if err != nil {
                t.Fatal("http post err：  ", err)
        }
        var respSt struct {
                State   int   `json："state"`
                Message string `json："message"`
                Data    any   `json："data"`
        }
        if err ：= json.Unmarshal(resp, &respSt)；  err != nil {
```

```
                t.Fatal(err)
        }
        if respSt.State != 200 {
                t.Fatal(respSt.Message)
        }
        t.Logf("%+v", respSt)
}
```

失败的测试案例仍然采用相同的步骤进行测试，即先向接口发请求，然后对预期返回的响应结果进行断言。实例化接口的参数对象 issue 时传递账户 KeyId= "abcdef" 和艺术品编号 ArtWorkId=123456。由于艺术品创建的参数数据不正确，因此预期返回的状态码不再是 200，同时区块数据中不应该有创建的艺术品相关信息。

```
    // 失败返回结果
    PS G：\gocode\src\github.com\tjfoc\middleware\nft> go test -v -run ArtWorkIssue
    === RUN   Test_ArtWorkIssue
        nft_test.go：602： artwork issue fail：TxHash[base64]：BPS73BfTzY1k7/iBFE/
LI1k6X6k26XR1O4neVT94F/w=, TxHash[hex]：04f4bbdc17d3cd8d64eff881144fcb23593
a5fa936e974753b89de553f7817fc, Failed! Err：wvm invoke err：sale has not yet been
    --- FAIL： Test_ArtWorkIssue (0.92s)
    FAIL
    exit status 1
FAIL    github.com/tjfoc/middleware/nft 3.065s
```

3. 性能测试

性能测试用来检测函数的性能，其编写方法和单元测试类似，在 _test.go 文件中，需要注意的是性能测试的函数以 Benchmark 开头。

```
//艺术品发行性能测试
func BenchmarkArtWorkIssue(b *testing.B) {
    url : = "http: //10.1.3.153: 58086/cr/v1/artwork/issue"
    client : = common.NewClient()
    var wg sync.WaitGroup
    for i : =0; i < b.N; i++ {
        wg.Add(1)
        go func() {
            defer wg.Done()
            issueArtworkBench(url, client)
        }()
    }
    wg.Wait()
    b.Log("pass")
}
func issueArtworkBench(url string, client common.Client) error {
    is : = issue{
        ScAddress: "960df755f325e279357261c671a537d187185253f8256fc846a6b
3f19a900170",
        KeyId:        "c8rthtuogclcvp9eabcg",
        ArtWorkId: "1605226544801105",
        ArtHash:      "c5882b0fc2d33590982f636eb0e92af1cd7ad90e8f478f3ea6c4d
bdf51c84b3e",
    }
    data, _ : = json.Marshal(is)
    _, resp, err : = client.Post(url, string(data))
```

```
        if err != nil {
            return err
        }
        var respSt struct {
            State   int   'json："state"'
            Message string `json："message"'
            Data   any   `json："data"`
        }
        if err ：= json.Unmarshal(resp, &respSt)；  err != nil {
            return err
        }
        if respSt.State != 200 {
            return err
        }
        return nil
}
```

如上定义了性能测试函数 BenchmarkArtWorkIssue()，函数内使用 for 循环多协程的方式运行 issueArtworkBench 函数，issueArtworkBench 是模拟调用接口的最小运行单元。

参数 B 是传递给性能测试的类型，用来管理性能测试的时间和迭代次数。N 是 B 的属性，表示迭代多少轮次，在性能测试期间会调整 b.N 直到测试函数持续足够长的时间。最后性能测试的输出如下。

```
        goos： windows
        goarch： amd64
        pkg： github.com/tjfoc/middleware/nft
```

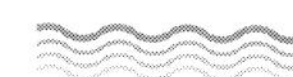

```
cpu: Intel(R) Xeon(R) CPU E3-1225 v6 @ 3.30GHz
BenchmarkArtWorkIssue
g: \gocode\src\github.com\tjfoc\middleware\nft\nft_test.go: 621: pass
g: \gocode\src\github.com\tjfoc\middleware\nft\nft_test.go: 621: pass
g: \gocode\src\github.com\tjfoc\middleware\nft\nft_test.go: 621: pass
g: \gocode\src\github.com\tjfoc\middleware\nft\nft_test.go: 621: pass
g: \gocode\src\github.com\tjfoc\middleware\nft\nft_test.go: 621: pass
g: \gocode\src\github.com\tjfoc\middleware\nft\nft_test.go: 621: pass
g: \gocode\src\github.com\tjfoc\middleware\nft\nft_test.go: 621: pass
BenchmarkArtWorkIssue-4
  154    6588127 ns/op    17450 B/op    111 allocs/op
PASS
ok    github.com/tjfoc/middleware/nft 6.241s
```

上述结果显示 BenchmarkArtWorkIssue 单元测试函数共执行 154 次，每次的平均执行时间是 6 588 127 ns，最后一条信息显示总共执行的时间为 6.241 s。

如果要了解函数的内存和 CPU（中央处理器）消耗情况，可以设置 CPU 和 mem 的输出命令如下所示。执行该命令，CPU 分析结果将保存在 cpu.out 文件中，内存消耗分析结果将保存为 mem.out。

```
go test -bench=. -run=none -cpuprofile cpu.out -memprofile mem.out -count=5
```

对于这些分析结果，可以使用 go tool pprof 命令对 CPU 和 mem 的耗时进行分析。go tool pprof 是一个命令行工具，用来对 CPU 概要文件、内存概要文件和程序阻塞概要文件进行分析。它提供了很多有用的功能，包括生成 CPU 和内存的火焰图等图形化分析文件。要使用这个工具，需要安装 graphviz 软件。

4. 运行测试

编写完成单元测试后，接下来运行测试。

Go 语言拥有一套单元测试和性能测试系统，仅需要添加很少的代码就可以快速测试一段需求代码。

使用 go test 命令可以自动读取源码目录下面名为 *_test.go 的文件，生成并运行测试用的可执行文件。启动单元测试的命令格式如下。

```
$ go test artwork_test.go
ok          command-line-arguments            0.003s
$ go test -v artwork_test.go
=== RUN   TestArtwork
--- PASS：TestArtwork (0.00s)
            artwork_test.go：8：  ok
PASS
ok          command-line-arguments            0.004s
```

代码说明如下。

第 1 行，在 go test 后跟 artwork_test.go 文件，表示测试这个文件里的所有测试用例。

第 2 行，显示测试结果，ok 表示测试通过，command–line–arguments 是测试用例需要用到的一个包名，0.003 s 表示测试花费的时间。

第 3 行，显示在附加参数中添加了 –v，可以让测试时显示详细的流程。

第 4 行，表示开始运行名叫 TestArtwork 的测试用例。

第 5 行，表示已经运行完 TestArtwork 的测试用例，PASS 表示测试成功。

第 6 行打印字符串 ok。

5. 查看单元测试覆盖率

写好测试后，可以利用 Go 自带的工具 test coverage 查看单元测试的覆盖率情况。

测试覆盖率是用于统计测试运行时覆盖了多少代码的指标。如果执行测试套件导致 80% 的语句得到了运行，则测试覆盖率为 80%。命令及相应输出信息如下。

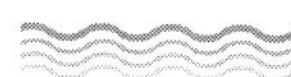

```
$ go test -cover
PASS
coverage： 80% of statements
github.com/tjfoc/middleware/nft
ok    / middleware/nft/artwork_test        0.163s
```

接口的单元测试应该尽量提高测试覆盖率，确保基础接口都能被测试到，防止因修改某一处的函数功能而造成对其他接口功能的影响。

如果发现单元测试覆盖率很低，则需要使用 go test 命令生成一个 coverage profile 文件，这是一个保存收集的统计信息的文件，可以分析探索具体原因，以便能详细地研究覆盖的细节。命令中使用 –coverprofile 标志来指定输出的文件。

```
go test -coverprofile=size_coverage.out
```

注意：–coverprofile 标志自动设置 –cover 来启用覆盖率分析。

测试与以前一样运行，但结果保存在文件中。

要查看更详细的覆盖率信息，可使用 go tool cover 命令生成一个 HTML 展示的覆盖率报告。命令中由 –html 标志指定输出文件。

```
go tool cover -html=size_coverage.out
```

执行此命令，浏览器将弹出窗口，显示哪些接口测试已覆盖或未覆盖等信息。有了这个信息页，问题可以明显地显现出来，可以准确地看出具体忽略的是哪一个测试用例，这样可以很方便地提高测试覆盖率。

第三节　综合能力实践

前文以区块链技术数字版权系统为背景案例，介绍了开发区块链应用系统的组件和接口的开发任务的相关内容。请根据学习内容完成以下能力实践任务。

1. 根据功能需求完成系统整体的模块划分。

2. 梳理数据上链需求，整理出公共数据结构设计。

3. 编写设计文档，在项目规划中确定需要进行的开发工作，并为确定的活动安排时间。

4. 建立一个开发进度表，确保规划的开发活动使组织的应用朝着更好、更加组件化的架构迁移。

5. 基于现有的业务需求和问题评估开发优先级，确定将进行哪些开发项目。

6. 完成区块链交互组件的代码编写。

思考题

1. 一个软件开发者为不同客户开发类似的应用时，是如何维护这些类似的代码库的？

2. 二次开发或包装已有的组件，当需要对软件进行改变，以提供潜在的组件化能力时，如何减少软件组合中的重复状况？

3. 对已有的组件进行再工程时，是应该考虑建立一个独立的开发团队来开发，还是让现有的团队来承担这个任务？

4. 系统之间存在高度的重复，对变更的需求进行重复修改会带来高昂的维护成本，如果要对其进行组件化，除了存在复用性动机外，还应该关注哪些问题？

5. 当需要新的组件时，考虑是自己开发、外包开发还是购买合适的软件包或组件，需要进行哪些可行性研究？

6. 当一个组件被复用时，处理更改就变得非常关键，组件的重新改写会带来什么问题？

7. 组件定义了一些抽象服务或者模板服务，为了方便应用开发者通过继承组件来创建一个新组件，从面向对象的角度需要注意哪些问题？

第三章
测试系统

工欲善其事，必先利其器。根据区块链系统的特点以及实际的评测需要开发区块链评测工具，是做好区块链系统功能测试、性能测试以及安全测试的重中之重。

本章从功能评测、性能评测和安全评测三个维度详细介绍开发区块链评测工具需要掌握的知识，包括功能、性能和安全评测指标需求以及根据相应指标开发评测工具的方法。除此之外，本章还给出具体的案例实践，力图使读者在实践中掌握开发区块链系统评测工具需要具备的知识和能力。

- **职业功能：**测试系统。
- **工作内容：**开发功能评测工具；开发性能评测工具；开发安全评测工具。
- **专业能力要求：**能设计功能测试用例；能根据系统功能评测指标开发评测工具；能设计性能测试用例；能根据性能评测指标开发评测工具；能设计安全测试用例；能根据安全评测指标开发评测工具；能撰写安全测试计划和报告。
- **相关知识要求：**功能评测指标要求；功能测试方法；性能评测指标要求；性能测试方法；安全评测指标要求；安全测试方法；安全测试计划规范；安全测试报告规范。

第一节　开发功能评测工具

考核知识点及能力要求

- 掌握功能评测指标要求。
- 掌握功能测试方法。
- 能设计功能测试用例。
- 能根据系统功能指标开发评测工具。

一、功能评测指标要求

（一）软件质量模型概述与功能评测

1. 国家标准中的质量模型

根据《系统与软件工程　系统与软件质量要求和评价（SQuaRE）第 10 部分：系统与软件质量模型》（GB/T 25000.10—2016）（以下简称系统与软件质量模型国家标准），软件质量评价通常包括对质量模型中 8 个特性、39 个子特性的度量和评估，该质量模型如图 3-1 所示。

软件质量中的 8 个特性的解释如下。

（1）功能性：在指定条件下使用时，产品或系统提供满足明确或隐含要求的功能的程度。

（2）性能效率：性能与在指定条件下所使用的资源量有关。性能效率是指相对于所用资源的数量，软件产品可提供适当性能的能力。

系统/软件产品质量

功能性	性能效率	兼容性	易用性	可靠性	信息安全性	维护性	可移植性
功能完备性 功能正确性 功能适合性 功能性的依从性	时间特性 资源利用性 容量 性能效率的依从性	共存性 互操作性 兼容性的依从性	可辨识性 易学性 易操作性 用户差错防御性 用户界面舒适性 易访问性 易用性的依从性	成熟性 可用性 容错性 易恢复性 可靠性的依从性	保密性 完整性 抗抵赖性 可核查性 真实性 信息安全性的依从性	模块化 可重用性 易分析性 易修改性 易测试性 维护性的依从性	适应性 易安装性 易替换性 可移植性的依从性

图 3–1　产品质量模型

（3）兼容性：在共享相同的硬件或软件环境的条件下，产品、系统或组件能够与其他产品、系统或组件交换信息，执行其所需功能的程度。

（4）易用性：在指定的使用环境中，产品或系统在有效性、效率和满意度方面为了指定的目标可为指定用户使用的程度。

（5）可靠性：产品、系统或组件在指定条件下、指定时间内执行指定功能的程度。

（6）信息安全性：产品或系统保护信息和数据的程度，以使用户、其他产品或系统具有与其授权类型和授权级别一致的数据访问度。

（7）维护性：产品或系统能够被预期的维护人员修改的有效性和效率的程度。

（8）可移植性：产品、系统或组件能够从一种硬件、软件或其他运行（使用）环境迁移到另一种环境的有效性和效率的程度。

质量模型覆盖了软件测试和评估的各个方面，依据质量模型的 8 个特性和 39 个子特性对软件进行测试分析，得到测试项，可以保证测试的完备性。

2. 功能测试的主要内容

系统与软件质量模型国家标准对功能性的质量规定了 4 个子特性，即功能完备性、功能正确性、功能适合性、功能性的依从性。测试时从这 4 个方面考虑，可以完整地覆盖功能性测试的范围。

（1）功能完备性。即功能集对指定的任务和用户目标的覆盖程度。用户目标是指用户的真实的目标需求，而不仅仅是需求描述文档。因此，哪怕产品完全符合需求描述文档，但若遗漏了最终用户要求的某个功能，则仍然是有缺陷的，因为需求描述文档本身就是有缺陷的。

（2）功能正确性。即产品或系统提供具有所需精度的正确结果的程度。也就是说，提供的功能必须是正确地按照用户的需求来实现的。用户使用这些功能得到的结果是符合预期的，其结果的精度（如果有）也是正确和符合预期的。

（3）功能适合性。即功能促使指定的任务和目标的实现程度。这是所实现的功能应该不含任何不必要的步骤，只提供用户必要的步骤就可以完成任务。

（4）功能性的依从性。即产品或系统遵循与功能性相关的法规、标准以及约定的程度。例如，区块链系统的功能如果涉及金融方面的功能，如支付、结算等，则必须遵循相关的国家金融法规、标准等。

对于区块链系统的功能测试，也需要依据上述的产品质量模型，从功能测试的各个子特性来进行分析。和普通软件系统相比，区块链系统有其自身的特点和功能的重点，下面将对此进行阐述。

（二）区块链功能评测的主要指标

区块链系统在逻辑架构上可分为三层：运行层、调用层和应用层。如图 3–2 所示。

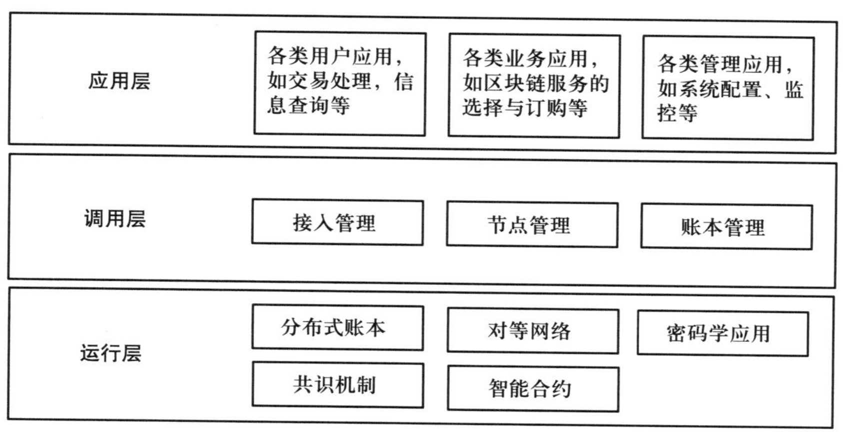

图 3–2　区块链系统功能的逻辑架构

测试时可以针对这三层来分别制定评测的主要指标。

1. 运行层

运行层提供了区块链信息系统正常运行的运行环境和基础组件。其功能包括分布式账本、对等网络、密码学应用、共识机制和智能合约等。

（1）分布式账本。分布式账本包含了分布式存储与计算、时序服务、账本记录。对分布式账本部分的评测应包括以下主要指标。

- 支持持久化存储账本记录。
- 支持多节点拥有完整的数据记录，支持多节点拥有完整的区块记录。
- 保证节点数据写入的正确性和完整性：当产生了一笔新的交易，该交易信息能被所有连通的节点接收并正确地存储；当有一个节点创建时，该节点能最终接收到，并完整地存储所有必要信息；该新增节点在同步所需历史数据之后应该与其他节点数据一致。
- 每个节点存储的交易或变更信息是带有时序的，而且各节点的时序保持一致。
- 支持时序容错性：即使一个节点接收到的交易信息是乱序到达的，最终该节点存储的交易时序信息仍然与其他按正常时序接收到交易信息的节点相同。
- 支持记账幂等性：当一个节点接收到重复的交易信息时，对其存储信息的结果没有影响。

（2）对等网络。区块链信息系统运行的底层拓扑结构是分布式对等网络。各个节点间通常使用点对点通信协议完成信息交换以支撑上层。对等网络部分的评测应包括以下主要指标。

- 支持点对点通信多播能力：能够提供点对点通信基础上的多播能力；在一个节点上创建的交易，能够传播到所有正常节点并被正确存储。
- 支持动态增删节点：支持对节点的动态添加的识别，支持对节点的动态减少的识别。
- 支持节点信息和状态获取：支持对节点的信息和状态的及时获取。
- 支持节点参数化：支持对节点的参数化配置，对节点类型和能力进行设定。

（3）密码学应用。密码学是运行层的功能和安全的基础。对密码学应用部分的评

测应包括以下主要指标。

一是在加解密和数字摘要方面。

- 选择的密码算法应符合国家相应法律法规，优先使用国密算法。
- 支持商密算法，如 SM4、SM7 等对称加密算法，SM2、SM9 等非对称加密算法，SM3 等数字摘要算法。
- 支持国际主流加密算法。

二是在 CA 认证方面。

- 客户端 CA 认证：支持基于第三方 CA 机构完成客户端的 CA 认证。
- 服务节点 CA 认证：支持基于第三方 CA 机构完成服务节点的 CA 认证。
- 国密证书：支持国家授权的第三方 CA 机构签发的国密证书。

三是在密钥存储方面。

- 基于软件方案存储的密钥应实现对密钥的加密存储。
- 基于硬件方案存储的密钥应符合国家密码管理部门的硬件安全模块存储要求。
- 应避免集中存储密钥。
- 应使用国家密码管理部门认可的其他类型密钥存储方式。

（4）共识机制。对共识机制的评测应包括以下主要指标。

- 支持声明的共识算法。
- 保持每个节点更新账本状态写操作的一致性，即任意节点发起交易更新账本后，各节点最终状态一致；共识过程中出现节点断电、重启、网络波动等异常场景，场景恢复正常后，所有节点交易执行的结果最终一致。
- 提供共识算法的容错阈值，在恶意节点不超过最大阈值时，能正确达成共识。
- 支持独立节点对区块链网络提交的相关信息进行有效性验证，包括正确事务逻辑验证、错误事务逻辑验证等。
- 节点从异常场景恢复后应保证数据正常恢复、数据不丢失及正常参与共识流程。

（5）智能合约。对智能合约的评测应包括以下主要指标。

- 智能合约具备图灵完备性。
- 应保证执行调用智能合约能获得与参数输入相对应的正确结果。

- 智能合约在各节点上的执行结果应完全相同。
- 多节点同时调用同一智能合约时，各节点数据应互不干扰。
- 对于没有业务依赖的不同智能合约，并行执行应互不干扰。

2. 调用层

区块链信息系统调用层位于运行层和应用层之间。它通过调用运行层组件，为应用层提供可靠和高性能的接入服务，并满足操作的原子性要求。调用层包括接入管理、节点管理、账本管理等功能。

（1）接入管理。接入管理提供跨进程调用功能，为外部业务系统及应用层提供运行层接入服务。接入管理主要包括账户信息查询、账本信息查询、事务操作处理、接口服务能力管理、接口访问权限管理等要素。对接入管理部分的评测应包括以下主要指标。

- 接入服务的功能正确，即账户信息查询、账本信息查询的功能正确。
- 接口访问权限管理的功能正确。
- 若系统支持事务操作处理、接口服务能力管理，则相应的事务操作处理、接口服务能力管理的功能正确。

（2）节点管理。节点管理支持对区块链节点的信息查询和管理控制，区块链节点通常至少包括共识节点和接入节点两种。共识节点参与区块链网络共识过程，用于区块的生成。接入节点用于外部应用系统同步账本信息和提交事务处理。对节点管理部分的评测应包括以下主要指标。

- 节点状态信息查询的功能正确。
- 节点及节点服务的启动、关闭控制功能正确。
- 节点服务配置的功能正确。包括节点参与共识算法的配置功能，节点连接数量配置的功能，节点对外提供接入服务配置的功能。
- 节点网络状态监控的功能正确。包括节点连通状况监控服务，节点连接数量监控服务，节点带宽监控服务等。

（3）账本管理。对账本管理部分的评测应包括以下主要指标。

- 链上内容发行和交换功能的正确性。

- 共识前特定标识资产的逻辑验证、共识前资产数额逻辑验证、共识后的结果验算功能的正确性。
- 签名权限控制设置功能的正确性，例如对特定事务处理进行多签名权限控制设置。
- 基于智能合约功能组件执行合约逻辑功能的正确性。

3. 应用层

应用层将各种用途的 API 封装为区块链服务，面向最终用户提供区块链相关服务。应用层通常包括用户应用、业务应用、管理应用等。

用户应用是指面向终端用户提供的各种信息查询、配置信息修改、交易处理等功能，通常通过命令行交互、图形交互、应用程序交互等不同的界面完成。

业务应用是指支持区块链服务业务管理者各种活动的功能。包括区块链服务的选择和订购，使用区块链服务涉及的账务和财务管理，以及支持区块链服务集成者的活动，如跨链链接和区块链数据交换服务等。

管理应用是指支持区块链服务系统管理者各种活动的功能，包括成员管理服务、对服务活动和服务使用的监控、事件处理和问题报告、安全管理服务等。

对于应用层的功能评测指标，由于不同区块链系统面向的用户和提供的服务差异较大，提炼通用性的评测指标比较困难，因此这里不做详细的阐述。可以依据软件质量模型，从功能完备性、功能正确性、功能适合性、功能性的依从性四个方面确定功能评测指标，这样可保证指标的完整性和正确性。

二、功能测试方法

功能测试按实施阶段一般可分为概要设计、详细设计与实现、执行三个主要阶段。

（一）功能测试的概要设计

功能测试的概要设计分为三步：测试需求分析、测试方案设计、测试工具设计。

1. 测试需求分析

测试需求分析指通过各种方式搜集需求信息，并进行初步分析，输出测试项表。

测试需求分析的第一步是透彻、完整地理解系统的目标、系统想要实现的功能、用户对系统的要求等各种需求相关的信息。具体实现方式包括但不限于参加需求文档评审，访谈最终用户，搜集适用的国家标准和行业规范，搜集旧系统的使用情况和缺陷列表等。

对以上获取的需求信息进行汇总和综合分析后，可以输出测试项表。

2. 测试方案设计

根据测试需求分析阶段获取的需求集合和测试项表，可以进行测试方案设计。具体做法如下：将测试项进行分析、分解、组合，得到测试子项，并且给出各测试子项的测试策略；然后根据各测试子项及测试策略对该子项进行测试用例的规划，得到该测试子项下的测试用例规格。这部分工作是为了后续测试用例设计而进行的技术上的总体设计。

测试方案设计还包括进行测试工具规划、测试规程设计、测试环境规划等，测试方案用于指导后续的测试执行。

（1）测试工具规划是指规划在后续测试中需要使用哪些测试工具，确定测试工具的选型，确定要自研哪些工具，对于待开发的工具确定其需求等。

（2）测试规程设计是指对测试顺序、测试轮次、测试策略等的设计。

（3）测试环境规划是规划要准备哪些测试环境，各类测试环境的配置要求，测试环境中的数据从哪里获取，各类测试环境下测试的准入准出条件等。

在以上步骤中，若决定要自己开发测试工具，则确定该测试工具的具体功能以及需求会成为重要的工作，应重点考虑以下这些方面。

（1）测试工具的投入产出比（ROI），开发测试工具之前评估 ROI 非常重要。ROI 评估是争取上层领导支持的重要依据。在评估测试工具的收益时，除了测试效率上的收益外，还可以考虑的因素包括更高的覆盖率、被测系统更早的上市时间等。

（2）支持数据驱动。数据驱动的测试框架是这样的一个框架：从某个数据源中读取数据，然后将这些数据通过变量传入事先准备好的测试脚本中。这些变量被用来作为被测应用程序的输入数据，或作为验证应用程序输出的检查数据。在这个过程中，数据源的读取、测试状态和其他测试信息都被编写进测试脚本里，测试数据只包含在

数据源中，而不是脚本里。测试脚本只是一个“驱动”，或者说是一个传送数据的机制，称之为数据驱动。数据驱动实现了测试数据与测试脚本的分离，使得测试人员不修改脚本就可以改变测试的内容，修改和维护更加便利。

（3）支持关键字驱动。关键字驱动测试是数据驱动测试的一种改进类型，它以关键字的形式将测试逻辑封装在数据文件中，测试工具只要能够解释这些关键字即可执行测试。关键字驱动框架里，可以创建关键字以及相关联的一些方法和函数，再创建一个包含读取关键字的逻辑的函数库，然后调用相关的动作。同时，这些动作所操作的数据也存放于数据文件中。关键字驱动将业务和测试输入数据都集成在数据表格中，当业务发生变化时，无须更改测试需要的脚本，只需更改数据表格即可。关键字间不同的排列顺序能实现不同的功能，只要将原来的关键字排列顺序按照一定的逻辑重新组合，就可以实现另外的功能。

3. 测试工具设计

测试工具设计是指对将要开发的测试工具进行设计，确定其技术架构、模块划分、主要数据结构、关键逻辑和算法等。

测试工具也是一个软件产品或系统。因此，测试工具的设计与其他软件产品的设计在本质上是一致的，也遵循同样的原则。在进行测试工具的技术设计时，应遵循以下原则。

（1）单一职责原则。一个函数或一个类、一个方法的作用只有一种职责，如 String 类不应该有 File 类的功能，如果有的话，那就违反了单一职责原则。

（2）开闭原则。软件实体（类、模块、函数等）都应当对扩展具有开放性，但是对于修改应具有封闭性。即不应随意修改一个软件实体的逻辑和功能，如果有需要，应该扩展它们。

（3）依赖倒转原则。高层模块不应该依赖低层模块，两者都应该依赖其抽象；抽象不应该依赖细节，细节应该依赖抽象。即在使用中应该依赖抽象，而不是依赖具体的实现，面向接口编程，而不是面向实现编程。

（4）接口隔离原则。当对外暴露服务时，一定不是对外提供一个包含所有功能的大接口，而应该提供每个具体功能的小接口，每个接口之间达到隔离的原则。

（5）里式替换原则。任何基类（父类）可以出现的地方，子类也可以出现。所有引用基类的地方必须能透明地使用其子类的对象。即子类必须能够替换所有基类出现的地方，子类也能在基类的基础上新增行为。

（6）迪米特法则。迪米特法则是指如果两个类之间不必彼此直接通信，那么这两个类就不应当发生直接的相互作用。如果其中的一个类需要调用另一个类的某个方法，则可以通过第三者转发这个调用。调用陌生类的时候，一定要通过熟悉的类来调用。和陌生人打交道，一定要通过朋友进行。哪些人才算作朋友呢？在迪米特法则中，对于一个对象，其朋友包括以下几类。

- 当前对象本身。
- 以参数形式传入到当前对象方法中的对象。
- 类中的成员对象。
- 类中的集合成员对象中的元素。
- 当前对象创建的对象。

（7）聚合复用原则。在软件复用时，要尽量先使用组合或者聚合等关联关系来实现，其次才考虑使用继承关系来实现。能够使用聚合、组合就不要使用继承。在一个对象中将已存在的类作为一个成员对象，达到复用的目的；如果继承一个类，方便复用就可能破坏原有的封装，但这也可以针对具体场景具体分析，如果真正需要改变原有封装逻辑比自己聚合使用更方便，也可以使用继承。

（8）数据设计先行原则。数据比代码更重要，代码的唯一目的是转换数据。在设计新系统时，最好先从数据库和数据结构开始，并在此基础上开发代码。考虑在数据上可以施加的约束，如果可行则实施，最好通过表示数据的方式实施。代码设计是数据设计的下一步。数据模型越简单、越一致，代码就会越简单。

以上是软件设计时的一些通用原则。对于测试工具还应该特别注意以下方面。

杜绝过度设计。测试工具的目的是帮助测试人员，绝大多数情况下其目的并不是研发一个完善和强大的系统。因此，除非是有明确的预见和需求，不建议过度追求可扩展能力、容错能力以及人机界面等。

考虑适当的分层或抽象。可以通过分层的架构或抽象服务，使工具上层的业务逻

辑测试与底层的软硬件或基础 API 调用适当地隔离。这样可以让底层的改变不影响工具的上层，扩展或修改时只要对工具的底层做适配即可。

（二）功能测试的详细设计与实现

这个环节包括测试用例设计和测试工具实现。

1. 测试用例设计

根据测试方案设计中确定的测试用例规格，设计详细的测试用例。测试用例需要明确描述测试步骤和测试数据。

测试用例设计的具体工程方法包括域测试法、流程分析法、状态迁移法、正交试验法、判定表法、因果图法、输出域分析法、错误猜测法等。

2. 测试工具实现

根据测试方案设计中确定的测试工具设计方案，进行具体的编码和开发。在测试工具实现中，还要注意以下几点。

（1）使用增量方法。不要追求一开始就完成很多目标。最初先重点完成少数目标，让工具能先用起来，再逐步添加新的目标。

（2）测试工具本身也要测试。测试工具本身也是一个软件产品，也会有漏洞。不要因为测试工具是测试人员自己开发的，就忽视了对它的测试。对测试工具的测试，和普通软件产品一样，也要经过测试方案设计、测试用例开发、测试执行等环节。

（3）重视关键文档。测试工具的设计决定了工具的技术架构、数据结构、关键逻辑，也在很大程度上影响了工具的质量，因此应当重视测试工具的设计文档。对设计文档的认真评审，能保证技术设计质量。一旦发生人员更迭，设计文档对接替人员迅速上手也会有很大的帮助。另外，质量测试工具的开发者和使用者往往不是同一个人，因此一份完整易懂的使用说明书是十分必要的。

（三）功能测试的执行

功能测试的执行环节具体包括测试环境搭建与数据准备，测试执行与缺陷跟踪，撰写测试报告。

1. 测试环境搭建与数据准备

根据测试方案设计中确定的测试环境规划，搭建各种所需的测试环境，并准备相应的测试数据。

2. 测试执行与缺陷跟踪

测试执行就是按测试规程和测试用例确定的测试步骤和测试数据完成各用例的执行，并按用例设计的观察点记录测试结果。

在测试执行中发现的缺陷，无论是编码中的漏洞，还是需求文档中的漏洞，都应在缺陷跟踪工具中记录和跟踪。

3. 撰写测试报告

在整个测试执行完成后撰写测试报告。

综上所述，一个完整的功能测试的流程如图 3–3 所示。

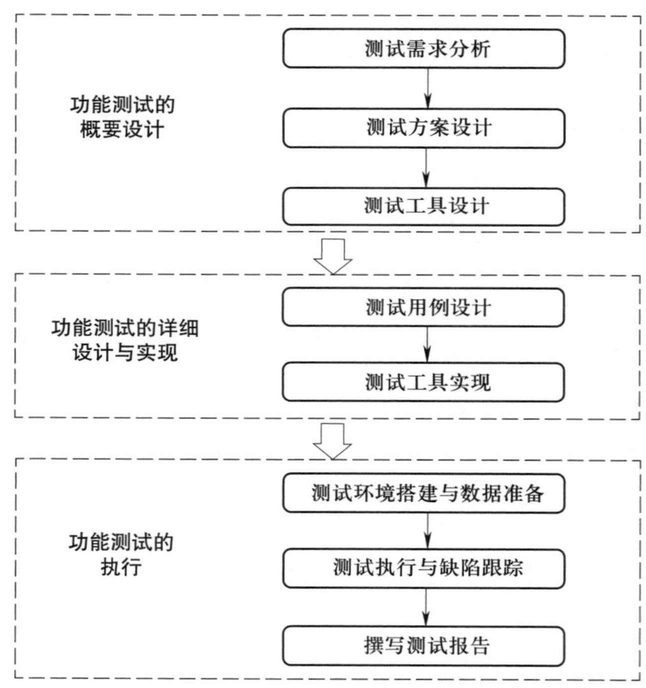

图 3–3　完整的功能测试流程

三、能力实践

（一）案例描述

本案例是一个基于区块链的数字版权平台。随着计算机和互联网的飞速发展，计

算机信息可复制程度高，盗版问题非常突出。除了文字以外，技术的发展也催生了更多图像、音频、软件等数字版权制品。因此，如何保护版权、维护作者的权益、更好地促进创新，成了互联网时代的一项重大问题。区块链技术不可篡改、可溯源的特点，可以很好地解决版权问题。

假设开发人员已经提交了一个区块链的数字版权平台的测试版本，现对此进行功能测试。

（二）开发测试工具的需求

对该案例进行功能测试时，对于开发测试工具的需求，一般是基于以下两个方面。

（1）对于靠人工几乎无法完成的操作，需要使用工具实现。例如一些复杂计算，很难手工算出。再如一些大段的字符串的比对，用人工比对几乎无法完成。

（2）实现自动化测试。需要指出的是，自动化测试不是万能的，自动化测试不可能完全取代人工测试。但是，自动化测试自有其优势。例如，当系统的一些基本功能已经比较稳定，后面不怎么要修改，而且每个轮次的测试都必须要完成这些功能的回归测试，那么实现这部分功能的自动化测试，就是比较适宜的。另外，当前软件系统通常采用面向服务的架构，因而会使用到大量的 API 接口。对这些 API 接口进行自动化测试，通常是很有价值的。

（三）实际案例

【例 3–1】 实现一个校验各节点区块和交易一致性的工具。

目的：验证区块链网络中各节点保存的区块和交易信息是否一致。

测试步骤如下。

（1）部署 3 个区块链节点组成区块链网络。

（2）部署 3 个 SDK 分别连接一个节点。

（3）检查交易一致性。

- 向任一节点发送一笔交易，记录其交易 ID。
- 等待必要时间保证 3 个节点都完成同步。
- 分别调用 SDK 来获取 3 个节点上的该交易 ID 的详细数据。
- 比较前述获取到的 3 个节点上的该交易的数据是否一致。

（4）检查各节点区块一致性。

● 创建一批交易，能充满 5 个或以上区块，比如 1 000 笔交易；记录这批交易开始前的块高度 height1，以及这批交易完成后的块高度 height2。

● 等待必要时间保证 3 个节点都完成同步。

● 对块高度在 height1 和 height2 之间的每个块，循环比较其在 3 个节点上的块数据是否完全一致。

下面为 Java 代码举例。

以下代码为获取区块详情的函数。

```
/**
 * 按高度获取区块详情的函数
 */
public String GetBlockByHeight (int height) {
     String strHeight = Integer.toString (height) ;
     String result = GetTest.doGet (SDKADD + "/v2/block/detail/" +
strHeight + "?" + SetURLExtParams ("")) ;
     log.info (result) ; // 将结果记入日志
     return result;
}
```

以下代码为获取交易详情的函数。

```
/**
  * 获取交易详情
  */
public String GetTxDetail (String hash) {
   String result = GetTest.doGet (SDKADD + "/v2/tx/detail/" + hash + "?" +
SetURLExtParams ("")) ;
   log.info (result) ; // 将结果记入日志
```

```
    return result;
}
```

以下代码为数字知识资产上链（以下称存证交易 CreateStore）的函数。

```
    /**
      * 创建存证交易的函数，返回交易 ID (hash 值)
      */
public String CreateStore (String Data) {
    Map<String, Object> map = new HashMap<> ();
    map.put ("data", Data);
    String result = PostTest.postMethod (SDKADD + "/v2/tx/store?"  + SetURLExtParams(""),
map);
    log.info (result); // 将结果记入日志
    return result;
}
    /**
      * 检查某个高度的区块在各节点上的数据是否相同
      */
    public Boolean CheckBlockInNodesByHeight (int height) {
        String[] blockStrs = new String[3]; // 存放 3 个节点上块数据的查询结果数组
        For (int i=0; i<3; i++) {
        // 这里先连接到 Node[i], 然后调用 GetBlockByHeight (height) 来
        // 获取区块信息，并将结果保存到 blockStrs[i] 中
        // 具体代码略
        }
        if (blockStrs[0].equals (blockStrs[1]) &&
          (blockStrs[0].equals (blockStrs[2]) {
```

```
            return true;
        } else {
            return false;
        }
}
```

以下代码为检查交易数据一致性的脚本。

```
@Test
public void TC001_checkTxConsistency () throws Exception {
        String[] TxStrs = new String[3]; // 存放 3 个节点上交易数据的查询结果数组
        // 组装存证数据
        String Data = "test11234567"+UtilsClass.Random (4);
        // 调用存证交易函数，发送交易
        String response = store.CreateStore (Data);
        // 获取刚才所创建交易的 ID
        JSONObject jsonObject=JSONObject.fromObject (response);
        String  TxID = jsonObject.getString ("data");
        // 等待交易上链且区块同步完成，此处也可以用等待几秒来实现
        commonFunc.sdkCheckTxOrSleep (
            storeHash, utilsClass.sdkGetTxDetailType, SHORTMEOUT);
        For (int i=0; i<3; i++) {
          // 这里先连接到 Node[i], 然后调用 GetTxDetail (TxID) 获取
          // 交易信息，并将结果保存到 TxStrs[i] 中
          // 具体代码略
        }
        For (int i=1; i<3; i++) {
        // 断言，每个节点的交易数据必须相等
```

```
        assertEqual (TxStrs[0],TxStrs[i]
        }
}
```

以下代码为检查区块数据一致性的脚本。

```
@Test
public void TC002_checkBlockConsistency () throws Exception {
    // 获取批量交易前的区块高度
    int blockHeight1 = Integer.parseInt (JSONObject.fromObject (
                                    store.GetHeight ()).getString ("data"));
    // 发送 1000 个存证交易
    for (int i=0; i<1000, i++) {
          // 组装存证数据
       String Data = "test11234567"+UtilsClass.Random (4);
          // 调用存证交易函数来发送交易
       String response= store.CreateStore (Data);
  }
  // 等待交易上链且区块同步完成，此处也可以用等待几秒来实现
    commonFunc.sdkCheckTxOrSleep (
                    storeHash, utilsClass.sdkGetTxDetailType, SHORTMEOUT);
  // 获取批量交易后的区块高度
  int blockHeight2 = Integer.parseInt (JSONObject.fromObject(
                                  store.GetHeight ()).getString ("data"));
  // 对该批交易产生的所有区块进行检查
  for (int i=blockHeight1; i<blockHeight2 + 1, i++) {
      // 调用 CheckBlockInNodesByHeight () 函数来检查该块数据
     boolean result = CheckBlockInNodesByHeight (i);
     assertEqual (result, true);  // 断言，检查结果必须为 true
```

```
    }
}
```

【例 3-2】 实现数字知识资产上链接口（以下称存证交易 CreateStore 接口）的自动化测试，包含验证非法参数。

脚本中用到的两个主要函数，创建存证交易函数 CreateStore（String Data）和查询交易详情函数 GetTxDetail（String hash），在前面的例子中已列出代码。这里直接给出测试脚本的例子。

以下为测试脚本。

```
@Test
public void TC004_createStore () throws Exception {
    // 组装存证数据
    String Data = "test11234567"+UtilsClass.Random (4);
    // 调用存证接口
    String response= store.CreateStore (Data);
    // 验证接口返回字段和返回值
    JSONObject jsonObject=JSONObject.fromObject (response);
    String TxID = jsonObject.getString ("data"); // 获取交易 ID
    JSONObject.fromObject (response).getInt ("state");
    JSONObject.fromObject (response).getString ("message");
    asser tThat (response, containsString ("200"));
    asser tThat (response, containsString ("success"))
    // 等待交易上链 , 此处也可以用等待几秒来实现
    commonFunc.sdkCheckTxOrSleep (
                storeHash, utilsClass.sdkGetTxDetailType, SHORTMEOUT);
    // 从链上查询交易详情 , 验证返回码
    String response2= store.GetTxDetail (TxID);
    asser tThat (response2, containsString ("200"));
```

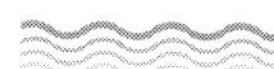

```
}
//验证非法参数
@Test
public void TC005_gettxdetail (){
    String goodTxID =
        "0566725c3d485cec9baa6aa56973896d67e18612c75f4a2c5309cdea4e4df
cf5"; // goodTxID 中保存一个已存在的正确的交易 ID
    String gettxdetail;
    log.info ( “通过 hash 获取交易详情 : " + goodTxID);
    gettxdetail = store.GetTxDetail (goodTxID);
    asser tThat (gettxdetail, containsString ("200"));
    gettxdetail = store.GetTxDetail (""); // 交易 ID 字段为空值
    asser tThat (gettxdetail, containsString ("404 page not found"));
    gettxdetail  = store.GetTxDetail (
        "04cf125c3d488ceb9baa6aa68973896d7de18658c75f4a2c5309cdea4e4dfb54");
// 该交易 ID 实际不存在
    asser tThat (gettxdetail, containsString ("404"));
    asser tThat (gettxdetail, containsString ("BlockchainGetTransaction: failed to find transaction"));
    gettxdetail = store.GetTxDetail ("123456"); // 交易 ID 为非法字符
    asser tThat (gettxdetail, containsString ("400"));
    assertThat (gettxdetail, containsString ("Invalid parameter"));
}
```

（四）功能测试检查单

在实际的区块链功能测试中，可参考以下的功能测试检查单来指导和检查自己的工作。

1. 功能测试方面

（1）是否考虑了功能的完备性，覆盖了已知所有场景？

（2）是否按照获取到的实际用户需求而不仅仅按照需求文档来测试？

（3）是否测试了功能应该达到的精度？

（4）是否考虑了流程中不能有冗余的步骤，只提供给用户必要的选项？

（5）是否覆盖了所有应当遵守的国家标准、行业标准及其他法规或规范？

（6）需求文档评审是否彻底和严格？

（7）设计测试用例时是否充分考虑了“负向用例”，即异常场景、用户错误操作场景的用例？

（8）是否有正规的测试用例评审？

（9）测试用例评审时是否有需求负责人和开发人员参加？

（10）对于测试在什么环境执行是否有规划？

（11）对于测试在什么阶段执行是否有规划？

2. 功能测试工具开发方面

（1）是否详细调研了功能测试工具的需求？

（2）工具的需求是否与最终用户进行了充分的沟通，并得到他们的认可？

（3）是否考虑了支持数据驱动？

（4）是否考虑了支持关键字驱动？

（5）是否计算了工具开发的 ROI？

（6）是否将工具的 ROI 和开发计划与上层领导进行了充分沟通，得到了上层领导的支持？

（7）在编码开始前，是否进行了规范的技术设计？

（8）技术设计是否有过度设计，例如过度考虑了可扩展性、容错性等？

（9）功能测试工具的技术设计方案是否经过了评审？

（10）功能测试工具的编码是否遵循了编码规范？

（11）开发计划中是否包含对工具的测试环节？

（12）工具的具体实现过程中是否考虑了增量开发、不断迭代的方式？

（13）对工具的测试是否有测试方案设计、测试用例开发、测试执行这些环节？

（14）工具是否有完整易懂的说明文档？

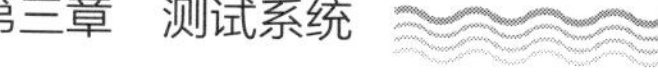

第二节　开发性能评测工具

考核知识点及能力要求

- 掌握性能评测指标要求。
- 掌握性能测试方法。
- 能设计性能测试用例。
- 能根据系统性能指标开发评测工具。

一、性能评测指标要求

（一）描述性能测试的通用指标

系统与软件质量模型国家标准对于性能效率方面的质量规定了 4 个子特性，即时间特性、资源利用性、容量、性能效率的依从性。

（1）时间特性。指产品或系统执行其功能时，其响应时间、处理时间及吞吐率满足需求的程度。

（2）资源利用性。指产品或系统执行其功能时，其利用资源数量和类型满足需求的程度。

（3）容量。指产品或系统参数的最大满足需求的程度（参数可包括存储数据项数量、并发用户数、通信带宽、交易吞吐量和数据库规模等指标）。

（4）性能效率的依从性。指产品或系统遵循与性能效率相关的标准、约定、法规以及类似规定的程度。

（二）区块链系统性能测试的指标

具体到区块链系统，其性能测试的评测指标可包含以下内容。

1. 交易吞吐率

该指标的单位是交易次数 / 秒，即每秒完成的事务数（TPS）。包含以下细项。

（1）最小软硬件条件下的交易吞吐率。

（2）满足一定软硬件条件下的最大交易吞吐率。

（3）最小软硬件条件下的智能合约调用吞吐率。

（4）满足一定软硬件条件下的智能合约调用吞吐率。

2. 查询吞吐率

该指标的单位：查询次数 / 秒。包含以下细项。

（1）块信息查询吞吐率。

（2）交易信息查询吞吐率。

（3）交易结果查询吞吐率。

（4）智能合约数据查询吞吐率。

3. 交易同步性能

该指标包含以下细项。

（1）交易广播的速率（单位：次 / 秒）。

（2）交易广播的时延（单位：秒）。

（3）若支持无交易出空块，同步空块的速率（单位：个 / 秒）。

（4）若支持无交易出空块，同步空块的时延（单位：秒）。

（5）节点从其他节点同步完整账本数据的速率（单位：个 / 秒）。

（6）节点广播完整账本数据，账本数据推送到指定节点完成账本同步所消耗的时间（单位：秒）。

二、性能测试方法

在开展性能测试时，一般按以下步骤进行。

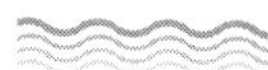

（一）确定性能主要目标

区块链系统性能测试指标是一个推荐的指标集合。在实际应用中，可根据系统实际情况进行调整。例如，根据对系统实际业务、访问频率、场景交互等各方面的分析，制定出性能目标：最大交易吞吐率不小于500TPS，最大查询吞吐率不小于1 000TPS等。

（二）获取性能测试场景

根据确定好的性能目标来获取相应的测试场景。例如，对于“最大交易吞吐率不小于500TPS”这个性能目标，需要考虑在真实使用中，可能会出现最大交易吞吐率的场景、创建交易的用户类型、不同类型的用户创建交易的频率，以及不同类型用户的分布比例等问题。

（三）设计性能测试用例

测试场景确定之后，就可以设计性能测试用例了。性能测试用例要明确描述各个测试步骤，以及使用到的测试数据是如何产生或获取的。另外，要明确描述系统的测试基础数据情况。测试基础数据又称为铺底数据，指在性能测试执行前，需要保证在被测系统中已经具备的一定量的数据。需要保证正式执行测试前在测试环境中已经存在这些数据，在此基础上进行性能测试才有实际意义。

（四）选择或开发测试工具

可以自行开发性能测试工具，也可以考虑采用开源的工具或者购买商业工具。

（五）搭建性能测试环境

性能测试一般需要专用的环境，其配置最好能和生产环境成一定比例。如果一定要用生产环境作为性能测试环境，那么要特别注意脏数据的问题。脏数据就是性能测试过程中产生或修改的数据，可能对业务或对用户产生巨大的不良影响。要很仔细地考虑如何在测试完成后及时清理脏数据。

（六）开发脚本

按照性能测试用例的要求，开发性能测试脚本。通常也包括开发创建基础数据的脚本。

（七）执行测试获取指标

运行脚本执行性能测试。同时获取各项性能数据，包括各类服务器的资源使用情况。

（八）撰写测试报告

综合获取的各项信息撰写测试报告。性能测试报告能展示出性能测试的最终成果，展示系统性能是否符合需求，是否有性能隐患。

性能测试报告中至少需要阐明以下信息。

（1）性能测试目标。

（2）性能测试环境。

（3）性能测试数据构造规则。

（4）测试基础数据的数据量。

（5）性能测试过程。

（6）性能测试结果。

（7）性能测试调优说明。

（8）性能测试过程中遇到的问题及解决办法。

表 3–1 为性能测试报告模板。

表 3–1　　性能测试报告模板

<table>
<tr><td colspan="4">XXX 项目性能测试报告</td></tr>
<tr><td>测试人员名单</td><td></td><td>测试日期</td><td></td></tr>
<tr><td>性能测试目标</td><td colspan="3"></td></tr>
<tr><td>测试环境描述</td><td colspan="3"></td></tr>
<tr><td rowspan="2">测试基础数据描述</td><td>数据描述及数据量</td><td colspan="2"></td></tr>
<tr><td>数据来源</td><td colspan="2"></td></tr>
<tr><td>测试过程简述（含执行时长）</td><td colspan="3"></td></tr>
<tr><td>测试数据构造规则</td><td colspan="3"></td></tr>
</table>

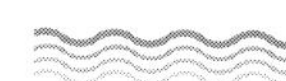

续表

测试用例地址			测试脚本地址	
测试结果	吞吐量（TPS）		事务错误率	
	平均响应时长（ms）		90% 响应时长（ms）	
	其他指标 1			
	其他指标 2			
资源使用情况	应用服务器资源使用情况	CPU： Memory： 磁盘 IO： 网络： 其他：	DB 服务器资源使用情况	CPU： Memory： 磁盘 IO： 网络： 连接数： 其他：
	其他服务器（如缓存、消息队列等）资源使用情况	CPU： Memory： 磁盘 IO： 网络： 其他：		
性能调优说明				
测试中遇到的问题及解决方法				
遗留问题汇总				
测试结论（通过 / 不通过）				

三、能力实践

以测试“最大交易吞吐率”为例，描述如何设计测试用例和开发评测工具。

（一）设计性能测试用例

测试环境：区块链系统配置 5 个共识节点，3 个客户端。共识节点的配置情况如表 3–2 所示。

表 3–2 共识节点配置表

序号	设备名称	IP 地址	软硬件配置
1	共识节点 1	218.6.100.10	CPU：至强 4208 8Core 2.1 GHz 处理器 内存：16 G 硬盘：1 T SAS 硬盘 操作系统：CentOS 7.6
2	共识节点 2	218.6.100.11	同上
3	共识节点 3	218.6.100.12	同上
4	共识节点 4	218.6.100.13	同上
5	共识节点 5	218.6.100.14	同上

基础数据：5 个共识节点上都已经具备了 5 000 个区块的基础数据。

测试步骤如下。

（1）在 3 个客户端同时连续生成随机交易，发送到系统中的共识节点。

（2）记录该次连续生成交易的时长，并统计交易时间段内区块链系统处理的交易数。

（3）计算 TPS 平均值。

（二）开发评测工具

1. 向链上发送交易工具

实现步骤如下。

（1）生成一个交易的数据，其中交易项编码用随机生成数来设定，交易数据的其他部分设为固定数据。

（2）按预先计划的所需发送的交易量来设定循环次数，不断循环步骤（1）来生成交易数据，并调用 CreateStore（String Data）函数来发送交易。

以下为代码示例。

```
    // 普通存证
public int storeTest (String id) throws Exception {
    JSONObject fileInfo = new JSONObject ();
```

```
        JSONObject data = new JSONObject ();
        fileInfo.put ("fileName", "202111041058.jpg");
        fileInfo.put ("fileSize", "298KB");
        data.put ("projectCode", UtilsClass.Random (10));
        data.put ("waybillId", "1260");
        data.put ("fileInfo", fileInfo);
        String Data = data.toString ();
        String response = store.CreateStore (Data);
        return JSONObject.fromObject (response).getInt ("state");
    }
    // 连续发送存证交易 50000*50000 个。这是个例子，具体数字可以修改
    int i = 0;
    int loop = 50000; // 循环次数
    while (i < loop) {
        for (int j = 0; j < loop; j++) {
            storeTest ("");
        }
        i++;
    }
```

2. 计算链上 TPS 工具

实现步骤如下。

（1）使用前述开发的工具，向链上发送交易。

（2）计算一段时间内（如 5 分钟）的上链交易量。

（3）记录该时间段内的开始区块高度和结束区块高度，遍历这个区间内每个区块中的交易量，相加求和。

（4）将步骤（3）得到的交易量除以总的时间，获得每秒处理交易数，即链上TPS。

以下为计算链上 TPS 的代码示例。

```
    /**
     * 该函数为根据区块高度获取区块中的交易列表
     */
public String[] getTxsArray (int blockHeight) {
    String txsList = JSONObject.fromObject( (
store.GetBlockByHeight (blockHeight)).getJSONObject ("data").getString ("txs");
    txsList = txsList.substring (2);
    txsList = StringUtils.substringBefore (txsList, "\"]");
    String[] txs = txsList.split ("\", \"");
    return txs;
}
/**
  * 计算链上 TPS
  */
@Test
public void CalculateAverageTPS () throws Exception {
    int blockHeight = Integer.parseInt (JSONObject.fromObject (
                            store.GetHeight ()).getString ("data"));
    int star tBlockHeight;
    star tBlockHeight = 5000;                        // 手动修改起始高度
    int endBlockHeight = blockHeight;                // 手动修改结束高度
    int diff = endBlockHeight - startBlockHeight + 1;
    int count = 0, total = 0;
```

```
    for (int i = star tBlockHeight; i <= endBlockHeight; i++) {
        // 获取区块中的交易个数
        String[] txs = commonFunc.getTxsArray (i);
        count = txs.length;
        total = total + count;
    }
    String timestamp = JSONObject.fromObject (
      store.GetBlockByHeight (startBlockHeight)).getJSONObject ("data").getJSONObject ("header").
getString ("timestamp");
    long blkTimeStamp1 = Long.parseLong (timestamp);
    timestamp = JSONObject.fromObject (
        store.GetBlockByHeight (endBlockHeight)).getJSONObject ("data").getJSONObject
("header").getString ("timestamp");
    long blkTimeStamp2 = Long.parseLong (timestamp);
    long timeDiff =  (blkTimeStamp2 - blkTimeStamp1) / 1000;
    log.info (" 区块数 : " + diff);
    log.info (" 交易总数 : " + total);
    log.info (" 测试时长 : " + timeDiff + " 秒 ");
    log.info (" 链上 TPS: " + total / timeDiff);
}
```

（三）性能测试检查单

综上所述，在实际的区块链性能测试中，可参考使用以下的性能测试检查单来指导和检查自己的工作。

（1）设计性能测试指标时是否考虑了响应时间、处理时间及吞吐率等时间特性指标？

（2）设计性能测试指标时是否定义了该指标应在什么样的资源条件下进行测试？

（3）设计性能测试指标时是否考虑了系统的容量，如存储数据项数量、并发用户数、数据库规模等？

（4）性能测试指标是否覆盖了所有应当遵守的国家标准、行业标准等法规和规范？

（5）性能测试指标是否经过系统需求负责人、开发组的评审？

（6）设计性能测试用例时，是否明确了测试在什么样的测试基础数据上进行？

（7）测试基础数据是否尽量模拟了真实数据？

（8）性能测试环境的软硬件环境是否可以与真实环境相比拟？

（9）若利用生产环境作为性能测试环境，是否考虑了如何避免在测试时影响外部用户？

（10）若利用生产环境作为性能测试环境，是否考虑了如何清理脏数据？

（11）在执行性能测试时，是否及时获取了不仅包括应用服务器，还包括其他各类服务器，如数据库服务器、缓存服务器、消息队列服务器等的资源使用情况？

（12）测试报告是否包含了测试基础数据的规模和组成等信息？

（13）测试报告是否包含了各类服务器的资源使用情况？

第三节　开发安全评测工具

考核知识点及能力要求

- 掌握安全评测指标要求。
- 掌握安全测试方法。

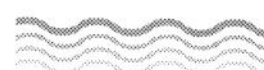

- 掌握安全测试计划规范。
- 掌握安全测试报告规范。
- 能设计安全测试用例。
- 能根据安全指标开发评测工具。
- 能撰写安全测试计划和报告。

一、安全评测指标要求

（一）区块链技术安全评测架构

为了便于分析，结合最佳实践和已知区块链风险分布情况，本章提出三层区块链技术安全架构，如图 3-4 所示。

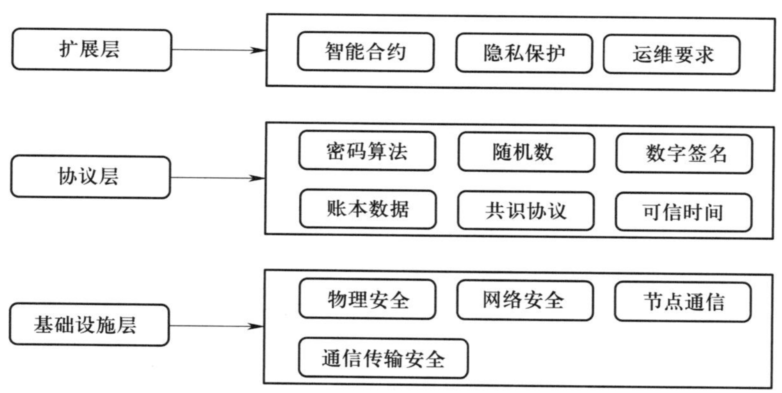

图 3-4　区块链技术安全架构

基础设施层将传统网络安全与区块链安全联系起来。协议层基于基础设施层提供的硬件或网络基础体系实现相应功能，并为扩展层提供相应功能的支持服务。协议层包含区块链技术中的密码算法、账本数据、共识协议和可信时间等几大关键机制。协议层向下链接基础设施层，向上链接扩展层。扩展层通过调用协议层功能组件，提供多元化的服务与访问。

（二）指标要求

区块链技术安全评测指标要求如表 3-3 所示。

表 3–3　区块链技术安全评测指标要求

安全层面		安全指标
基础设施层	物理安全	应保证关键节点冗余部署，保证系统可用性
	网络安全	在网络拓扑中，应防止单个节点故障而形成网络隔离；应保证每个重要节点具有较大的局部聚焦系数
	节点通信	应在节点接入时进行合法身份认证
	通信传输安全	①应在参与分布式账本的节点之间建立安全传输通道，保证数据传输的保密性、完整性和不可篡改性 ②应采用密码技术保证节点间通信过程中敏感信息字段或整个报文的保密性 ③可采用有权限的网络控制访问，在参与分布式账本节点之间构建虚拟专用网络（VPN），降低网络攻击造成的危害
协议层	密码算法	①应采用满足国家商用密码相关规定的密码技术和服务，如国密算法 SM2、SM3、SM4 等 ②应支持可插拔的密码算法模块
	随机数	密码算法执行过程中需要使用随机数时，应按照国家密码管理部门的要求生成随机序列，并符合国家标准对随机性的要求
	数字签名	可使用数字签名等密码技术生成可靠的电子签名来保障实体行为的不可否认性，系统中所需的具有不可否认性的行为包括发送、接受、审批、创建、修改、删除、添加和配置等操作
	账本数据	①账本结构应具有防篡改性，应使用哈希嵌套保证数据难以篡改 ②账本应具有数据校验功能 ③应保证账本数据存储的保密性 ④使用分布式账本的接口应做好权限管理，防止未授权的调用 ⑤记账节点对账本数据的操作应满足以下安全审计要求 a. 账本数据的访问应提供安全审计功能，审计记录包括访问的日期、时间、用户标识、数据内容等审计相关信息 b. 数据变更应提供审计功能，审计记录不仅包括数据变更成功的记录，还应包括数据变更失败的记录 c. 节点有效性检验失败、一致性校验失败等情况下同步账本数据，应提供安全审计功能，审计记录包括事件类型、原因、账本数据同步的节点、账本数据校验值等审计相关信息 d. 审计记录可由记账节点自行记录，不必写入账本

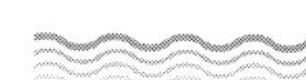

续表

安全层面		安全指标
协议层	共识协议	①共识协议依据的算法理论应公开或经过安全评估，如有修改应经过同行评议 ②系统中恶意节点占比不超过共识协议的容错率时，系统应保持正常运作，且保持数据的一致性 ③应具备拜占庭容错能力 ④应具备检测和防范恶意节点的机制，能够检测出网络中的恶意节点，并进行针对性的处理 ⑤单次共识过程和系统运行的整个共识历史都应可审计、可监管，该历史不可被篡改 ⑥协议应具备动态拓展能力，可允许在系统保持正常服务的前提下动态或静态增删节点 ⑦宜支持多种共识算法并实现共识算法可插拔，根据需求切换选择共识算法
	可信时间	①应采用技术措施保证账本记录的时序一致性 ②宜使用由第三方时间戳服务机构产生的时间戳，保证时间戳可信性，提供法律效力
扩展层	智能合约	①应有相应的机制控制用户对智能合约的访问 ②应有相应的机制在支持智能合约之间相互访问的条件下，限制错误智能合约的感染 ③应有相应机制控制智能合约对外部环境的访问 ④宜针对智能合约提供隔离的执行环境 ⑤应有相应机制保证系统能对抗由智能合约引起的 DDoS（分布式拒绝服务）攻击，防止其长时间占用资源 ⑥应有相应机制保障在系统遭受 DDoS 攻击、服务受到影响时，智能合约的运行可被干预 ⑦应建立安全编码规范，智能合约源代码应符合规范要求，确保智能合约的安全性
	隐私保护	①应对交易方身份信息进行标识和鉴别，且身份无法被冒用 ②应采用隐私保护技术和方法实现信息保密性和隐私保护的目的
	运维要求	①应对节点运行状态以及节点与其他节点的连接进行监控 ②账本数据应根据业务需要进行实时备份；密钥等关键数据应定期备份，防止因设备损坏等原因造成数据或密钥丢失

二、安全测试方法

（一）基础设施层

1. 物理安全

（1）评测指标。应保证关键节点冗余部署，保证系统可用性。

（2）评测要求。应检查是否有关键节点的硬件冗余。

（3）评测内容。

- 访谈网络管理员，询问是否提供关键节点的硬件冗余。
- 检查关键节点是否采用硬件冗余。

（4）期望结果。

- 设计文档或实施方案包含关键节点冗余部署方案，保证任一节点故障等极端条件下的系统可用性。
- 系统关键节点进行了冗余部署，与设计文档或实施方案一致。

2. 网络安全

（1）评测指标。在网络拓扑中，应防止单个节点故障而形成网络隔离；应保证每个重要节点具有较大的局部聚焦系数。

（2）评测要求。

- 应检查网络拓扑图是否有单个节点故障而形成网络隔离的情况。
- 应检查网络拓扑图是否与实际网络运行环境一致。

（3）评测内容。

- 访谈网络管理员，询问是否提供了网络冗余部署等措施，避免单个节点故障引起的网络隔离情况。
- 检查网络拓扑图，确认实际运行情况与拓扑图一致。

（4）期望结果。

- 设计文档或实施方案中的网络拓扑结构设计合理，不存在单个节点故障网络隔离的情况，包括但不限于采用网络冗余部署等措施。
- 系统网络部署与网络拓扑结构图一致，不存在单个节点故障导致的网络隔离情况。

3. 节点通信

（1）评测指标。应在节点接入时进行合法身份认证。

（2）评测要求。应检查是否对节点接入启用身份认证。

（3）评测内容。

- 访问区块链开发人员，询问节点接入是否启用身份认证。
- 检查设计文档或实施方案，查看是否包含节点身份认证的加密机制和加密算法相关说明。
- 检查采用的加密技术是否符合国家密码管理部门的要求。
- 测试验证所采用的加密技术是否与设计文档一致。

（4）期望结果。

- 设计文档包含节点身份认证的加密机制和加密算法相关说明，采用的加密技术符合国家密码管理部门的要求。
- 节点身份认证的通信报文采用加密机制和加密算法进行加密，采用的加密技术与设计文档描述一致。

4. 通信传输安全（第一部分）

（1）评测指标。应在参与分布式账本的节点之间建立安全传输通道，保证数据传输的保密性、完整性和不可篡改性。

（2）评测要求。

- 应检查节点之间是否建立安全传输通道。
- 应通过嗅探等方式抓取传输过程中的数据包，查看是否为安全通信协议。

（3）评测内容。

- 检查设计文档或实施方案，查看是否包含节点通信协议的相关说明。
- 在节点服务器安装 tcpdump 工具或通过网络设备做端口镜像，截取节点通信数据包，分析通信协议。

（4）期望结果。

- 设计文档或实施方案包含节点间建立安全传输通道的方法，包括但不限于 HTTPS、VPN、加密机等方式。

- 经测试，节点间建立了安全传输通道，并且与规划方案和实施方案一致。

5. 通信传输安全（第二部分）

（1）评测指标。应采用密码技术保证节点间通信过程中敏感信息字段或整个报文的保密性。

（2）评测要求。

- 应检查节点通信过程中是否对敏感字段或整个报文作加密处理。
- 应通过嗅探等方式抓取传输过程中的数据包，查看是否为安全通信协议。

（3）评测内容。

- 检查设计文档或实施方案，查看是否包含数据加密的相关说明。
- 在节点服务器安装 tcpdump 工具或通过网络设备做端口镜像，截取节点通信数据包，分析数据加密情况。

（4）期望结果。经测试，系统通信过程中采用了密码技术对敏感信息字段或整个报文进行加密。

6. 通信传输安全（第三部分）

（1）评测指标。可采用有权限的网络控制访问，在参与分布式账本节点之间构建虚拟专用网络，降低网络攻击造成的危害。

（2）评测要求。应检查网络拓扑，查看节点之间是否构建虚拟专用网络。

（3）评测内容。

- 检查设计文档或实施方案，查看是否包含节点之间构建虚拟专用网络的相关说明。
- 测试验证节点网络控制访问措施是否有效。

（4）期望结果。节点间构建了虚拟专用网络。

（二）协议层

1. 密码算法（第一部分）

（1）评测指标。应采用满足国家商用密码相关规定的密码技术和服务，如国密算法 SM2、SM3、SM4 等。

（2）评测要求。

- 应检查对称加解密算法是否经国家密码管理部门认可。

- 应检查非对称加解密算法是否经国家密码管理部门认可。
- 应检查哈希算法是否经国家密码管理部门认可。

（3）评测内容。

- 检查设计文档或实施方案，查看是否包含密码算法的相关说明。
- 检查系统配置中密码算法的配置参数是否与设计文档一致。
- 测试验证密码算法接口，查看测试结果是否与预期一致。

（4）期望结果。

- 设计文档中含有密码设备和密码算法满足合规性的相关要求。
- 设计文档为开发人员提供了非对称密码算法接口 API，与设计文档要求一致。
- 系统配置中密码算法的配置参数与设计文档一致。
- 系统调用加密算法接口或测试相关代码的加密结果符合预期输出。

2. 密码算法（第二部分）

（1）评测指标。应支持可插拔的密码算法模块。

（2）评测要求。检查是否支持可插拔的密码算法模块。

（3）评测内容。

- 检查设计文档，查看是否含有可插拔密码算法的相关内容。
- 检查可插拔密码算法模块的相关配置是否与设计文档一致。
- 更换不同的密码算法模块，测试验证系统是否正常运行。

（4）期望结果。

- 设计文档中含有支持可插拔密码算法的相关内容。
- 系统中可插拔密码算法模块的配置参数与设计文档保持一致。
- 系统更换不同的密码算法模块后，仍能继续正常提供服务。

3. 随机数

（1）评测指标。密码算法执行过程中需要使用随机数时，应按照国家密码管理部门的要求生成随机序列，并符合《信息安全技术　二元序列随机性检测方法》（GB/T 32915—2016）对随机性的要求。

（2）评测要求。检查随机数算法或设备是否经过国家密码管理部门认可。

（3）评测内容。

● 检查设计文档，查看是否描述了随机数算法或设备。

● 测试验证产生的随机数是否符合《信息安全技术　二元序列随机性检测方法》（GB/T 32915—2016）的规定。

（4）期望结果。

● 设计文档中描述了随机数算法或设备，且算法具有经过国家密码管理部门认可的信息。

● 系统测试产生的随机数符合《信息安全技术　二元序列随机性检测方法》（GB/T 32915—2016）的规定，与设计文档一致。

4. 数字签名

（1）评测指标。可使用数字签名等密码技术生成可靠的电子签名来保障实体行为的不可否认性，系统中所需的具有不可否认性的行为包括发送、接受、审批、创建、修改、删除、添加和配置等操作。

（2）评测要求。检查是否使用数字签名等密码技术进行身份鉴别。

（3）评测内容。

● 检查设计文档，查看是否设计并使用非对称加密、动态口令或数字签名等方式保障真实性。

● 测试验证相关应用场景，查看是否包含数字签名等相关记录信息。

（4）期望结果。

● 设计文档中明确设计并使用非对称加密、动态口令或数字签名等方式保障真实性。

● 设计文档设计的真实性应用场景包括节点通信双方、用户账户、数据加密等。

● 测试系统分别针对以上场景的真实性身份鉴别进行测试验证，验证结果符合设计文档。

5. 账本数据（第一部分）

（1）评测指标。账本结构应具有防篡改性，应使用哈希嵌套保证数据难以篡改。

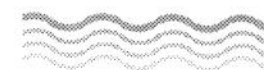

（2）评测要求。检查账本结构是否具备防篡改的特性。

（3）评测内容。

- 检查设计文档，查看是否包含明确的数据防篡改策略、手段及详细说明。
- 检查区块信息中是否包含数据防篡改的哈希值。
- 测试验证系统是否能够检测出修改的数据文件。

（4）期望结果。

- 设计文档包含明确的数据防篡改策略、手段及详细说明。
- 设计文档包含开发人员提供校验数据未被篡改的接口。
- 系统区块信息中能够查到数据防篡改的哈希值等信息。
- 系统能够检测出修改的数据文件。
- 系统账本监控程序能够自动检测账本数据是否已篡改。

6. 账本数据（第二部分）

（1）评测指标。账本应具有数据校验功能。

（2）评测要求。检查账本是否具有数据校验功能。

（3）评测内容。

- 检查设计文档，查看是否包含数据完整性校验的说明。
- 检查系统是否提供完整性校验功能，能够检测出账本数据被篡改，并自动进行数据恢复。

（4）期望结果。

- 设计文档包含数据完整性校验的说明。
- 系统提供完整性校验功能，提示数据完整性被破坏并拒绝区块新增。
- 系统提供监控手段定位账本数据的不完整。
- 系统在数据完整性被破坏的情况下，能够快速提示完整性被破坏的数据文件。

7. 账本数据（第三部分）

（1）评测指标。应保证账本数据存储的保密性。

（2）评测要求。检查是否采用密码技术保证账本数据存储的保密性。

（3）评测内容。

- 检查设计文档，查看是否对账本数据存储保密性进行了说明。
- 测试验证账本数据存储保密性设计是否与设计文档一致。

（4）期望结果。

- 设计文档对敏感数据的界定和分类及其账本数据存储保密性设计进行了说明，采用的加密算法符合国家密码管理部门的要求。
- 经与安全专员确认，系统包含账本数据存储保密性设计，与设计文档中所描述的一致。
- 系统实现账本敏感数据的加密存储。

8. 账本数据（第四部分）

（1）评测指标。使用分布式账本的接口应做好权限管理，防止未授权的调用。

（2）评测要求。检查分布式账本的接口是否做了权限管理。

（3）评测内容。

- 检查设计文档，查看是否对账本数据授权和验证的设计、账本数据中个人信息等数据进行访问与使用时的隐私保护措施进行了说明。
- 测试验证账本数据的权限控制情况，检查是否存在未授权、越权等漏洞。

（4）期望结果。

- 设计文档对账本数据授权和验证的设计、账本数据中个人信息等数据进行访问与使用时的隐私保护措施进行了说明，符合认证授权要求。
- 经与安全专员确认，提供了账本数据访问与使用认证授权措施。
- 经测试，系统能够为创建的账号分配账本数据权限；登录系统访问权限范围内的账本数据时有验证信息；登录系统访问权限范围外的账本数据时访问失败，提示没有访问权限；系统在对客户个人信息及由信息加工后产生的信息进行展示时，对客户身份标识信息进行了部分隐藏，非密文展示采取了去标识化措施；在对非本人展示相关信息及由信息加工后产生的信息时，获得了信息所有者的授权，并对展示人进行了认证；针对客户提供了信息备份和导出的手段，备份和导出的信息经过了加密处理并给客户提供了解密手段；对客户提供了信息注销不可见的手段，信息注销不可见时获得了客户认证和授权；对于敏感交易，系统提供技术手段由特定许可实体进行验证或背书。

9. 账本数据（第五部分）

（1）评测指标。记账节点对账本数据的操作应满足以下安全审计要求。

- 账本数据的访问应提供安全审计功能，审计记录包括访问的日期、时间、用户标识、数据内容等审计相关信息。
- 数据变更应提供审计功能，审计记录不仅包括数据变更成功的记录，还应包括数据变更失败的记录。
- 节点有效性检验失败、一致性校验失败等情况下同步账本数据，应提供安全审计功能，审计记录包括事件类型、原因、账本数据同步的节点、账本数据校验值等审计相关信息。
- 审计记录可由记账节点自行记录，不必写入账本。

（2）评测要求。应检查记账节点是否对账本数据的操作进行安全审计。

（3）评测内容。

- 检查设计文档，查看是否对账本数据的访问安全审计功能设计进行了说明。
- 检查审计事件是否包含数据变更、数据同步等成功、失败记录。
- 检查审计内容是否完整。

（4）期望结果。

- 设计文档对账本数据的访问安全审计功能设计进行了说明，审计内容包括数据变更成功的记录、数据变更失败的记录，审计记录包括访问的日期、时间、用户标识、数据内容等审计相关信息。
- 设计文档对节点有效性校验失败、一致性校验失败等情况下同步账本数据的安全审计功能设计进行了说明，审计记录包括事件类型、原因、账本数据同步的节点、账本数据校验值等审计相关信息。
- 系统提供账本数据的访问及变更、对节点有效性校验失败、一致性校验失败等情况下同步账本数据安全审计功能并具备保护审计进程的措施，定义审计跟踪极限的阈值，审计日志留存时间满足国家及行业监管部门要求；根据信息系统的统一安全策略实现集中审计，时钟保持与时钟服务器同步。
- 经测试，系统启用的账本数据访问、数据变更、节点有效性校验失败、一致性校验失败等情况下同步账本数据安全审计功能有效，审计记录完整。

10. 共识协议（第一部分）

（1）评测指标。共识协议依据的算法理论应公开或经过安全评估，如有修改应经过同行评议。

（2）评测要求。应检查共识协议所依据的算法理论是否公开或是否经过安全评估。

（3）评测内容。检查设计文档，查看使用的共识协议是否为算法理论公开或经过安全评估。

（4）期望结果。共识协议依据的算法理论是公开发表的或具有安全评估报告，修改后的共识协议经过了同行评议。

11. 共识协议（第二部分）

（1）评测指标。系统中恶意节点占比不超过共识协议的容错率时，系统应保持正常运作，且保持数据的一致性。

（2）评测要求。应检查共识算法是否具备所申明的容错性。

（3）评测内容。

- 检查设计文档，查看是否申明了共识算法的容错率。
- 通过关闭网卡等方式模拟节点离线，测试验证共识协议容错率是否准确。

（4）期望结果。

- 设计文档声明了共识算法容错率，若采用工作量证明时该比例为50%。
- 经测试，在系统中配置恶意节点占比不超过共识协议容错率时，系统能够正常运作，且保持数据的一致性。

12. 共识协议（第三部分）

（1）评测指标。应具备拜占庭容错能力。

（2）评测要求。应检查共识协议是否具备拜占庭容错能力。

（3）评测内容。

- 检查设计文档，查看是否申明了共识算法具备拜占庭容错能力及其容错率。
- 测试验证共识协议是否具备拜占庭容错能力。

（4）期望结果。

● 设计文档声明了共识算法具备拜占庭容错能力及其容错率。

● 经测试，在系统中配置恶意节点占比不超过共识协议容错率时，系统能够正常运作，且保持数据的一致性。

13. 共识协议（第四部分）

（1）评测指标。应具备检测和防范恶意节点的机制，能够检测出网络中的恶意节点，并进行针对性的处理。

（2）评测要求。应检查共识协议是否具备检测和防范恶意节点的机制。

（3）评测内容。

● 检查设计文档，查看是否包含检测和防范恶意节点机制的相关描述。

● 测试验证检测和防御机制是否有效。

（4）期望结果。

● 设计文档中包含检测和防范恶意节点机制的相关描述。

● 共识协议具备抗 DDoS 攻击、处理恶意报文、识别恶意节点的能力，且应采取不转发、拒绝连接、黑名单等措施缩小影响，使系统获得一定的主动防御能力，提高系统的可用性。

14. 共识协议（第五部分）

（1）评测指标。单次共识过程和系统运行的整个共识历史都应可审计、可监管，该历史不可被篡改。

（2）评测要求。应检查共识历史是否被审计。

（3）评测内容。

● 检查设计文档，查看是否包含对留存的日志文件类型、留存手段和留存期限的说明。

● 检查相关日志记录是否包含共识历史信息。

（4）期望结果。

● 设计文档包含对留存的日志文件类型、留存手段和留存期限的说明，留存期限满足国家及行业监管部门要求。

● 系统日志、节点间的通信日志以及账本变更历史等日志中记录了单次共识过程和系统运行的整个共识过程；关键系统日志及账本进行定期备份或进行冗余性处理。

15. 共识协议（第六部分）

（1）评测指标。协议应具备动态拓展能力，可允许在系统保持正常服务的前提下动态或静态增删节点。

（2）评测要求。应检查共识协议是否具备动态拓展能力。

（3）评测内容。

- 检查设计文档，查看是否包含节点动态拓展的相关说明。
- 通过增删节点，测试验证共识协议的动态拓展能力。

（4）期望结果。

- 设计文档中包含节点动态拓展的相关说明。
- 经测试，共识协议具备动态拓展能力，可允许在系统保持正常服务的前提下动态或静态增删节点。

16. 共识协议（第七部分）

（1）评测指标。宜支持多种共识算法并实现共识算法可插拔，根据需求切换选择共识算法。

（2）评测要求。应检查是否支持可插拔的共识算法模块。

（3）评测内容。

- 检查设计文档，查看是否含有可插拔共识算法的相关内容。
- 检查可插拔共识算法模块的相关配置是否与设计文档一致。
- 更换不同的共识算法模块后，测试验证系统是否正常运行。

（4）期望结果。

- 设计文档中含有支持可插拔共识算法的相关内容。
- 系统中可插拔共识算法模块的配置参数与设计文档保持一致。
- 系统更换不同的共识算法模块后，仍能继续正常提供服务。

17. 可信时间（第一部分）

（1）评测指标。应采用技术措施保证账本记录的时序一致性。

（2）评测要求。应检查是否采用技术措施保证账本记录的时序一致性。

（3）评测内容。

- 检查设计文档中是否含有账本记录时序一致性的相关内容。
- 检查所有节点是否配置统一的时间戳服务器。

（4）期望结果。

- 设计文档中含有账本记录时序一致性的相关内容。
- 所有节点使用统一的时间戳服务器，可保证账本记录的一致性。

18. 可信时间（第二部分）

（1）评测指标。宜使用由第三方时间戳服务机构产生的时间戳，保证时间戳可信性，提供法律效力。

（2）评测要求。应检查是否配置使用由可信第三方时间戳服务机构产生的时间戳。

（3）评测内容。检查时间戳服务器是否接入国家授时中心。

（4）期望结果。时间戳服务器直接接入国家授时中心或其他可信源。

（三）扩展层

1. 智能合约（第一部分）

（1）评测指标。应有相应的机制控制用户对智能合约的访问。

（2）评测要求。应检查是否提供相应的机制控制用户对智能合约的访问。

（3）评测内容。

- 检查设计文档，查看是否包含用户访问智能合约的控制机制。
- 测试验证相关控制机制，查看是否有效。

（4）期望结果。

- 设计文档对用户访问智能合约的控制机制有规划和设计。
- 系统支持确认用户身份，并配置相关的控制机制，对用户访问智能合约进行控制。

2. 智能合约（第二部分）

（1）评测指标。应有相应的机制在支持智能合约之间相互访问的条件下，限制错误智能合约的感染。

（2）评测要求。应检查是否具备智能合约互访的安全访问控制机制。

（3）评测内容。

- 检查设计文档，查看是否包含对智能合约之间相互访问的控制机制的说明。
- 测试验证相关控制机制，查看是否有效。

（4）期望结果。

- 设计文档对智能合约之间相互访问的控制机制有规划和设计，支持智能合约之间相互访问，并具备安全访问控制手段。
- 系统支持智能合约之间相互访问，并具备安全访问控制手段。

3. 智能合约（第三部分）

（1）评测指标。应有相应机制控制智能合约对外部环境的访问。

（2）评测要求。应检查是否提供相应的机制控制智能合约对外部环境的访问。

（3）评测内容。

- 检查设计文档，查看是否包含对智能合约访问外部数据的控制机制的说明。
- 测试验证相关控制机制，查看是否有效。

（4）期望结果。

- 设计文档对智能合约访问外部数据的控制机制有规划和设计，支持智能合约访问外部数据，并具备安全访问控制手段。
- 系统支持智能合约访问外部数据，并具备安全访问控制手段。

4. 智能合约（第四部分）

（1）评测指标。宜针对智能合约提供隔离的执行环境。

（2）评测要求。应检查是否对智能合约提供隔离的执行环境。

（3）评测内容。

- 检查设计文档，查看是否包含对智能合约的隔离执行环境的说明。
- 测试验证相关隔离措施是否有效。

（4）期望结果。

- 设计文档对智能合约的隔离执行环境有规划和设计。
- 系统支持智能合约在隔离的执行环境运行。

5. 智能合约（第五部分）

（1）评测指标。应有相应机制保证系统能对抗由智能合约引起的 DDoS 攻击，防止其长时间占用资源。

（2）评测要求。应检查是否提供相应机制保证能够对抗由智能合约引起的 DDoS 攻击。

（3）评测内容。检查系统是否提供 GAS 机制等其他机制，对抗由智能合约引起的 DDoS 攻击。

（4）期望结果。系统提供相应机制保证能够对抗由智能合约引起的 DDoS 攻击，防止其长时间占用资源。

6. 智能合约（第六部分）

（1）评测指标。应有相应机制保障在系统遭受 DDoS 攻击、服务受到影响时，智能合约的运行可被干预。

（2）评测要求。应检查是否提供智能合约干预机制。

（3）评测内容。测试验证运行中的智能合约是否能够被干预。

（4）期望结果。系统提供相应机制保障在系统遭受 DDoS 攻击、服务受到影响时，智能合约的运行可被干预。

7. 智能合约（第七部分）

（1）评测指标。应建立安全编码规范，智能合约源代码应符合规范要求，确保智能合约的安全性。

（2）评测要求。

- 应检查是否建立安全编码规范。
- 应检查智能合约代码是否存在安全漏洞。

（3）评测内容。

- 访问智能合约开发人员，询问是否建立安全编码规范。
- 使用智能合约扫描工具，检测智能合约是否存在安全漏洞。

（4）期望结果。

- 内部建立安全编码规范，能够规范智能合约的编写。

- 经工具扫描，智能合约不存在安全漏洞。

8. 隐私保护（第一部分）

（1）评测指标。应对交易方身份信息进行标识和鉴别，且身份无法被冒用。

（2）评测要求。应检查是否对交易方身份进行标识和鉴别。

（3）评测内容。检查是否对交易方采用数字证书等方式对身份进行标识和鉴别。

（4）期望结果。对交易方采用数字证书等方式对身份进行标识和鉴别。

9. 隐私保护（第二部分）

（1）评测指标。应采用隐私保护技术和方法实现信息保密性和隐私保护的目的。

（2）评测要求。应检查是否采用隐私保护技术和方法实现信息保密性和隐私保护的目的。

（3）评测内容。

- 检查是否采用隐私保护技术和方法实现信息保密性和隐私保护的目的。
- 测试验证相关技术和方式是否有效。

（4）期望结果。隐私保护技术和方法包括认证授权、局部广播、摘要存储、变更标识、混淆技术以及零知识证明、群签名、环签名、同态加密等算法组合，可根据业务场景组合解决方案，实现信息保密性和隐私保护的目的。

10. 运维要求（第一部分）

（1）评测指标。应对节点运行状态以及节点与其他节点的连接进行监控。

（2）评测要求。应检查是否对节点运行状态以及节点与其他节点的连接进行监控。

（3）评测内容。检查是否安装资源监控平台，查看是否监控节点的 CPU、硬盘、内存、网络等资源的使用情况。

（4）期望结果。系统安装资源监控平台并能够监控节点的 CPU、硬盘、内存、网络等资源的使用情况。

11. 运维要求（第二部分）

（1）评测指标。账本数据应根据业务需要进行实时备份；密钥等关键数据应定期

备份，防止因设备损坏等原因造成数据或密钥丢失。

（2）评测要求。应检查是否根据业务对账本数据、密钥数据定期备份。

（3）评测内容。检查是否对账本数据、密钥、网络拓扑等定期备份。

（4）期望结果。

- 账本数据备份策略根据业务需要进行实时备份。
- 密钥等关键数据备份策略根据业务需要进行定期备份。
- 网络拓扑配置中明确备份数据采取异地备份的方式。

三、安全测试计划规范

（一）概述

1. 项目简介

区块链系统项目安全评测的目的是通过对区块链系统基础设施层、协议层和扩展层三个方面进行评测，客观、公正评估系统技术标准符合性和安全性，保障被测系统业务设施的安全稳定运行。

2. 评测范围

本部分描述本次评测涵盖的对象情况，主要包括物理、网络、协议、智能合约、接口等方面。

3. 评测过程

本部分描述本次评测工作的四个过程——评测准备过程、方案编制过程、评测实施过程、分析与报告编制过程，并分别描述四个阶段的时间安排。

4. 评测依据

本部分描述本次评测过程中主要依据的标准。

（二）被测对象情况

1. 承载业务情况

本部分描述区块链系统承载业务的基本情况。

2. 网络结构

本部分给出被测系统的网络拓扑图，并对网络拓扑进行描述。

3. 系统构成

本部分以列表形式给出被测系统中的服务器、网络设备、存储设备以及业务应用软件的使用情况。服务器对象示例见表 3–4。

表 3–4　服务器对象示例

序号	设备名称	IP	操作系统及版本
1	排序节点 1	10.0.0.10	CentOS 7.6
2			

（三）评测指标

本部分以列表形式给出各层面、安全控制点以及评测项数的情况。基本指标示例见表 3–5。

表 3–5　基本指标示例

安全层面	安全控制点	评测项数
基础设施层	物理安全	1

（四）评测方法和工具

1. 评测方法

本部分描述本次评测使用的评测方法，主要方式有访谈、核查和测试及综合风险分析。

2. 主要评测工具

本部分描述安全评测所使用的工具情况，简要描述各类工具的主要用途。

（五）评测内容

本部分以列表形式分别给出基础设施层、协议层和扩展层的相关指标要求。基础设施层评测指标示例见表 3–6。

表 3–6　基础设施层评测指标示例

序号	安全子类	评测指标描述
1	物理安全	应保证关键节点冗余部署，保证系统可用性
2		

（六）项目组织与实施

1. 项目组织

本部分描述项目实施组情况，一般包含项目组组长、技术测试组、渗透测试组以及质量监督人。

项目组组长：负责项目具体实施和管理，制订项目实施计划，掌握项目的每个实施过程，解决项目实施中出现的各种具体问题，与客户进行及时有效的沟通，定期向客户反馈项目进展情况。

技术测试组：负责项目具体的技术测试实施，如底层链测试、网络协议测试、业务应用测试等，定期向项目组组长反馈技术测试进展情况。

渗透测试组：负责汇总技术测试中发现的安全隐患，针对发现的安全漏洞，选择适当的攻击工具及方法，模拟入侵行为。

质量监督人：对项目实施进行全过程的质量监控，动态监控质量体系执行情况，对违反质量管理规范的情况提出改进或否决意见，及时出具质量监控报告或意见。

2. 进度安排

本部分描述各阶段实施评测的实施细目、评测周期等情况。区块链应用项目安全评测项目进度表示例见表 3–7。

表 3–7　　区块链应用项目安全评测项目进度表示例

实施项目	实施细目	评测周期（天）	备注
一、评测准备过程		1	
现场调查		0.5	需要系统管理员配合访谈
工具和文档准备		0.5	
二、方案编制过程		2	
方案及计划制定审核		2	
第二阶段输出结果：《区块链系统安全评测方案》			
三、现场实施过程		5.5	
首次会议	确认方案和计划，协调评测资源	0.5	需要系统运行方相关人员参与
基础设施层	网络结构、区块链技术	0.5	需要底层链开发人员配合
协议层	区块链技术	1	需要底层链开发人员配合，需要网络管理员配合

续表

实施项目	实施细目	评测周期（天）	备注
扩展层	智能合约、日常运维	1	需要底层链开发人员配合，需要对智能合约源代码进行审计
渗透性测试	模拟从互联网非授权访问系统	1	需要网络管理员、系统管理员配合测试
测试结果初步分析		1	
末次会议	评测结果交流确认、结果审核	0.5	需要系统运行方相关人员参与并确认评测结果
第三阶段输出结果：《区块链系统安全评测记录表》			
四、分析与报告编制过程		1.5	
评测报告书写		1	
评测报告审核及签发		0.5	
第四阶段输出结果：《区块链系统安全评测报告》			
总计		10	评测实施阶段工作可根据现场情况并行操作

（七）配合需求

本部分描述配合人员、文档资料的需求说明。配合人员列表示例见表 3–8。

表 3–8　配合人员列表示例

配合项目	需求说明
总体协调人	能够进行各种工作的跨部门组织协调的人员
网络管理人员	对系统的网络架构、网络设备、安全设备、管理平台部署情况较为熟悉的人员，现场配合检查组完成网络层的评测和调研工作
底层链开发人员	对底层链中的随机数、非对称加密算法、共识机制、智能合约等情况较为熟悉的人员，现场配合检查组完成数据层、网络层、共识与合约层评测工作
应用系统开发 / 运维人员	负责各类应用系统情况、熟悉各类应用在系统中实际部署情况的人员，现场配合检查组完成应用层的检查工作

四、安全测试报告规范

（一）评测概述

1. 评测目的

区块链系统项目安全评测的目的是通过对区块链系统基础设施层、协议层和扩展

层三个方面进行评测，客观、公正评估系统技术标准符合性和安全性，保障被测系统业务设施的安全稳定运行。

2. 评测依据

本部分描述本次评测过程中主要依据的标准。

3. 被测系统概述

本部分给出被测系统的网络拓扑图，并对网络拓扑进行描述。以列表形式给出被测系统中的服务器、网络设备、存储设备以及业务应用软件的使用情况。

4. 评测内容

本部分以列表形式给出各层面、安全控制点以及评测项数的情况。基本指标示例见表 3–9。

表 3–9　基本指标示例

安全层面	安全控制点	评测项数
基础设施层	物理安全	1

5. 评测方法

本部分描述本次评测使用的评测方法，主要方式有访谈、核查和测试及综合风险分析。

（二）单项评测

1. 评测结果汇总分析

本部分描述各层面评测指标符合情况，并对基本符合或不符合情况进行分析。符合情况示例见表 3–10。

表 3–10　符合情况示例表

<table>
<tr><th rowspan="2">序号</th><th rowspan="2">评测对象</th><th rowspan="2">符合情况</th><th colspan="4">评测指标</th></tr>
<tr><th>物理安全</th><th>网络安全</th><th>节点通信</th><th>通信传输安全</th></tr>
<tr><td rowspan="4">1</td><td rowspan="4">××区块链</td><td>符合</td><td>1</td><td>1</td><td>1</td><td>2</td></tr>
<tr><td>基本符合</td><td>0</td><td>0</td><td>0</td><td>0</td></tr>
<tr><td>不符合</td><td>0</td><td>0</td><td>0</td><td>1</td></tr>
<tr><td>不适用</td><td>0</td><td>0</td><td>0</td><td>0</td></tr>
<tr><td colspan="7">总计评测项 6 个，符合项 5 个，基本符合项 0 个，不符合项 1 个，不适用项 0 个</td></tr>
</table>

2. 评测情况汇总

根据评测项的符合程度及整改情况，以表格形式汇总评测结果。评测情况统计表见表 3–11。

表 3–11 评测情况统计表

序号	安全层面	评测项结果情况							
		评测项总数	符合项		基本符合项		不符合项		不适用项
			整改前	整改后	整改前	整改后	整改前	整改后	
1	基础设施层								
2	协议层								
3	扩展层								
综合									

3. 安全问题汇总

针对项目安全评测中存在的所有安全问题，采用风险分析的方法进行危害分析和风险等级判定，得到被测对象安全问题风险分析表，如表 3–12 所示。

表 3–12 安全问题汇总表示例

问题编号	安全层面	问题描述	风险等级	整改情况
W1	基础设施层		高 / 中 / 低	已整改 / 未整改

风险分析主要结合关联资产和关联威胁分别分析安全问题可能产生的危害结果，找出可能对系统、单位、社会及国家造成的最大安全危害或损失（风险等级）。风险分析结果的判断综合了相关系统组件的重要程度、安全问题的严重程度、安全问题被关联威胁利用的可能性、所影响的相关业务应用以及发生安全事件可能的影响范围等因素。风险等级根据最大安全危害的严重程度进一步确定为“高”“中”“低”。

（三）评测结论和整改建议

本部分描述本次评测安全问题数量、符合率情况。以列表方式给出安全问题的整改建议。安全问题整改建议表示例见表 3–13。

表 3–13 安全问题整改建议表示例

问题编号	安全层面	问题描述	安全整改建议
W1	基础设施层		

（四）附录

本部分以表格形式给出各层面的现场评测结果。符合程度根据被测区块链系统实际保护状况进行赋值，评测指标的符合程度赋值为符合、基本符合、不符合、不适用。评测指标符合程度赋值见表 3–14。

表 3–14 评测指标符合程度赋值

安全控制点	评测指标	结果记录	符合程度
基础设施层	应保证关键节点冗余部署，保证系统可用性		符合 / 基本符合 / 不符合 / 不适用

五、能力实践

以测试“共识协议的容错率”为例，根据给出的场景来描述如何设计测试用例。

（一）设计安全测试用例

已知基于区块链的数字版权平台底层区块链系统部署使用 4 台节点服务器，安装使用 CentOS 7.6 操作系统，节点服务器之间使用 PBFT 共识协议。

测试项：系统中恶意节点占比不超过共识协议的容错率时，系统应保持正常运作，且保持数据的一致性。

根据 PBFT 共识协议的 3f+1 容错率的特性，理论上当节点服务器为 4 台时，能够容忍 1 台服务器失效。测试时使用关闭网卡的方式来模拟节点服务器失效，分别关闭 1 台和 2 台节点服务器来查看系统运行是否满足 3f+1 的容错要求，测试用例见表 3–15。

表 3–15 测试用例

测试用例编号	测试内容	预期结果
1	使用 ifdown 命令关闭一台节点服务器，查看系统运行情况	系统正常运行
2	使用 ifdown 命令关闭两台节点服务器，查看系统运行情况	共识无法完成，系统无法正常运行

（二）根据安全指标开发评测工具

以测试“随机数安全”为例，描述块内频数检测方法并进行代码实现。

1. 随机数安全检测工具

（1）前言。随机数安全检测工具的开发主要参考了《信息安全技术 二元序列随机性检测方法》（GB/T 32915—2016），鉴于篇幅有限，这里主要给出块内频数检测方法的相关代码实现。

（2）块内频数检测方法介绍。

块内频数检测用来检测待检序列的 m 位子序列中 1 的个数是否接近 $\frac{m}{2}$。对随机序列来说，其任意长度的 m 位子序列中 1 的个数都应该接近 $\frac{m}{2}$。

块内频数检测步骤如下。

第一步：将待检序列 ε 分成 $N=\left\lfloor\frac{n}{m}\right\rfloor$ 个长度为 m 的非重叠子序列，将多余的比特舍弃。

第二步：计算每个子序列中 1 所占的比例 $\pi_i=\frac{\sum_{j=1}^{m}\varepsilon_{(i-1)m+j}}{m}$，$1 \leqslant i \leqslant N$。

第三步：计算统计量 $V=4m\sum_{i=1}^{N}\left(\pi_i-\frac{1}{2}\right)^2$。

第四步：计算 $P\_value=igamc\left(\frac{N}{2},\ \frac{V}{3}\right)$。

将检测步骤中计算得出的 P_value 结果与显著性水平 α 进行比较，如果 $P\_value \geqslant \alpha$，则认为待检序列通过块内频数检测；否则认为该待检序列未通过块内频数检测。

（3）代码实现。

```
import org.apache.commons.math3.special.Erf;
import org.apache.mahout.math.jet.stat.Gamma;


public class IntraBlockFrequencyDetect {
    /*
     ** 块内频数检测的一些参数设置
```

```
    */
    private static final int IBFD_MIN_BLOCK_SIZE = 1; // 国标建议的一个块含 bit 数量的最小值 m, 正式使用时需要改为 20
    private static final int IBFD_MIN_BLOCKS_COUNT = 1; // 国标建议的块数量的最小值 n, 正式使用时需要改为 100
    private static final int IBFD_MIN_BITS_COUNT = 1; // 国标规定的取样序列含 bit 数的最小值 n, 正式使用时需要改为 1000000
    // 只是用来测试的样本序列，可以自由修改
    private static byte[] randomExampleForCheck = {
        (byte) 0x93, (byte) 0x26, (byte) 0xA0, (byte) 0xB4, (byte) 0x1F,
        (byte) 0x4D, (byte) 0x85, (byte) 0xF3, (byte) 0x39, (byte) 0xBA,
        (byte) 0xE9, (byte) 0xDc, (byte) 0x79, (byte) 0xCD, (byte) 0x3A,
        (byte) 0x39, (byte) 0x5B, (byte) 0xA9, (byte) 0x8D, (byte) 0xEF,
        (byte) 0x2D, (byte) 0x4C, (byte) 0x78, (byte) 0x9E, (byte) 0xD5
    };
    /*
     * 函数 checkByIntraBlockFrequencyDetect() 实现了块内频数检测的算法
     * 输入参数 arrayToCheck: 存放待检序列的 byte 数组
     * 输入参数 block_size: 算法使用的块大小，单位为 bit
     * 输出结果： 块内频数检测的 P_value 值。P_value 值可用来与显著性水平 α 进行比较，如果 P_value ≥ α，则认为待检序列通过块内频数检测；否则认为该待检序列未通过块内频数检测
    */
    public static double checkByIntraBlockFrequencyDetect(byte[] arrayToCheck, int block_size) {
        // 检查待检序列的 bit 总数是否满足最小要求
        long totalBitCount = arrayToCheck.length * 8;
```

```
        if (totalBitCount < IBFD_MIN_BITS_COUNT)
            throw new ArithmeticException("Error. Too small sample");
        // 检查每个块的字节数是否满足最小要求
        if (block_size < IBFD_MIN_BLOCK_SIZE)
            throw new ArithmeticException("Error. Too small block.");
        // 检查总块数是否满足最小要求
        int blockCount = (int) (totalBitCount / block_size);
        if (blockCount < IBFD_MIN_BLOCKS_COUNT)
            throw new ArithmeticException("Error. Too few blocks.");
        int pointer_current_byte = 0; // 当前正在被检查的字节在样本数组中的 index
            int pointer_current_bit = 0;  // 当前正在被检查的 bit 在当前字节的
index( 取值范围实际为 0-7)
            int[] bit1CountsOfBlocks = new int[blockCount]; // 存放每个块中有多少个
1 的结果数组
        byte byteBeingChecked = arrayToCheck[0];
          // 下面开始从第一个字节的第一个 bit 开始，统计各个块中 1 的数量，并
存入结果数组
        for (int i = 0; i < blockCount; i++) {
            // 获取每个块的包含 1 的个数
            int bitsChecked = 0; // 指示当前块中，已经检查了多少个 bit
            int bit1Count = 0; // 指示当前块中，已经检查到了多少个 1
            // 对于每个块的循环
            while (bitsChecked < block_size) {
                    byteBeingChecked = arrayToCheck[pointer_current_byte]; // 存放当
前正在被检查的字节
            // 对于块中每个字节的循环
```

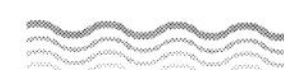

```
                while ((pointer_current_bit < 8) && (bitsChecked < block_size)) {
                    bit1Count = bit1Count + ((byteBeingChecked & (0x01 << (7 - pointer_
current_bit))) == 0 ? 0 : 1);
                    pointer_current_bit++;
                    bitsChecked++;
                }
                //若一个字节已经检查结束，则相应的字节指针加 1,bit 指针复位
                if (pointer_current_bit == 8) {
                    pointer_current_bit = 0;
                    pointer_current_byte++;
                }
            }
            bit1CountsOfBlocks[i] = bit1Count; // 该块的结果放入结果数组
        }
        // 计算统计量 V
        double V = 0;
        for (int i = 0; i < blockCount; i++) {
            V = V + 4 * (double) block_size * ((double) bit1CountsOfBlocks[i] / (double)
block_size - 0.5) * ((double) bit1CountsOfBlocks[i] / (double) block_size - 0.5);
        }
        // 计算统计量 P_value
        double P_value = Gamma.incompleteGammaComplement(((double) blockCount
/ 2), V / 2);
        return P_value;
    }
    public static void main(String[] args) {
```

```
            double result_P_value;
            result_P_value = checkByIntraBlockFrequencyDetect (randomExampleForCheck, 12);
            System.out.println ("P-value=" + result_P_value);
        }
    }
```

2. 智能合约源代码安全审计工具

以测试“智能合约代码安全”为例，描述智能合约测试方法，开发用于检测智能合约整型溢出、重入等典型漏洞的评测工具。

（1）智能合约漏洞类型定义。在对智能合约安全进行评测前，首先需要了解常见的智能合约漏洞类型。

（2）智能合约安全测试方法。针对智能合约的安全测试分析，一般会使用静态分析法和动态分析法。其中静态分析法，主要是针对智能合约的源代码或二进制代码进行分析，无须其在运行环境中执行，而动态分析法是在智能合约运行的执行期间进行测试和分析。

①符号执行原理。符号执行是智能合约安全分析中最主要和最常用的一种参考方法，可用于评估合约代码是否按最初预期设定的目的执行。传统符号执行在面对复杂路径时求解困难，无法生成新的测试用例。近年广泛使用的动态符号执行的方法，将具体执行和符号执行结合，利用具体值代替符号值作为程序的输入，分析精度较高且实现较为容易。动态符号执行流程如图 3–5 所示。

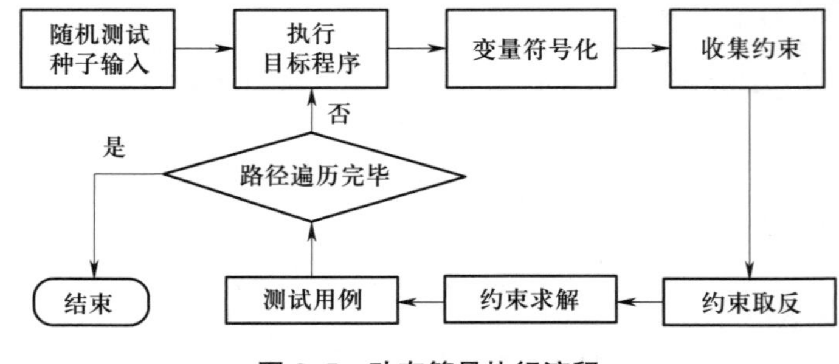

图 3–5　动态符号执行流程

利用符号执行检测合约漏洞的基本过程如下。

- 利用 solc 编译器对合约源码进行编译生成汇编代码，汇编代码包含部署代码、runtime 代码和 auxdata。
- 利用 solc 编译器对 runtime 代码进行反编译生成以太坊合约字节码。
- 通过以太坊合约字节码构建控制流图。
- 随机生成测试数据，遍历控制流图可达路径，收集路径约束。
- 利用约束求解器对路径约束求解，生成测试用例。

下面以一个简单的以太坊智能合约为例演示整个检测过程。

第一步：生成和分析汇编代码。

智能合约代码（保存在 test.sol 文件）如下。

```
pragma solidity >=0.4.22 <0.6.0;
contract Overflow {
    uint private sellerBalance = 0;
    function add(uint value) returns (bool, uint){
        sellerBalance += value;
        assert(sellerBalance >= value);
    }
}
```

执行 solc 命令生成汇编代码：solc --asm --optimize test.sol，其中 --optimize 选项用来开启编译优化，输出结果此处省略。

```
EVM assembly:
... */ "test.sol":26:218  contract Overflow {
 mstore (0x40, 0x80)
    /* "test.sol":78:79  0 */
 0x0
```

```
        /* "test.sol":51:79  uint private sellerBalance=0 */
    dup1
    sstore
        */ "test.sol":26:218  contract Overflow {
    callvalue
        /* "--CODEGEN--":8:17   */
    dup1
        /* "--CODEGEN--":5:7   */
    iszero
    tag_1
    jumpi
        /* "--CODEGEN--":30:31   */
    0x0
        /* "--CODEGEN--":27:28  */
    dup1
        /* "--CODEGEN--":20:32  */
    revert
        /* "--CODEGEN--":5:7  */
  tag_1:
  ... */ "test.sol":26:218  contract Overflow {
    pop
    dataSize(sub_0)
    dup1
    dataOffset(sub_0)
    0x0
    codecopy
```

```
    0x0
    return
  stop
  sub_0: assembly {
  ... */ /* "test.sol":26:218  contract Overflow {
      mstore (0x40, 0x80)
      jumpi (tag_1, lt (calldatasize, 0x4))
       and (div(calldataload(0x0), 0x100000000000000000000000000000000000000000
000000000000000), 0xffffffff)
      0x1003e2d2
      dup2
      eq
      tag_2
      jumpi
    tag_1:
      0x0
      dup1
      revert
  ... */ /* "test.sol":88:215  function add (uint value) returns (bool, uint){
    tag_2:
     callvalue
        /* "--CODEGEN--":8:17   */
     dup1
        /* "--CODEGEN--":5:7   */
     iszero
     tag_3
```

```
  jumpi
    /* "--CODEGEN--":30:31   */
  0x0
    /* "--CODEGEN--":27:28   */
  dup1
    /* "--CODEGEN--":20:32   */
  revert
    /* "--CODEGEN--":5:7   */
 tag_3:
    pop
... */ /* "test.sol":88:215  function add (uint value) returns (bool, uint){
  tag_4
  calldataload(0x4)
  jump (tag_5)
 tag_4:
    /* 省略部分代码 */
 tag_5:
   /* "test.sol":122:126  bool */
  0x0
    /* "test.sol":144:166  sellerBalance += value */
  dup1
  sload
  dup3
  add
  dup1
  dup3
```

```
    sstore
      /* "test.sol":122:126  bool */
    dup2
    swap1
      /* "test.sol":184:206  sellerBalance >= value */
    dup4
    gt
    iszero
      /* "test.sol":177:207  assert (sellerBalance >= value) */
    tag_7
    jumpi
    invalid
   tag_7:
... */ /* "test.sol":88:215  function add (uint value) returns (bool, uint){
    swap2
    pop
    swap2
    jump   // out
   auxdata: 0xa165627a7a7230582067679f8912e58ada2d533ca0231adcedf3a04f2218
9b53c93c3d88280bb0e2670029
  }
```

智能合约编译后的字节码，分为三个部分：部署代码、runtime 代码和 auxdata。

部署代码：上述 EVM assembly 标签下的汇编指令对应的是部署代码，以太坊虚拟机在创建合约的时候，会先创建合约账户，然后运行部署代码。运行完成后它会将 runtime 代码 +auxdata 存储到区块链上。之后再把二者的存储地址跟合约账户关联起来，这样就完成了合约的部署。

runtime 代码：sub_0 标签下的汇编指令对应的是 runtime 代码，是智能合约部署后真正运行的代码。

auxdata：每个合约最后面的 52 字节就是 auxdata，它会紧跟在 runtime 代码后面被存储起来。

使用 EVM 命令对智能合约字节码进行反编译。需要注意的是，由于智能合约编译后的字节码分为部署代码、runtime 代码和 auxdata 三部分，但是部署后真正执行的是 runtime 代码，因此只需要反编译 runtime 代码即可。执行 solc --bin-runtime test.sol 命令，截取字节码中的 runtime 代码部分。

第二步：从反编译代码构建控制流图。

控制流图（CFG）也叫控制流程图，代表了一个程序执行过程中会遍历到的所有路径。

基本块是一个最大化的指令序列，程序执行只能从这个序列的第一条指令进入，从这个序列的最后一条指令退出，控制流图是以基本块为节点的有向图 $G=(N, E)$，其中 N 是节点集合，表示程序中的基本块；E 是节点之间边的集合。如果从基本块 P 的出口转向基本块 Q，则从 P 到 Q 有一条有向边 $P\rightarrow Q$，表示从节点 P 到 Q 存在一条可执行路径，P 为 Q 的前驱节点，Q 为 P 的后继节点。也就代表在执行完节点 P 的代码语句后，有可能顺序执行节点 Q 的代码语句。构建完成后的基本块如图 3-6 所示。

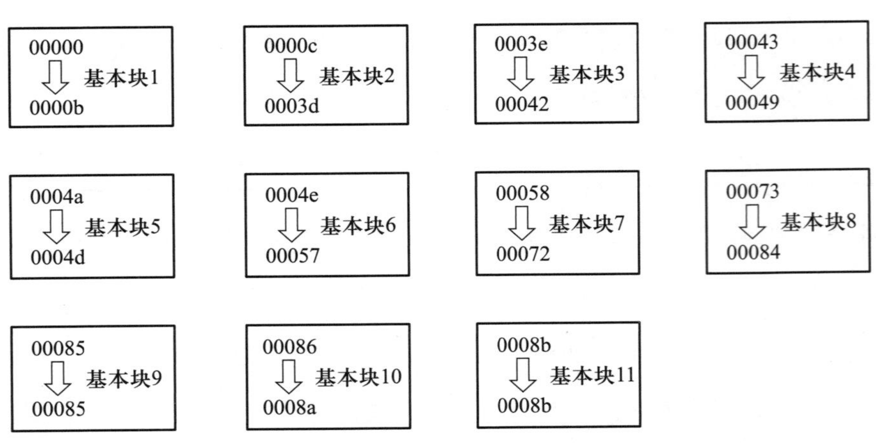

图 3-6　构建完成后的基本块

 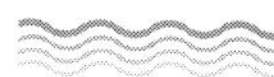

图 3–6 中的每一个矩形是一个基本块，矩形的右半部分是为了后续描述方便而对基本块的命名。矩形的左半部分是基本块所包含的指令的起始地址和结束地址。当所有的基本块都构建完成后，就可以把之前的反编译代码转化成 11 个基本块。

结合反编译代码和基本块的划分，可以得出所有边的集合 E：

```
{
  '基本块 1': ['基本块 2','基本块 3'],
  '基本块 2': ['基本块 3','基本块 4'],
  '基本块 3': ['基本块 11'],
  '基本块 4': ['基本块 5','基本块 6'],
  '基本块 5': ['基本块 11'],
  '基本块 6': ['基本块 8'],
  '基本块 7': ['基本块 11'],
  '基本块 8': ['基本块 9','基本块 10'],
  '基本块 9': ['基本块 11'],
  '基本块 10': ['基本块 7']
}
```

把边的集合 E 用 python 中的 dict 类型表示，dict 中的 key 是基本块，key 对应的 value 值是一个 list。以基本块 1 为例，因为基本块 1 存在基本块 1→基本块 2 和基本块 1→基本块 3 两条边，所以基本块 1 对应的 list 值为 ['基本块 2'，'基本块 3']。

把基本块和边整合在一起，绘制完整的控制流图，如图 3–7 所示。

从图 3–7 中可以清晰直观地看到基本块之间的跳转关系，比如基本块 1 是条件跳转，根据条件是否成立跳转到不同的基本块，于是就形成了两条边。基本块 2 和基本块 1 类似，也是条件跳转，因此也会形成两条边。基本块 6 是直接跳转，所以只会形成一条边。

在该控制流图中，只有一个起始块（基本块 1）和一个结束块（基本块 11）。当流程走到基本块 11 的时候，表示整个流程结束。需要指出的是，基本块 11 中只包含一条指令 STOP。

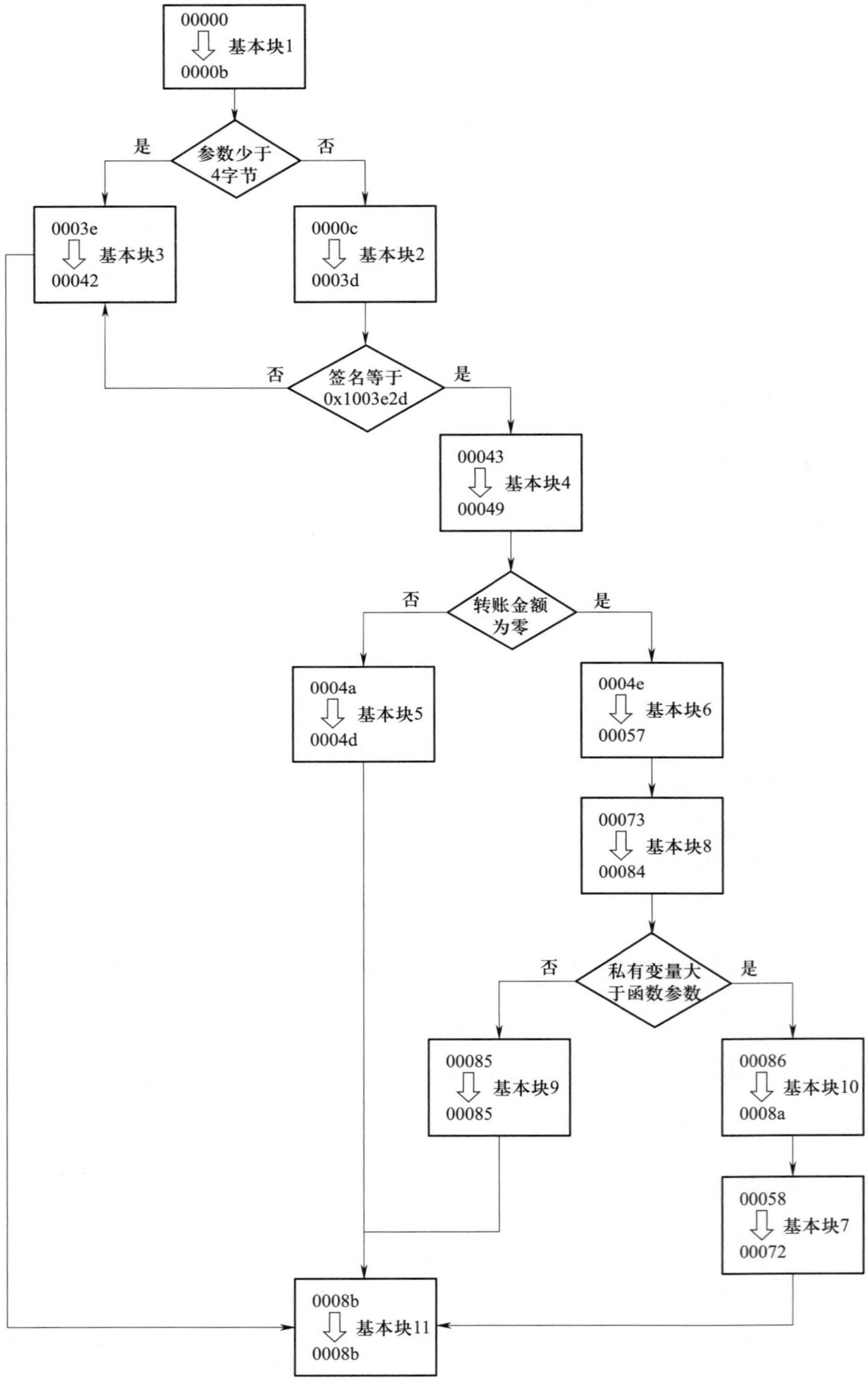

00000 基本块1 0000b

参数少于4字节

是

0003e 基本块3 00042

否

0000c 基本块2 0003d

签名等于0x1003e2d

否

是

00043 基本块4 00049

转账金额为零

否

0004a 基本块5 0004d

是

0004e 基本块6 00057

00073 基本块8 00084

私有变量大于函数参数

否

00085 基本块9 00085

是

00086 基本块10 0008a

00058 基本块7 00072

0008b 基本块11 0008b

图 3–7　完整的控制流图

第三步：从控制流图开始约束求解。

约束求解是指求出能够满足所有约束条件的每个变量的值，使用 z3 来做约束求解，z3 是由微软公司开发的一个约束求解器，用它能求解出满足约束条件的变量的值。

从上面的控制流图可以发现，图中用菱形表示的跳转条件左右代表着基本块跳转的方向。如果用变量表示跳转条件中的输入数据，再把变量组合成数学表达式，此时跳转条件就转变成了约束条件，之后借助 z3 对约束条件进行求解，根据求解的结果就能判断出基本块的跳转方向，如此一来就能模拟整个程序的执行。

对于智能合约而言，当执行到 CALLDATASIZE、CALLDATALOAD 等指令时，表示程序要获取外部的输入数据，此时用 z3 中的 BitVec 函数创建一个位向量变量来代替输入数据；当执行到 LT、EQ 等指令时，此时用 z3 创建一个类似 If（ULE（xx，xx），0，1）的表达式。

在控制流图开始转换之前，用变量 stack=[] 来表示以太坊虚拟机的栈，用变量 memory={} 来表示以太坊虚拟机的内存，用变量 storage={} 来表示 storage。

将基本块 1 中的指令用 z3 转换成了数学表达式后，伪代码如下所示。

```
from z3 import *
Id_size = BitVec ("Id_size", 256)
exp = If(ULE(4, Id_size), 0, 1) != 0
solver = Solver()
solver.add(exp)
if solver.check() == sat:
    print "jump to BasicBlock3"
else:
    print "error"
```

在上面的代码中调用了 solver 的 check() 方法来判断此表达式是否有解，如果返回值等于 sat 则表示表达式有解，也就是说 LT 指令的结果不为 0，那么接下来就可以跳转到基本块 3。

基本块 1 之后有两条分支，如果满足判断条件则跳转到基本块 3，不满足则跳转到基本块 2。但在上面的代码中，当 check() 方法的返回值不等于 sat 时，并没有跳转到基本块 2，而是直接输出错误。这是因为当条件表达式无解时，继续向下执行没有任何意义。只需要对条件表达式取反，然后再判断取反后的表达式是否有解，如果有解则跳转到基本块 2 执行。

伪代码如下所示。

```
Id_size = BitVec("Id_size",256)
exp = If(ULE(4, Id_size), 0, 1) != 0
negated_exp = Not(If(ULE(4, Id_size), 0, 1) != 0)
solver = Solver()
solver.push()
solver.add(exp)
if solver.check() == sat:
    print "jump to BasicBlock3"
else:
    print "error"
solver.pop()
solver.push()
solver.add(negated_exp)
if solver.check() == sat:
    print "falls to BasicBlock2"
else:
    print "error"
```

在上面代码中，使用 z3 中的 Not 函数，对之前的条件表达式进行取反，之后调用 check() 方法判断取反后的条件表达式是否有解，如果有解就执行基本块 2。

②典型漏洞检测方法。基于以太坊 ERC20 开发标准，针对智能合约整型溢出、重

入漏洞给出检测代码样例。

第一种典型漏洞检测方法：SWC–101 整数溢出检测方法。

当算术运算达到类型的最大或最小值时，将发生上溢 / 下溢。例如，如果一个数字以 uint8 类型存储，则意味着该数字以 8 位无符号数字存储，值范围从 0 到 2^8-1。在计算机编程中，当算术运算试图创建一个超出指定位数表示范围的数值时，就会发生整数溢出。

```
pragma solidity >=0.4.22 <0.6.0;
contract Test {
    function overflow() public pure returns (uint256 _overflow) {
        uint256 max = 2**256-1;
        return max + 1;
    }
}
```

上面的合约代码中，变量 max 的值为 $2^{256}-1$，是 uint256 所能表示的最大整数，如果再加 1 就会产生溢出，max 的值变为 0。

对上述代码得到的部分反编译代码如下。

```
00048: JUMPDEST
00049: PUSH1 0x00
0004b: DUP1
0004c: PUSH32 0xffffffffffffffffffffffffffffffffffffffffffffffffffffffffffffffff
0006d: SWAP1
0006e: POP
0006f: PUSH1 0x01
00071: DUP2
00072: ADD
00073: SWAP2
```

```
00074: POP
00075: POP
00076: SWAP1
00077: JUMP
```

这段反编译后的代码对应的是智能合约中的 overflow 函数，第 00072 行的 ADD 指令对应的是函数中 max+1 这行代码。ADD 指令会把栈顶的两个值出栈，相加后把结果压入栈顶。

下面通过一段伪代码来演示如何检测整数溢出漏洞。

```
def check_Overflow():
    first = stack.pop(0)
    second = stack.pop(0)
    first = BitVecVal(first, 256)
    second = BitVecVal(second, 256)
    computed = first + second
    solver.add(UGT(first, computed))
    if check_sat(solver) == sat:
        print "have overflow"
```

注：If（UGT（x，y），0，1）等同于三元表达式（x>y）？ 0：1

先把栈顶的两个值出栈，然后使用 z3 中的 BitVecVal() 函数把这两个值转变成位向量常量，接着计算两个位向量常量相加的结果，最后构建表达式 UGT（first，computed）来判断加数是否大于相加的结果，如果该表达式有解则说明会发生整数溢出。

第二种典型漏洞检测方法：SWC–107 重入漏洞检测方法。

调用外部合约的主要风险之一是外部合约可以接管控制流程。在重入攻击（也称递归调用攻击）中，恶意合约会在函数的第一次调用完成之前回调发起调用的合约，

这可能导致函数的不同调用以预期之外的方式进行交互。

发生重入漏洞的所需条件如下。

- 函数调用者为合约账户。
- gas 大于 2 300。
- call 的调用地址可以为任何用户。
- call 操作执行成功。
- call 执行完后执行 SSTORE 操作。

call 指令有七个参数（gas，address，value，in，insize，out，outsize），每个参数的含义如下。

- 第一个参数是指定的 gas 限制，如果不指定该参数，默认不限制。
- 第二个参数是接收转账的地址。
- 第三个参数是转账的金额。
- 第四个参数是输入给 call 指令的数据在 memory 中的起始地址。
- 第五个参数是输入的数据的长度。
- 第六个参数是 call 指令输出的数据在 memory 中的起始地址。
- 第七个参数是 call 指令输出的数据的长度。

通过分析评价服务平台上的智能合约代码，智能合约 Bank 是存在重入漏洞的合约，其内部的 withdraw() 方法使用了 call 方法进行转账，使用该方法转账时没有 gas 限制。智能合约 Attack 是个恶意合约，用来对存在重入的智能合约 Bank 进行攻击。攻击流程如下。

- Attack 先给 Bank 转币。
- Bank 在其内部的账本 balances 中记录 Attack 转币的信息。
- Attack 要求 Bank 退币。
- Bank 先退币再修改账本 balances。

问题在于 Bank 是先退币再去修改账本 balances。因为 Bank 退币的时候，会触发 Attack 的 fallback 函数，而 Attack 的 fallback 函数会再次执行退币操作，如此递归下去，Bank 没有机会进行修改账本的操作，最后导致 Attack 会多次收到退币。

因此，导致重入漏洞的根本原因就是使用call指令进行转账没有设置gas限制，同时在withdraw方法中先退币再去修改账本balances，上述合约中涉及的关键代码如下。

```
receiver.call.value(amount)();
balances[msg.sender] -= amount;
```

如果对代码做出如下调整，先修改账本balances，之后再去调用call指令，虽然仍会触发Attack中的fallback函数，Attack的fallback函数也还会再次执行退币操作，但是每次退币操作都要先修改账本balances，所以Attack只能得到自己之前存放在Bank中的币，重入漏洞不会发生。

（三）撰写安全测试计划和报告

根据给出的拓扑图、服务器列表，撰写安全测试计划。

1. 拓扑

已知基于区块链的数字版权平台底层区块链系统部署使用3台节点服务器，节点服务器之间使用RAFT共识协议，上层应用通过SDK服务器与底层区块链进行通信。网络拓扑如图3–8所示。

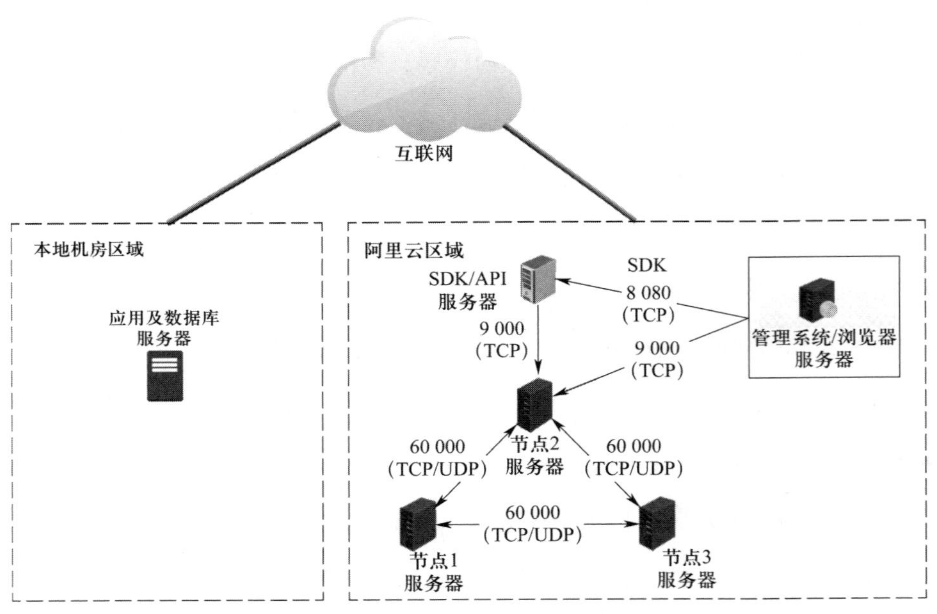

图3–8　网络拓扑

2. 服务器

节点服务器配置如表 3–16 所示。

表 3–16　　节点服务器配置

序号	设备名称	IP	操作系统及版本
1	节点服务器 1	218.x.x.10	CentOS 7.6
2	节点服务器 2	218.x.x.11	CentOS 7.6
3	节点服务器 3	218.x.x.12	CentOS 7.6
4	SDK/API 服务器	218.x.x.13	CentOS 7.6
5	管理系统 / 浏览器服务器	218.x.x.14	CentOS 7.6
6	应用及数据库服务器	218.1.33.10	CentOS 7.6

3. 安全测试计划

（1）概述。

①项目简介。区块链系统项目安全评测的目的是通过对区块链系统基础设施层、协议层和扩展层三个方面进行评测，客观、公正评估系统技术标准符合性和安全性，保障被测系统业务设施的安全稳定运行。

②评测范围。受某有限公司委托，某测试中心于 2022 年 2 月 8 日至 2022 年 2 月 28 日，根据区块链技术安全要求，对基于区块链的数字版权平台进行了安全评测。本次安全评测的范围主要包括基于区块链的数字版权平台的密码学技术、账本数据、共识协议、智能合约等。安全评测通过静态评估、现场测试、综合评估等相关环节和阶段，从基础设施层、协议层和扩展层三个方面，对基于区块链的数字版权平台进行综合评测。

③评测过程。本次区块链系统项目安全评测分为四个过程：评测准备过程（2022 年 2 月 8 日—2 月 9 日）、方案编制过程（2022 年 2 月 10 日—2 月 15 日）、评测实施过程（2022 年 2 月 16 日—2 月 24 日）、分析与报告编制过程（2022 年 2 月 25 日—2 月 28 日）。

④评测依据。评测过程中主要依据以下标准。

- 《区块链技术安全通用要求》（DB 31/T 1331—2021）。

- 《金融分布式账本技术安全规范》（JR/T 0184—2020）。

（2）被测对象情况。

①承载业务情况。基于区块链的数字版权平台可以为作者提供版权登记和确权、版权保护和维权、版权交易和授权等服务，能够更好地保护版权，维护作者权益，促进创新。

②网络结构。基于区块链的数字版权平台的网络结构基本情况包括以下要点。

- 从物理环境来说，应用及数据库服务器部署在上海市某某路 300 号 3 楼机房内，节点服务器、SDK 服务器等设备部署在阿里云环境。
- 系统网络边界主要是与互联网的接口，通过防火墙实施网络边界的访问控制。
- 系统所在网络平台部署了安全设备，可针对各类网络攻击行为予以实时检测和防护。

③系统构成。如表 3–16 所示，以列表形式给出被测系统中的服务器和存储设备。

如表 3–17 所示，以列表的形式给出被测系统中的业务应用系统（包括服务器端、底层链和客户端软件等应用软件）。

表 3–17　　业务应用系统

序号	业务应用系统	主要功能	开发厂商
1	基于区块链的数字版权平台	为作者提供版权登记和确权、版权保护和维权、版权交易和授权等功能	—
2	某区块链	提供底层链服务	—
3	区块链管理平台	提供区块链相关的平台服务器	—

④评测指标。基本指标如表 3–18 所示。

表 3–18　　基本指标

安全层面	安全控制点	评测项数
基础设施层	物理安全	1
	网络安全	1
	节点通信	1
	通信传输安全	3

续表

安全层面	安全控制点	评测项数
协议层	密码算法	4
	账本数据	5
	共识协议	7
	可信时间	2
扩展层	智能合约	7
	隐私保护	2
	运维要求	2
小计		35

⑤评测方法和工具。

本次项目安全评测的主要方式有访谈、核查、测试及综合风险分析。

- 访谈：本次评测采取访谈方式主要涉及的对象为区块链技术方面的内容。在访谈的广度上，访谈覆盖不同类型的系统运维管理人员，包括系统负责人、系统管理员、开发人员、应用业务人员等。在访谈的深度上，访谈包含通用和高级的问题以及一些有难度和探索性的问题。评测人员访谈技术负责人、系统管理员、业务开发人员等系统技术架构的实现及配置，访谈系统负责人系统整体运行状况的执行成效。
- 核查：包括文档核查及配置核查，本次评测采取检查方式主要涉及区块链技术方面的内容。主要采取系统配置核查方式。在核查的广度上，基本覆盖系统包含的账本数据、共识协议等不同类型对象；在核查的深度上，除了功能级上的文档、机制和活动外，还会对总体 / 概要、设计细节以及实现上的相关信息进行详细的分析、观察和研究。
- 测试：包括案例验证测试、漏洞扫描测试、渗透性测试，本次评测采取测试方式主要涉及对象为区块链技术方面的内容。安全性测试主要分析区块链技术的使用以及接口等安全漏洞。
- 综合风险分析：本项目依据安全事件可能性和安全事件后果对项目面临的风险进行分析。分析过程包括：通过对区块链应用安全评测结果中的部分符合项和不符合项进行分析，判断项目的安全保护能力以及由于安全防护不到位等原因导致安全事件的可能性；判断由于安全功能的缺失使得项目业务信息安全和系统服务面临的风险。

主要评测工具，如表 3–19 所示。

表 3–19　　主要评测工具

序号	工具名称	主要用途	备注
1	智能合约扫描	支持 go、Solidity 等语言源码审计	
2	随机数检测	支持 GM/T 0005 随机数检测	
3	Tcpdump	网络截包工具	
4	Wireshark	网络数据分析工具	

⑥评测内容。评测内容包括基础设施层、协议层以及扩展层的相关评测指标。

⑦项目组织和实施。

为了保证项目的顺利实施，确保项目质量达到预期目标，某测试中心将成立项目实施组，以利于加强项目管理和各方面协调合作，使工作和责任更加清晰明确。组织架构如图 3–9 所示。项目实施组成员表，如表 3–20 所示。

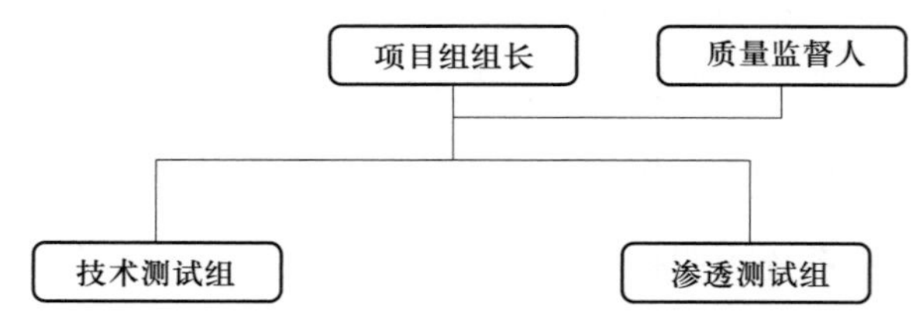

图 3–9　组织架构

表 3–20　　项目实施组成员表

项目组长	张三	质量监督人	李四
技术测试组人员	顾某、罗某		
渗透测试组人员	徐某、李某		

项目组长：负责项目具体实施和管理，制订项目实施计划，掌握项目的每个实施过程，解决项目实施中出现的各种具体问题，进行项目变化的管理、风险管理，与客户进行及时有效的沟通，定期向客户反馈项目进展情况。

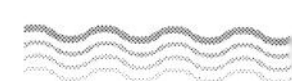

技术测试组：负责项目具体的技术测试实施，如底层链测试、网络协议测试、接口测试等，定期向项目组长反馈技术测试进展情况。

渗透测试组：负责汇总技术测试中发现的安全隐患，针对发现的安全漏洞，选择适当的攻击工具及方法，模拟入侵行为。

质量监督人：对项目实施全过程的质量监控，动态监控质量体系执行情况，对违反质量管理规范的情况提出改进或否决意见，及时出具质量监控报告或意见。

项目现场实施的工作周期、各阶段输出结果，以及具体的项目进度安排计划将由双方在项目启动会议上确认。

⑧配合需求。

配合人员列表，如表 3–21 所示。

表 3–21　　配合人员列表

配合项目	需求说明
总体协调人	能够进行各种工作的跨部门组织协调的人员
网络管理人员	对系统的网络架构、网络设备、安全设备、管理平台部署情况较为熟悉的人员，现场配合检查组完成基础设施层的评测和调研工作
底层链开发人员	对底层链中的密码算法、账本数据、共识协议、智能合约等情况较为熟悉的人员，现场配合检查组完成基础设施层、协议层、扩展层的评测工作
应用系统开发、运维人员	负责各类应用系统情况、熟悉各类应用在系统中实际部署情况的人员，现场配合检查组完成扩展层的检查工作

扫描测试配合要求列表，如表 3–22 所示。

表 3–22　　扫描测试配合要求列表

配合项目	需求说明
配合人员	网络管理员提供可用的以太网口以及对应的合法 IP 地址；监控网络设备的运行状态
	主机及业务应用管理员负责在漏洞扫描期间监控相关主机以及业务应用的运行状态
安全权限	如接入评测设备时需出入机房，则需要评测人员在评测实施期间出入机房的许可

文档资料配合要求列表，如表 3–23 所示。

表 3–23　　文档资料配合要求列表

文档名称	具体说明
区块链白皮书	区块链技术
项目建设书	
系统详细设计书	

现场工作环境配合要求如下：相对独立的办公环境，可以容纳 6 ~ 8 人。工具测试接入及办公电脑互联网接入。提供一个保险柜，用于保存工作中的各类过程文档，以防止丢失。提供一台打印机和打印纸，以便文档的输出。

第四节　综合能力实践

本节基于一个具体案例，完成以下测试应用系统的相关任务。

1. 开发功能评测工具。
2. 开发性能评测工具。
3. 开发安全评测工具。

思考题

1. 请简要描述软件质量的八个特性。
2. 设计测试工具时应遵循哪些原则？

3. 功能测试可以分为哪几个阶段？请简要描述每个阶段的主要内容。

4. 请描述性能测试的通用指标有哪些。

5. 请描述性能测试方法的一般步骤。

6. 请描述区块链技术安全架构以及划分依据。

7. 安全测试报告主要包括哪些内容？

第四章 运行维护区块链系统

信息系统建设过程中始终伴随着运维。运维占据了信息系统整个生命周期中最长的一段时间，运维对保障信息系统安全稳定运行非常重要。区块链系统作为信息系统的一个子类，同样离不开运维的支持。运维是一项对知识面要求非常广泛的工作，它要求中级工程师不仅要懂得计算机基础与网络知识，还要对系统的业务有深入的了解，掌握整套系统工作的模式与原理。中级工程师在掌握了区块链系统运行环境的搭建、系统部署与调试、系统维护这些基础知识后，需要继续学习和积累其他更深入的运维方面的知识，应该能够分析用户提出的应用技术问题，能够解决应用系统运行过程中出现的各种问题，能够编写各类技术支持文档和系统运维规范，还能够指导初级工程师进行运维工作。运维不仅要从技术上不断地进行积累、改进和创新，还要改变思维模式，站在业务的角度思考问题。

本章从支持应用系统和撰写文档规范展开，介绍运行维护区块链系统相关的知识。中级工程师应该熟练掌握这些知识，并有能力支持应用系统和撰写相应的文档规范。

- **职业功能：**运行维护区块链系统。
- **工作内容：**支持应用系统；撰写文档规范。
- **专业能力要求：**能分析用户提出的应用系统技术问题；能解决应用系统运行中出现的问题；能撰写技术支持文档；能撰写应用系统运维规范。
- **相关知识要求：**技术支持服务方法；系统分析方法；技术支持文档规范；应用系统运维规范。

第一节　支持应用系统

考核知识点及能力要求

- 掌握技术支持服务方法。
- 掌握系统分析方法。
- 能分析用户提出的应用系统技术问题。
- 能解决应用系统运行中出现的问题。

中级工程师在运维的过程中，遇到的问题主要分为两大类：一类是咨询类的问题，另一类是系统故障类的问题。咨询类的问题主要是客户或用户在系统的功能使用上，遇到了一些问题，或者在特定的业务场景下，产生了一些疑问和想法。系统故障类的问题主要是系统在使用过程中发生了故障，影响了系统的正常使用，故障的原因可能多种多样，影响程度或大或小。不论是哪类问题，中级工程师都应该能够为运行维护系统提供相应的技术支持，需要有相应的能力解决问题，包括帮助用户分析应用系统技术问题，指导和帮助初级工程师解决应用系统运行中出现的问题等。

一、技术支持服务方法

技术支持是为使用技术产品或服务的用户提供支持的服务。技术支持专注于以最快、最具成本效益的方式解决技术问题，在大多数情况下，技术支持成功的标准是用户不再联系后续支持。这项工作需要掌握一些技能，包括丰富的技术知识、解决问题的能力和软技能，如耐心、礼貌、灵活和沟通技巧等。发生问题后，工程师应该做到以下几点：及时响应，认真倾听用户的问题；保持友好、融洽的沟通氛围；确定哪些功能不正常，尝试重现问题；提供解决方案，尽快解决问题。

通常可以将技术支持分为两个领域：内部支持，即在内部员工处理技术问题时提供帮助。外部支持，即在客户使用技术产品出现问题或产生疑问时提供帮助。

不同的问题，技术支持方法不同，需要的人员配备和投入的资源也不同。因此，可以按照技术支持级别来组织技术支持的基础架构，如表 4–1 所示。

表 4–1　技术支持基础架构

支持级别	内容	支持方法	人员配备
第 1 级	用户自助	用户从官方操作指南或在线教程中检索相关技术支持信息 通过电子邮件、网站和社交联系方式等发送需要支持的技术问题	技术人员创建、维护和更新支持信息
第 2 级	基本的解决方案	支持基本的用户问题，例如解决使用过程中遇到的问题 如果没有可用的解决方案，技术支持人员会将问题升级到更高级别	较低级别的技术人员，经过培训可以解决已知的一些基础问题，满足技术支持基本要求
第 3 级	深入的技术支持	经验丰富、解决问题能力强的技术人员会评估问题，并为第 2 级无法处理的问题提供解决方案 如果没有可用的解决方案，第 3 级技术支持人员会将问题升级到第 4 级	对产品或服务有深入了解、资深的技术支持人员
第 4 级	更专业的技术支持	最高级别的技术资源，尝试通过产品设计、架构或规范等来复现问题并定位问题的根本原因；一旦确定了问题，就会根据问题的根本原因决定是否开发新的修复程序 记录新的修复程序，后续供第 2 级和第 3 级技术支持人员使用	通常是产品专家，可能包括创建产品或服务的创造者、首席架构师或其他高级工程师

技术支持服务方法可以通过多种方式提供，采取什么样的服务方法，具体取决于支持的级别。常见的技术支持服务方法如图 4–1 所示。

企业可以在上述架构的基础上，根据其自身资源和理念进行组合和优化。例如合并第 2 级和第 3 级支持，或者合并第 3 级和第 4 级支持等。

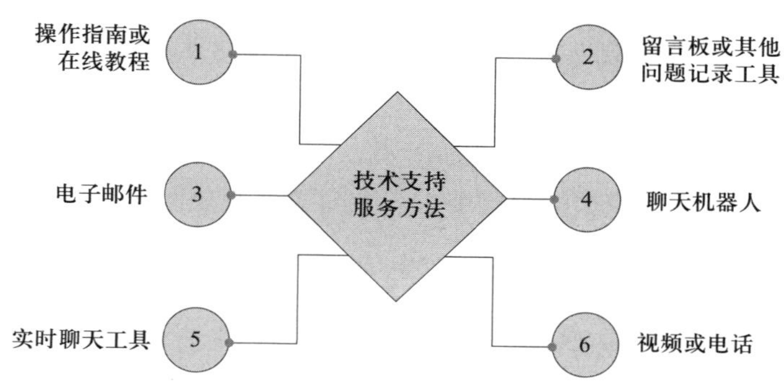

图 4–1　技术支持服务方法

另外，还可以根据解决问题的耗时来划分技术支持级别，问题升级的级别越高，解决问题所需的时间和需要的资源越多。

二、系统分析方法

针对应用系统技术问题和运行过程中出现的问题，中级工程师应该掌握系统分析方法来分析和解决问题。系统分析是一种研究策略，它能够在不确定的情况下，确定问题的本质和原因，从而找出可行的解决方案。

系统分析方法的具体步骤包括了解系统、限定问题、确定目标、调查研究、提出备选方案和选择最可行方案，如图 4–2 所示。

（一）了解系统

首先需要对发生问题的系统有一定的了解，例如系统是做什么的、由哪些子系统构成、每个子系统包含哪些功能、系统的物理架构和逻辑架构是什么，等等。只有对系统有一定的了解，发生问题后，才能知道从哪里入手去分析问题。

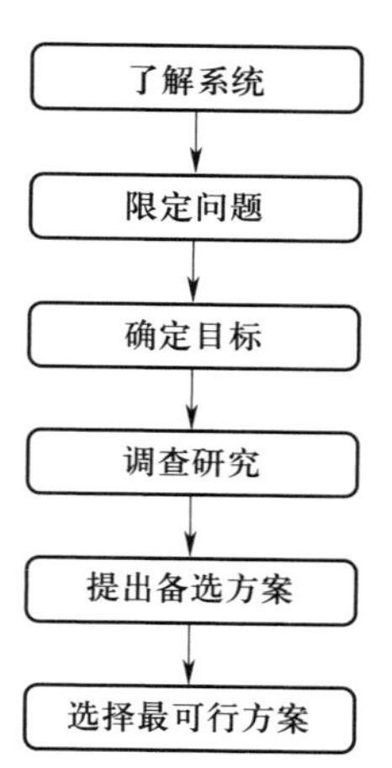

图 4–2　系统分析方法的步骤

（二）限定问题

系统分析的核心内容有两个：一是找出问题所在和发生问题的原因；二是提出解决问题的最可行方案。限定问题，就是要明确问题的表现形式、发生的时间和环境、存在范围和影响程度以及根本原因等。限定问题是系统分析中非常关键的一步，如果问题及其原因诊断错误，那么后续提供的解决方案也就无法根本解决问题。

（三）确定目标

确定目标是指根据客户或用户的要求以及对需要解决问题的理解，确定解决问题需要达成的目标。明确的目标为将来制定解决方案提供参考。

（四）调查研究

收集信息和数据，尝试复现问题，调查和研究发生问题的根本原因，为下一步提出解决问题的备选方案做准备。

（五）提出备选方案

通过深入地调查和研究，最终确定需要解决的问题，明确产生问题的根本原因，在此基础上有针对性地提出解决问题的备选方案。备选方案是解决问题和达到目标可供选择的建议或设计，应提出两种及以上的备选方案，以便供进一步评估和筛选。为了对备选方案进行评估，要根据问题的性质、客户或用户具备的条件，提出约束条件或评价标准，以便在后续选择最可行方案时提供参考。

（六）选择最可行方案

根据上述约束条件或评价标准，对解决问题备选方案进行评估，评估应该是综合性的，不仅要考虑技术因素，也要考虑经济因素，根据评估结果确定最可行的方案。最可行方案并不一定是最佳方案，它是在约束条件之内，根据评价标准筛选出的最现实可行的方案。如果客户满意，则系统分析达到目标；如果客户不满意，则要与客户协商调整约束条件或评价标准，甚至重新限定问题和确定目标，开始新一轮系统分析，直到客户满意为止。

三、分析应用系统技术问题

应用系统技术问题多种多样，但是每一类问题都有通用的处理方法和注意事项。将应用系统技术问题进行适当的分类，有助于中级工程师选择适当的处理方法进行处理。可以将应用系统技术问题分为四个大类：缺陷类问题、改造类问题、咨询类问题和协助类问题，如图 4–3 所示。

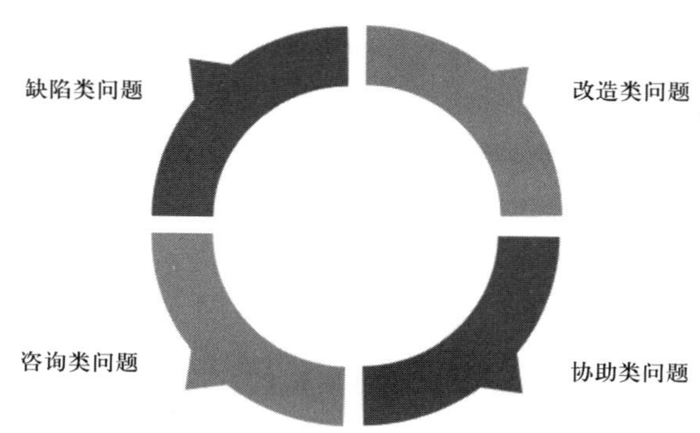

图 4–3　应用系统技术问题分类

（一）缺陷类问题

缺陷类问题在运维的整个生命周期中都可能存在，这是由没有缺陷的系统是不存在的这条测试定律所决定的。缺陷类问题在项目级和产品级的处理方式有所不同。一般来说，在项目中只做项目级的调整，而对于产品级的调整，要根据企业战略来进行评估和执行。例如一个页面展示问题，在项目中客户要求立即进行调整，但是对该产品自身而言，可以将其合并在后续的迭代中一起优化。

缺陷类问题要根据缺陷内容评估其优先级，如果影响客户正常使用，则应视为高优先级问题进行处理。如果暂时不影响客户使用，例如显示错误，流程能继续往下走，则可以视为中优先级问题。解决这类问题的基本策略是先恢复后修复，先将系统恢复到可用状态，保证用户能够正常使用。为了达到这个目的，有时可能需要屏蔽一些功能，但这么做是必要的。

根据缺陷类问题的内容不同，应急恢复方法也不尽相同。一些常见的缺陷和应急恢复方法如表 4–2 所示。

表 4–2　常见缺陷和应急恢复方法

序号	缺陷类型	应急恢复方法
1	业务系统性能问题	调整业务系统参数
2	应用做过变更导致的问题	回滚变更内容
3	服务器资源不足	应急扩容
4	服务性能下降或异常	重启服务或服务器
5	数据库性能下降	分析数据库快照、优化 SQL（结构化查询语言）语句
6	应用功能缺陷	修改数据库数据或屏蔽部分功能

通过应急修复方法恢复系统后，应该遵循问题排查流程，制定解决方案，安排变更窗口，修复系统缺陷。

（二）改造类问题

改造类问题是客户基于市场的反馈或者根据实际的应用场景，认为系统当前的部分设计可以进行优化或者全面升级改造，而提出的新的需求。改造类问题与缺陷类问题类似，处理方式也区分项目级和产品级。系统改造的价值在于扩展和优化系统功能，收集符合应用场景的需求，为系统的迭代升级提供方向。

改造类问题一般被当作低优先级问题处理，原则上已经通过验收的项目不做改造。如果系统有重大安全隐患、影响后续项目工作开展或客户认为比较重要时，需要考虑进行系统改造。系统改造需要投入资源和成本，所以一般都需要商务的参与。在与客户沟通新需求的过程中，力求提供极简的解决方案，通过较小的改动来实现要改造的内容。

（三）咨询类问题

一个项目或产品在考虑采用区块链系统之前，区块链服务提供方会收到一些咨询类的问题。在这个阶段，客户只提供对应用场景的描述或者思路，需要区块链系统提供方根据现有的信息给出具体的解决方案。需要注意的是，解决方案的着眼点是指导客户进行下一步的工作，而不是具体参与客户的工作。咨询类问题要被当做高优先级的问题进行对待，中级工程师应该了解常见的咨询类问题有哪些，以及如何回复这些问题。

下面列举了一些典型的咨询类问题以及回答思路。

（1）如何判断系统是否有必要使用区块链技术？

- 是否存在多个参与方共享数据的场景？
- 是否存在多个参与方更新数据的场景？
- 是否存在验证数据真实性和完整性的需求？
- 去中心化是否有利于减少交易复杂度和成本？

如果上述问题的回答都是肯定的，那么项目有必要采用区块链技术。

（2）区块链服务使用的底层框架是什么？

说明当前区块链服务使用的底层框架，使用的是开源的框架，还是自主研发的框

架，描述框架的内容和优点等。

（3）区块链服务有哪些竞争力？

说明当前区块链服务的优势主要体现在哪些方面。

（4）部署区块链服务前，应该申请或购买什么配置的服务器资源？

根据区块链服务用于测试环境或生产环境，分别给出服务器资源配置建议。

（5）区块链服务的性能如何？

可以通过表格的形式，列举相同配置下，不同场景和并发数下的吞吐量。

（6）区块链服务是否支持定制开发？

根据实际情况进行回复，可以说明能提供哪些增值服务。

（四）协助类问题

区块链底层链系统一般作为构建区块链应用的底层设施，绝大部分需要与应用系统集成后使用，因此很多时候是多个系统对接的中转站，当有第三方系统改造升级或者新系统接入时，就需要区块链系统提供方协助提供技术支持。

协助类问题一般被当做中等优先级的问题进行对待，客户要有明确的实现思路和工作方向，运维方不是主导部门，只参与一小部分工作。协助类常见的问题有项目上线后第三方系统接入、项目上线后系统改造升级和项目相关资料的提供等。处理这类问题时，有了结果应该及时通知客户，以便客户能够继续推进后续的工作。

四、解决应用系统运行中的问题

系统运行过程中，不可避免地会遇到一些或大或小的问题及故障。中级工程师首先需要了解和熟悉区块链系统的业务流程，熟悉区块链的运行机制；其次需要掌握区块链系统运行中可能出现哪些类型的问题，并在日常运维的过程中注意积累经验和记录问题，丰富问题和知识库，并能够将经验和技术用于指导和帮助初级工程师解决问题；最后还需要掌握问题分析方法和排查思路，快速准确地定位问题、制定解决方案和执行解决方案。联盟链场景中，区块链系统的维护具有特殊性，其区块链节点分布在不同的组织中，给维护工作带来了挑战，系统可能产生问题的主要原因集中在不同组织间的访问权限和网络连接问题上。不同组织的工程师应建立一个长期稳定的沟通渠道，定期发布系统的状态信息，发现异常情况能够快速找到相关负责人，及时应对。

（一）运行中的问题分类

应用系统运行中的问题可以分为四个大类：服务器资源使用率超标、系统网络问题、系统功能问题、系统性能问题，如图 4–4 所示。

图 4–4　运行中的问题分类

1. 服务器资源使用率超标

区块链系统使用的服务器资源超过系统中定义的阈值时，监控平台将发送告警信息；在日常巡检的过程中发现某些服务器的资源使用率较之前高出很多，也应当立即引起重视和进行分析。服务器资源使用率超标，轻则影响用户体验，重则导致服务无法正常使用。

服务器资源指标主要包括以下几类：CPU 使用率，内存使用率，可用磁盘空间，网络流量。

2. 系统网络问题

区块链系统由多个不同的服务模块组合而成，如区块链节点程序、应用接口服务程序、业务系统和数据库服务等。服务程序之间通过 IP 地址和端口互相访问，如果网络策略发生了变动，或者网络不稳定，将会影响整个系统的运行。网络问题可能导致的系统问题主要有以下几种：①应用系统无法访问或页面卡顿。②应用系统上操作时报服务端错误。③应用系统上显示区块链网络信息不准确。④部分或全部区块链节点无法达成共识。⑤部分区块链节点的高度落后于其他节点。

3. 系统功能问题

系统功能问题，是指前期在测试环境上没有暴露出来的系统缺陷，或者用户提出的系统优化问题。系统功能问题的表现多种多样，大致可以分为以下几类：①流程无法继续进行，业务受阻。②页面操作的结果与预期不一致。③页面展示结果有问题。④用户体验差，需要优化。

4. 系统性能问题

系统性能问题，大部分是由于初期业务量和数据量比较少，没有表现出来；而随着业务量和数据量的递增，系统承受的压力越来越大，各种性能问题便暴露了出来。导致性能问题的原因多种多样，可能是服务器资源不足，也可能是应用程序缺陷，还有可能是数据库性能问题，需要通过问题排查才能定位原因。性能问题的表现有以下几种：①在应用系统页面上进行操作时卡顿。②在页面上进行查询操作时结果返回比较慢。③翻页操作时页面长时间等待。④用户量较大时系统崩溃。

（二）解决问题思路

系统运行过程中出现问题时，遵循固定的排查流程有助于中级工程师快速定位问题、判断问题影响范围和制定解决方案。图 4–5 展示了运维问题的排查思路。

1. 观察和记录问题

仔细观察问题发生时的现象，并将其作为经验积累详细记录下来，放入问题知识库中。根据现象初步判断问题对系统的影响程度，为后续定位问题提供参考。系统可用性是运维最基本的指标，而应急恢复的时效性则是系统可用性的关键指标。因此，如果根据现象判断出问题已经导致系统无法正常使用，则应立即实施应急恢复操作。

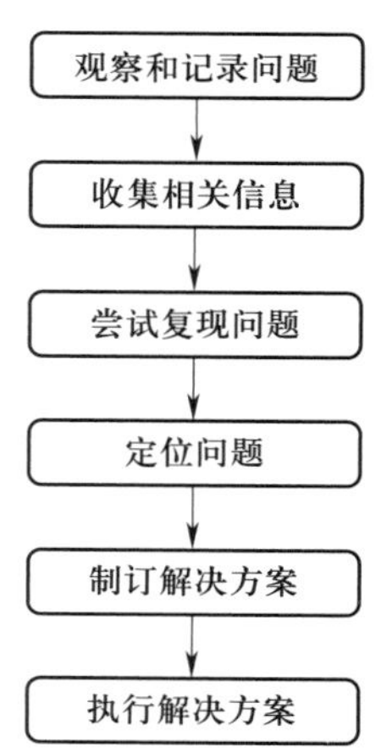

图 4–5　运维问题排查思路

2. 收集相关信息

收集问题发生时的日志信息，包括应用系统日志、区块链节点日志、应用程序接口服务日志、中间件日志等信息。还需要收集操作系统版本、区块链系统各组件版本、浏览器版本和中间件版本等信息。中级工程师如果无法通过日志信息解决问题，则可以将这些信息提供给开发工程师进行分析和定位问题。

3. 尝试复现问题

一般来说，生产环境中不允许随意操作，所以需要在测试环境中尝试复现问题，并详细记录复现的步骤。问题能否复现对于快速解决问题非常重要，因为能够复现的问题通常有办法定位到问题的原因，而且在后续修复问题后，也能够验证问题确实已经被修复。如果问题是偶发的，是小概率事件，那么问题的定位就比较困难，要依赖问题现场能够提供的信息来进行判断，如果信息不足，还可能需要将系统日志改成调试模式，等到同样的问题再次出现时分析日志信息，进行定位。

4. 定位问题

通过分析收集到的信息，综合平时积累的经验定位问题。可以考虑从以下方法入手。

（1）能否缩小排查范围。导致问题的原因可能是业务系统、区块链底层链系统、中间件、硬件和网络等因素，在排查问题时应避免全方位的排查，将问题缩小到一个组件或一个因素，逐一排查。

（2）是否进行过变更。如果系统一直运行正常，但是最近进行过一次变更，然后就出现了问题，则首先考虑问题是由变更引起的。通过分析问题的现象，查看变更记录，确定两者是否具有关联性，进而快速定位问题并准备诸如回滚操作之类的应急恢复方案。

（3）多方联合调查分析问题。当问题牵涉多个系统，且中级工程师在排查后仍无头绪时，应请求相关方联合对问题进行分析和排查。联盟链场景中出现的问题可能需要跨组织间的合作才能解决，不同组织的工程师应该建立畅通的沟通渠道紧密合作，分析现象，定位问题。问题可能只出现在个别组织中，但是其他组织的工程师应该考虑同样问题出现在本组织中的可能性并制定相应的预案。

5. 制定解决方案

定位问题后，结合上述步骤对问题影响程度的判断，决定是实施应急恢复操作，还是有充分的时间制定详细的解决方案。

6. 执行解决方案

解决方案在测试环境中通过测试后，就可以考虑在生产环境中实施。但是，

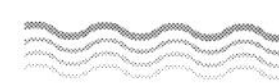

生产环境可能需要等待合适的窗口期去执行解决方案，并预留充分的执行时间，以免在执行过程中遇到其他一些不可预见的问题。

第二节　撰写文档规范

考核知识点及能力要求

- 掌握技术支持文档规范。
- 掌握应用系统运维规范。
- 能撰写技术支持文档。
- 能撰写应用系统运维规范。

现代软件开发理念强调敏捷开发和快速迭代，高效响应需求的变更。敏捷方法让工程技术人员产生了一种错觉，以为可以不用再写文档了。这种观点认为，软件系统是代码编译后的产物，而文档并不能转化成软件系统，它只是软件系统的附属品，是可有可无的。因此，有些人认为文档没有价值和作用，就不需要再写了。持有这种观点的人不在少数，这种情况也直接影响了管理者对文档编写的要求。事实上，文档的价值和作用很多。一方面，文档的价值在于记录和沉淀，将大家讨论后达成的共识和结论、开发过程中积累的经验和教训记录下来，方便日后参考和查阅。另一方面，文档的作用在于传播和沟通，将集体的智慧结晶形成文档后，可以用于指导后续的开发工作，尤其是在人员流动比较大的团队中，不管是项目的交接，还是新人加入团队中，通过文档的传播，都可以高效地让团队快速达成一致。文档的本质是贯穿系统生命周期的沉淀和积累的输出，是信息传递的重要工具和载体。好的文档，可以直接提升系统的竞争力。因此，文档绝不是可有可无的，而是必须的。尤其是对于技术类的公司来说，技术文档的重要性再怎么强调也不过分，甚至可以说，技术文档本身就是系统的重要组成部分。

运维是面向团队的，而不只是面对个人的。不同的人工作方法不尽相同。这就要求大家遵守相同的规范和流程来开展运维工作。运维规范从来不是凭空捏造的，需要从碎片化的运维工作中提取和总结后归纳整理出来，通常是按照运维框架中的各个层次来提取。随着运维框架的不断演进，运维规范也应该动态更新和优化，持续补充到运维工作中。

一、文档编写流程

技术文档很重要，但是写好技术文档却不是一件容易的事情。不同单位的技术文档编写规范可能不太一样，但从本质上来说大同小异。如果能够从宏观上对文档编写流程有更清晰的认识，将有利于文档编写工作的开展。完整的文档编写流程可以分为以下几个阶段：准备阶段、调查研究阶段、编写文档架构阶段、写作阶段、审阅修改阶段和定稿交付阶段，如图 4–6 所示。

（一）准备阶段

准备阶段的工作内容包括：明确文档的具体需求、明确文档的目标受众、明确文档内容的范围。

首先，在写文档之前，需要明确文档的具体需求。需要了解写这篇文档的目的是什么，是为了达到什么目标而写的。其次，需要明确文档的受众群体。文档可以分为内部文档和外部文档，内部文档面向内部人员，外部文档面向合作方、客户等外部人员。内部文档和外部文档的详细程度、保密等级等要求不同，在内容的呈现上也会有差异。因此，受众不同，文档内容也会不同。最后，需要明确文档包含的内容范围。需要根据文档的需求和目标受众，确定要编写的文档包含哪些模块，每个模块包含哪些

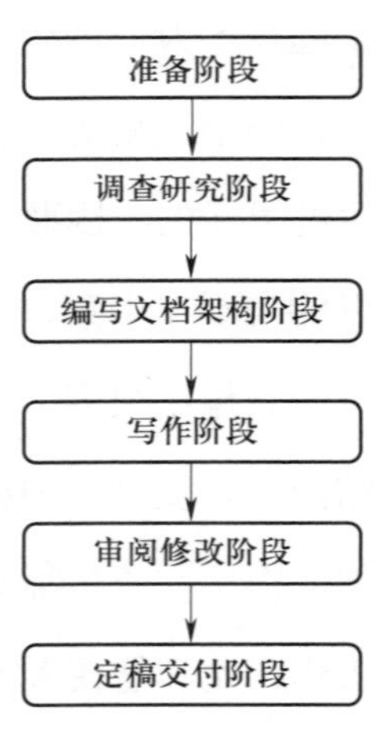

图 4–6　文档编写流程

内容，不应该包含哪些模块或内容。事先划定好范围，是为了后续查找资料时有侧重点，写作时也有明确的方向。

（二）调查研究阶段

编写技术文档，要基于对写作内容的理解，尽自己最大的努力去理解需要写作的内容。具体应该如何做呢？那就是收集相关资料。这里有一些技巧可以参考。

1. 收集资料

收集资料的方法有很多种，例如网络搜索、访谈、参考历史资料库、实践等。具体采用什么方法，需要根据文档的具体写作需求、现有资料的详细程度和文档的交付日期等进行判断，选择高效的、适合当前写作需求的收集资料的方法，尽力收集与所写文档有关的各种资料。

2. 参考其他文档

当对文档的写作无所适从时，参考其他类似的文档是一种比较好的选择。通过对其他类似文档的比较、研究和总结，整理出一个需要编写的文档的大致框架，给收集相关资料和写作提供一个明确的方向。

3. 向专业人士请教

如果身边的人有写过类似文档的经验，那么向他们请教也是一种不错的选择，可以向他们学习整个文档写作的流程。

4. 亲自上手实践

有些技术文档的写作与系统的操作有很大的关联性，例如用户手册、运维文档等。这时，就需要编写者对系统很熟悉，甚至需要上手实际操作，才能编写出能够准确描述具体操作细节的文档。

（三）编写文档架构阶段

收集了比较丰富的资料后，就可以开始着手构建整个文档的架构了。之前调查研究的成果在这里可以应用。对于使用手册类的文档，一般按照安装和使用的顺序进行组织；对于非使用手册类的文档，也需要遵循一定的逻辑顺序。在这个阶段，还需要考虑哪里应该配图和表格，图片和表格的合理运用能够将整个文档丰富起来，并且起到简明、清晰的说明作用。有了详细的文档框架之后，就可以进行下一步的写作了。

（四）写作阶段

如果前面的步骤做得比较好，那么写作将变得非常简单，只需要将相应的内容填到对应的文档架构中即可。但是在写作具体的内容时，对技术文档作者的写作功底是一个考验。在写作文档时，应该注意语法、措辞和标点符号的运用是否合理，在这个阶段多注意细节，就可以在后续的审阅修改阶段少花点时间。一个优秀的技术文档作者应该具有良好的语言功底。如果在初稿阶段的写作比较粗糙，有很多的细节需要修改，那么将会极大地加大审阅修改阶段的工作量，最终延迟文档的交付。

（五）审阅修改阶段

写完文档的初稿后，接下来需要对文档进行优化和完善。首先，文档的作者需要对文档进行查缺补漏，包括一些细节上的优化、微调，等等，尽量避免低级错误。在作者自身无法再发现什么问题后，可邀请其他技术专家或上级对文档进行审阅。审阅分为两种：一种是从技术层面查看文档中的描述是否正确、合理；另一种是从语言层面看文档中的表达是否准确、语法是否正确等。

收到审阅者的反馈后，作者需要尽快地做出判断和修改，不清楚的地方需要和审阅者进行沟通和讨论，然后确定下来。改完以后，再次提交给审阅者审阅。如果修改不符合要求，或者发现了新问题，那么就需要再次讨论和修改。这个过程可能会重复多次。

（六）定稿交付阶段

文档定稿以后，就可以存档保存，并交付给相关用户。但是，文档交付以后，并不意味着结束。即使是已经交付的文档，也依然可能存在这样那样的问题，需要持续改进和优化。尤其是技术文档，系统还在迭代，功能还在改进，编写者就需要对文档进行持续更新和维护。

二、技术支持文档规范

区块链项目中包含的技术支持文档有很多，其中，常用的技术支持文档包括用户操作手册、系统部署手册、系统运维手册和应急预案手册。

一份合格的文档应该具备以下特征：①规范性。严格遵守文档规范，按照文档规范进行编写。②条理性。文档条理清晰，令人很容易就能读懂文档的内容。③结构性。文档结构和内容编排合理、清晰。④内容完整性。文档内容完整，描述清晰。⑤指导性。文档具备指导价值，能指导用户使用系统，完成相关的工作或任务。

（一）用户操作手册

用户操作手册，也可以称作用户指南、系统操作手册，其作用是通过对系统功能的说明，帮助用户快速掌握系统的使用方法，解答用户在使用过程中遇到的问题，让用户能够更好地理解和使用系统或服务。

1. 编写原则

（1）明确用户。在编写用户手册之前，需要了解用户。用户的需求是什么？用户的知识水平如何？了解了这些内容以后，才能编写出符合用户预期、与用户知识水平相符的用户手册。

（2）使用通用模板。参考软件系统通用的用户手册模板，让用户手册标准化。标准化有助于提高用户手册的清晰度和简易度，可以帮助用户更轻松地阅读和使用。

（3）图文并茂。在合适的位置配上与文字相符的图片，可以方便用户更好地理解系统功能，同时能够提高用户体验。

（4）言简意赅。尽量使用通俗易懂的语言对系统功能进行描述，同时还要避免使用一些语气词，多使用严肃、精准的书面语。

（5）描述问题。手册中描述需要解决问题的地方，需要提出解决方案，然后详细说明其有效性。如果需要描述的问题比较复杂，需要进一步拆分成更小的模块进行说明，方便用户理解。

2. 通用模板

下面通过对一个用户手册通用模板的说明，让读者对用户手册包含哪些内容有一个更清晰的了解。

（1）文档结构。通用的用户操作手册需要包含的内容示例如图 4–7 所示。

目录 一、系统简介 二、功能简介 三、运行环境 四、操作说明 4.1 功能模块1 4.2 功能模块2 4.3 功能模块3

图 4–7　用户操作手册目录示例

（2）首页、修订历史记录。用户手册首页需要包含系统的名称、版本号、系统研发公司的标识和名称等信息。

修订历史页的作用是记录用户手册的更新情况，软件系统的更新迭代可能导致功能和操作的变化，迭代或需求变更导致用户手册的更新，都应该详细记录下来，作为历史记录信息。修订历史的内容包括修订日期、修订人、版本、修订内容说明，示例如表 4–3 所示。

表 4–3　修订历史记录示例

日期	修订人	版本	修订内容
2022/01/01	张三	V1.0	用户手册初稿
2022/02/05	张三	V1.1	更新功能模块 2 的说明
2022/03/10	李四	V1.2	更新运行环境说明
……	……	……	……

（3）系统简介。系统简介是对系统整体情况的综合描述，包括系统的背景、目标和主要功能。用户通过系统简介可以了解当前系统产生的背景、达成了哪些目标、解决了哪些用户痛点以及系统主要包含哪些功能。

（4）功能简介。功能简介描述当前系统包含哪些功能模块，让用户在整体上了解系统的功能结构。

（5）运行环境。说明系统运行的硬件要求和软件环境要求。

（6）操作说明。操作说明主要包括模块划分、步骤说明、预期结果说明、系统截图和注意事项五个要素，要保证文本的导读性，尽量做到简洁易懂。

模块可以按照页面和场景两种方式去划分，推荐按照场景划分，更贴合用户的使用习惯。写步骤说明时，要站在用户使用的角度去描述，用词尽量简洁、准确。预期结果说明是对用户在系统上的操作会产生什么样的结果的说明。系统截图是对操作步骤的直观展示，截图时应注意截取页面的主要特征，还要注意标注出页面上的重点内容。注意事项主要说明用户在使用过程中应该避免的操作，或者针对错误、异常步骤，提示用户怎么去解决。

（二）系统部署手册

系统部署手册是指导运维工程师部署区块链系统的重要文档。下面通过对一个通用部署手册模板的介绍，说明系统部署手册应该包含哪些内容。

1. 文档结构

通用的系统部署手册的文档结构示例如图 4–8 所示。

2. 首页、修订历史记录

系统部署手册的首页、修订历史记录内容与用户操作手册类似。首页包含系统的名称、版本号、系统研发公司的标识和名称等信息。修订历史页记录部署手册跟随软件的迭代而进行的变更情况。修订历史的内容包括修订日期、修订人、版本号和修订说明。

3. 概述

概述主要包含编写目的、参考资料和软件清单。编写目的简要说明当前手册的编写原因和预期读者。参考资料列出编写手册时参考了哪些文档，例如需求规格说明书、概要设计说明书和详细设计说明书等。软件清单列出整个区块链系统包含的所有软件的列表，包括支持类软件、中间件和区块链系统程序，让运维工程师对整个系统涉及的所有软件有整体上的了解。

4. 运行环境

运行环境说明系统部署对硬件、软件和网络的要求。

目录

一、概述

1.1 编写目的

1.2 参考资料

1.3 软件清单

二、运行环境

2.1 硬件要求

2.2 软件要求

2.3 网络要求

三、安装部署

3.1 部署流程图

3.2 服务器环境部署

3.2.1 Java运行环境部署

3.2.2 Nginx部署

3.3 系统程序部署

3.3.1 区块链管理平台部署

3.3.2 区块链节点部署

3.3.3 区块链API服务部署

3.3.4 区块链应用系统部署

四、系统访问和验证

4.1 访问地址

4.2 验证

五、常见问题

图 4–8　系统部署手册的文档结构示例

（1）硬件要求。硬件要求是对 CPU、内存和存储空间的要求，阐述系统对硬件的最小配置要求和推荐配置要求。不同的服务对硬件的要求也不尽相同，可以根据实际情况进行细分。表 4–4 展示了硬件要求示例。

表 4–4 硬件要求示例

服务器类型	硬件类型	最小配置	推荐配置
底层链服务器	CPU	2 核 1.5 GHZ	4 核 2.5 GHZ
	内存	4 G	8 G
	存储空间	200 G	500 G
应用服务器	CPU	2 核 1.5 GHZ	4 核 2.5 GHZ
	内存	4 G	8 G
	存储空间	200 G	500 G
客户端	CPU	2 核 1.5 GHZ	4 核 2.5 GHZ
	内存	4 G	8 G
	存储空间	100 G	200 G

（2）软件要求。软件要求列明对操作系统、运行环境、浏览器等的要求。一般对服务器和客户端的要求不相同，需要分别说明。表 4–5 展示了软件要求示例。

表 4–5 软件要求示例

服务器类型	软件类型	软件名称和版本
服务器	操作系统	Redhat 7 及以上，64 位，内核 3.1 及以上
	Java 运行环境	JDK1.8 及以上
	Nginx	1.16.1 及以上
客户端	操作系统	Windows 7 及以上
	浏览器	谷歌、火狐或微软 Edge 浏览器

（3）网络要求。可以将区块链系统的网络拓扑图放在这个部分，让运维工程师对整个系统的架构有直观的认识。其中还应该包含对带宽、是内网访问还是外网访问、访问端口开放等方面的要求。表 4–6 展示了端口开放要求示例。

表 4–6　　端口开放要求示例

服务器用途	开放端口	访问类型
管理平台	59095	内网
区块链节点	60000，59000	内网
区块链 API	58080	内网
区块链应用	80 或 443	外网
MySQL	3306	内网

5. 安装部署

（1）部署流程图。区块链系统包含多个软件组件，并且相互之间有一定的依赖关系，可以提供一个部署流程图，说明部署操作的顺序关系，运维工程师可以按照流程图的顺序进行部署。图 4–9 展示了一个区块链系统的部署流程图。

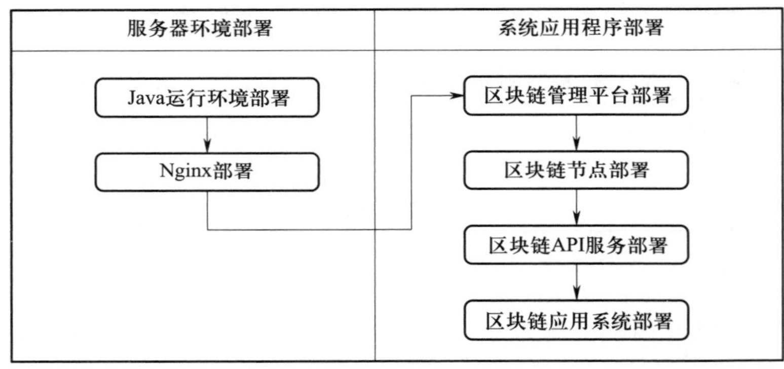

图 4–9　区块链系统的部署流程图

（2）服务器环境部署。安装部署可以分为两个大类。一类是服务器环境部署，主要安装一些支持类、中间件软件。另一类是区块链系统应用程序。

具体到每个特定软件的安装，可以分为部署前的准备工作、部署路径、依赖、部署步骤和配置、验证等步骤。

对于单个的软件安装，可能有一些比较特殊的准备工作，在运行环境部分没有详细说明的情况下，可以在此处单独说明。

当软件的部署路径有特殊要求时，应当对部署路径做出说明。

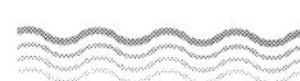

如果一个软件的部署依赖于其他软件，则可以在依赖部分做出说明，部署手册中被依赖的软件的安装步骤应该安排在其他软件之前。

部署步骤和配置就是具体的操作步骤，将整体部署步骤划分成若干个小步骤，每个步骤详细说明操作方法、输入什么命令、返回什么结果、配置文件如何更改和设置等，描述要求简洁、准确、可操作性强。尽量在步骤的说明中配上相关图片，让操作步骤和结果更直观。

完成部署步骤和配置后，应该描述验证软件是否已经正确部署的方法。

（3）区块链系统应用程序部署。区块链系统应用程序的部署与服务器环境部署流程类似，在此不再赘述。

6. 系统访问与验证

区块链应用系统以 Web 应用程序为主，在这个章节应该列出相关系统的访问地址信息和登录信息，如系统访问 URL、初始账户密码等。

每个单独的软件部署验证了各自软件部署是否正确部署的情况，这里应该描述如何验证整个系统已经正确部署，可以交付使用。

7. 常见问题

系统部署过程中或多或少会遇到各种各样的问题，在这个模块可以列举出一些部署过程中可能遇到的常见问题，供运维工程师参考，在遇到问题的时候可以根据说明进行问题的排查。

（三）系统运维手册

运维覆盖的范围非常广，按照职责划分，可以将运维分为应用运维、系统运维、运维研发、数据库运维和运维安全。不同职责的运维，侧重点也不尽相同。应用运维，也称作服务运维，它是和应用程序服务的维护相关的，主要负责生产环境中服务的发布和变更、服务健康状况监控、服务的容灾高可用和数据安全备份等工作，还要对服务的运行情况进行定期检查了解其状态，服务出故障时需要排查问题和进行应急处理。数据库运维包括对库的创建、变更、监控、备份和高可用设计等工作。本节将结合区块链的特点，从应用运维和数据库运维中选择与区块链应用系统有关的内容，说明如何编写区块链应用系统运维手册。

1. 文档结构

应用系统运维手册的文档结构示例如图 4–10 所示。

目录

一、概述
1.1 编写目的
1.2 适用范围
1.3 参考资料
二、运行环境
2.1 服务器信息
2.2 数据库信息
2.3 网络信息
三、部署信息
3.1 部署信息详情
3.2 账户信息
四、基本维护
4.1 服务启停命令
4.2 日志文件目录
4.3 服务器运维
4.4 数据库运维
4.5 系统监控
4.6 日常检查和操作
五、备份策略
六、常见问题及恢复

图 4–10　应用系统运维手册的文档结构示例

2. 首页、修订历史记录

应用系统运维手册的首页、修订历史记录内容也与用户操作手册类似。首页包含系统的名称、版本号、系统研发公司的标识和名称等信息。修订历史页记录运维手册跟随软件的迭代而进行的变更情况。修订历史的内容包括修订日期、修订人、版本号和修订说明。

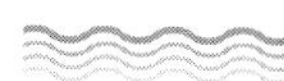

3. 概述

概述主要包含编写目的、适用范围和参考资料。编写目的简要说明当前手册的编写原因和预期读者。适用范围表明当前运维手册的覆盖范围，包含哪些内容以及不包含哪些内容。参考资料列出编写手册时参考了哪些文档，例如需求规格说明书、概要设计说明书和用户手册等。

4. 运行环境

与部署手册不同，部署手册中的运行环境列出了对系统部署所要求的环境需求，属于部署前要求；而运维手册中的运行环境列出的是部署完成后实际的运行环境信息。

（1）服务器信息。将整个系统中涉及的服务器信息列举出来，如果一些服务器的配置相同，可以进行合并归类。服务器信息示例如表 4–7 所示。

表 4–7　服务器信息示例

服务器类型	数量	硬件配置	操作系统
底层链及应用服务器	5 台	CPU 4 核 2.5 GHZ	Redhat 7，内核 3.1 及以上
		内存 8 G	
		存储空间 500 G	
客户端服务器	1 台	CPU 2 核 3.3 GHZ	Windows10 企业版（64 位） 谷歌浏览器 96.0.4664.110（正式版本，64 位）
		内存 16 G	
		存储空间 200 G	

（2）数据库信息。应用系统一般都需要数据库的支持用于存储数据，所以需要将数据库信息记录下来，包括数据库产品名称、版本、客户端连接工具等信息。数据库信息示例如表 4–8 所示。

表 4–8　数据库信息示例

序号	参数类型	参数值
1	名称	MySQL
2	版本	5.7.32
3	客户端连接工具	Navicat 12
4	数据库访问 IP 和端口	10.1.3.164：3306

（3）网络信息。将区块链系统实际的网络架构图放在这个部分，让运维工程师对整个系统的架构有直观的认识。还需要将每台服务器实际开通了哪些端口列举在这里，方便后期维护。服务器端口开放信息示例如表 4–9 所示。

表 4–9 服务器端口开放信息示例

服务器 IP	开放端口	访问类型	用途
10.1.3.162	60000，59000	内网	区块链节点访问端口
10.1.3.163	60000，59000	内网	区块链节点访问端口
10.1.3.164	60000，59000	内网	区块链节点访问端口
10.1.3.165	80 或 443	外网	区块链应用访问端口
10.1.3.166	58080	内网	区块链 API 服务访问端口

5. 部署信息

（1）部署信息详情。这个部分将整个区块链系统中涉及的所有支持类软件、中间件和系统程序服务的详细部署信息记录下来，包括但不限于目标服务器内外网 IP 地址、部署的软件或程序名称、版本、部署目录等。表 4–10 展示了一个区块链系统中的部分软件、程序的部署详情。

表 4–10 部署详情

服务器 IP	软件、程序及版本	部署目录
10.1.3.162	jdk–8u161–linux–x64.tar.gz	/root/blockchain
10.1.3.162	nginx–1.21.1.tar.gz	/root/blockchain
10.1.3.163	Wtmgmt–3.1.0.tar.gz	/root/blockchain
10.1.3.163	Wtchain–3.2.0.tar.gz	/root/blockchain
10.1.3.164	WTC–3.2.0.tar.gz	/root/blockchain
10.1.3.164	WTAPP–1.0.0.tar.gz	/root/blockchain

（2）账户信息。整个区块链系统中涉及的账户信息分为几大类：服务器登录信息、FTP 访问信息、数据库访问账户信息和区块链应用系统登录信息等。这些类型的信息，可以分别维护在当前文档中的服务器信息、数据库信息以及当前模块中。但是，如果运维文档的阅读权限开放得比较广，存在重要信息泄露的风险，那么建议将上述账户

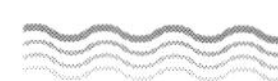

信息统一收集起来，放入单独的文档中进行管理，并严格控制访问权限。

6. 基本维护

（1）服务启停命令。运维过程中，可能需要启停服务，尤其是在环境升级的场景中，所以需要列出每个服务的启停命令，以及查看服务处于运行状态的命令，如表 4–11 所示。

表 4–11　**服务启停和查看命令**

服务程序	命令类型	命令详情
节点服务	启动	nohup ./wtchain &
	停止	pkill wtchain
	查看	ps －ef l grep wtchain
API 接口服务	启动	systemctl start wtc
	停止	systemctl stop wtc
	查看	ps －ef l grep wtc

（2）日志文件目录。日志是分析问题的关键，所以需要详细列出每个服务的日志目录，方便后续排查问题时查看，如表 4–12 所示。

表 4–12　**日志文件目录**

服务程序	日志文件路径
节点服务	/root/wtchain/logs
API 接口服务	/root/wtc/logs
应用系统服务	/opt/wtapp/logs
nginx	/var/log/nginx/

（3）服务器运维。服务器运维主要通过查看服务器主机的资源使用情况，来判断区块链系统中各个服务是否运行正常。主机运维的范围包括 CPU、内存、磁盘和网络等。针对上述服务器资源的使用情况，应给出具体的命令，并进行解释说明，指导运维工程师查看各种资源的使用率。下面以查看 CPU 和磁盘为例，说明如何编写主机运维的内容。

查看 CPU 的使用情况。选择一台服务器的主机登录后，在控制台先输入命令：top，回车，再在键盘上按 1，最后同时按下 Shift+P 键，屏幕将展示服务器的 CPU 核心数，并将服务进程 CPU 使用率按照从大到小的顺序排列。在实际运维过程中，如果发现 CPU 利用率很高并且居高不下，应该及时查明原因并进行处理。

查看磁盘的使用情况。选择一台服务器的主机登录后，在控制台输入命令：df –h，回车，屏幕会展示当前系统所有磁盘挂载情况。如果 Use% 列有数值达到 80% 以上，则应该对磁盘空间进行查看，确认是否存在日志文件占用过多的情况，如果日志文件占用磁盘空间过多，应及时备份和清理日志文件，或者对服务器的磁盘空间进行扩容。

（4）数据库运维。数据库服务也有其搭载的服务器，主机运维的内容对其同样适用。除此之外，还有一些特有的运维内容，根据数据库类型的不同，其运维方法也不尽相同，编写时应注意根据特点组织运维的内容。数据库运维的内容包括备份与还原、监控、故障处理、性能优化、容灾、升级与迁移、定期检查等。

运维手册中需要对上述内容展开说明，将操作方法、判断条件、解决方案等分别进行描述，目标是让运维人员知道如何操作，能够判断和解决问题。

（5）系统监控。基于当前区块链系统所能提供的监控平台，如区块链自带的监控平台、云服务资源监控平台或搭建第三方监控平台，对系统运行情况进行整体监控。对监控平台的功能进行介绍，说明监控目标、监控方法和监控指标等。

（6）日常检查和操作。应该根据系统的实际情况，事先定义好日常检查和操作的范围，例如各程序的运行情况、服务器的资源利用率、业务量和数据备份等，还要确定检查和操作的频率，可以针对不同的检查内容设置不同的检查和操作频率。日常检查和操作的内容和结果，推荐使用独立的表格文件进行登记。图 4–11 展示了一个区块链系统的部分检查项及结果记录。

A	B	C	D	E	F
检查日期	节点区块高度	7日交易数	服务器资源使用情况	服务运行状态	备注
2021年12月1日	5869	9196	正常	正常	
2021年12月8日	6548	10256	正常	正常	
2021年12月15日	7654	8596	正常	正常	
2021年12月22日	8677	11548	正常	正常	
2021年12月29日	9566	9685	正常	正常	
2022年1月5日	10562	10557	正常	正常	
2022年1月12日	11896	10423	异常	正常	API服务器磁盘空间使用率超过80%，经查是因为日志文件过大，对历史日志文件进行清理后，释放了磁盘空间。
2022年1月19日	12556	9586	正常	正常	

图 4–11　区块链系统运行情况检查表示例

7. 备份策略

数据的备份分为区块链底层链数据的备份、重要配置文件的备份和数据库的备份。可以根据系统中的程序名称来分类备份的内容，因为包含的数据项较多，所以通常建议使用单独的表格文件来呈现。具体的数据项包含序号、程序名称、服务器名、备份数据文件名、备份数据名称、备份数据类型、备份数据说明、备份方法、备份媒体、备份数据目标存放点（目标服务器名及路径）、备份频率、备份频率说明、保存周期、备份数据命名规范和备份负责人等信息。

8. 常见问题及恢复

向系统开发和测试人员收集之前在开发过程中出现过的一些常见问题和处理方法，在后续运维过程中如果出现类似的问题，能够快速解决。在日常运维的过程中，如果遇到了问题，应该将其详细情况更新在这个部分，未来遇到类似问题可以参考。对常见问题的描述应该包括现象、原因和处理方法。推荐使用表格的方式将其列举出来，如表 4–13 所示。

表 4–13　　区块链系统常见异常及处理方法

现象	原因	处理方法
邮件提示节点离线	节点服务没有启动或异常终止	检查并启动节点服务
	离线节点与其他节点网络不通	检查网络策略和网络连接情况
应用系统提示数据上链失败	应用程序接口服务没有启动或异常终止	检查并启动应用程序接口服务
	应用程序接口访问不到节点服务	检查应用程序接口与节点网络连接情况
	应用程序接口与节点服务器时间不一致	调整应用程序接口服务器与节点服务器时间一致
邮件提示磁盘使用率超过 80%	磁盘空间不足	进行磁盘扩容或者数据归档
部分节点区块高度落后	部分节点与其他节点网络不通	检查网络策略和网络连接情况
	节点共识出块时出现错误	联系开发工程师调查问题

（四）应急预案手册

应急预案又称为应急计划，是为保证迅速、有序、有效地针对可能发生的突发事件而开展控制与处理工作，尽量避免事件的发生或降低其造成的损害而预先制定的应急工作方案，是应对各类突发事件的操作指南。应急预案同样适用于区块链系统。下面通过对一个通用应急预案手册模板的介绍，详细说明应急预案应该包含哪些内容。不同系统的应急预案包含的内容可能存在一定的差异，可以根据实际情况进行适当的调整。

1. 文档结构

通用的应急预案手册的文档结构示例如图 4–12 所示。

目录

一、概述
1.1 编写目的
1.2 适用范围
二、系统基本信息及资源配置
2.1 系统基本信息
2.2 业务影响范围及运行指标
2.3 系统架构
2.3.1 物理架构
2.3.2 网络拓扑
2.3.3 关联系统
2.4 系统软硬件
2.4.1 软硬件信息
2.4.2 网络设备
2.4.3 其他硬件设备
三、系统应急处置
3.1 故障快速定位
3.2 故障情形分类
3.3 硬件故障情形
3.4 软件故障情形

图 4–12　应急预案手册的文档结构示例

2. 概述

概述主要包含编写目的和适用范围。编写目的简要说明当前手册的编写原因和预期读者。例如，当前预案针对 ×× 系统，通过建立包含系统故障定位、排查处置、系统恢复等流程、步骤和技术操作方案，为系统运维工程师处理应急情况提供指导。适用范围表明当前手册适用于哪些情况，例如，当前预案适用于因系统故障、遭到外力破坏、数据中心灾难等突发事件导致的 ×× 系统发生中断，需要采取应急处置和恢复措施的情形。

3. 系统基本信息及资源配置

系统基本信息及资源配置部分可以包含以下内容。

（1）系统基本信息。系统基本信息包括系统的中文全称和简称、英文全称和简称以及对系统整体功能的描述。

（2）业务影响范围及运行指标。说明当前系统支撑哪些业务，业务的影响范围有哪些。系统的运行指标规定了当前系统的可用性、稳定性以及恢复时间要求等，一些可以参考的关键指标如表 4–14 所示。

表 4–14　系统运行指标

运行指标	参考值
运维级别	A+ 级（或 A、B、C、D 级）
可用性要求	全年系统可用性达到 99.96%
业务连续性要求	7×24 小时连续运行
系统恢复时间目标（RTO）	≤ 1.5 小时
系统恢复点目标（RPO）	≈ 0 小时

说明：A+、A、B 级系统中断超过 30 分钟为长时间中断，C、D 类系统中断超过 1 小时为长时间中断。

（3）系统架构。系统架构包含系统的物理架构图和网络拓扑图，还可以包含与当前系统有关联的系统之间的网络图。

（4）系统软硬件。

①软硬件信息。将系统中包含的软件和硬件信息列举出来，一般使用表格的方式进行呈现，如表 4–15 所示。

表 4–15　　系统软硬件信息

序号	主机用途	主机名	IP 地址	主机型号配置	物理位置	搭建软件信息
1	节点服务器	prod–001	10.1.3.160	浪潮服务器 NF5280 M5，6 核 1.90 GHz，16 G 内存，2 T SATA	×× 数据中心	区块链节点程序
2	API 服务器	prod–002	10.1.3.161	浪潮服务器 NF5280 M5 ，6 核 1.90 GHz，16 G 内存，2 T SATA	×× 数据中心	API 接口服务程序
3	应用系统服务器	prod–003	10.1.3.162	浪潮服务器 NF5280 M5 ，6 核 1.90 GHz，16 G 内存，2 T SATA	×× 数据中心	应用系统程序

②网络设备。网络设备信息包含路由器、交换机和负载均衡等设备。

③其他硬件设备。有些场景下还可能会用到特殊的硬件设备，例如加密机。

4. 系统应急处置

系统应急处置主要是针对能够在一定的时间内解决的故障类的问题。

（1）故障快速定位。故障快速定位方法可以参考本章第一节相关的问题解决思路进行编写。

（2）故障情形分类。系统故障情形按照故障特点分为五类：硬件故障情形、通用软件故障情形、应用软件故障情形、网络故障情形和其他故障情形。

- 硬件故障情形：主要包含系统硬件方面的故障情形。
- 通用软件故障情形：主要包含操作系统、数据库软件、第三方中间件等方面的故障情形。
- 应用软件故障情形：主要包含业务应用系统方面的故障情形。
- 网络故障情形：主要包含与网络相关的故障情形。
- 其他故障情形：主要包含系统相关的外联系统、外部环境等方面的故障情形。

（3）硬件故障处置。硬件故障可以分为应用服务器硬件故障、数据库服务器硬件故障、网络设备硬件故障、加密机硬件故障等。不同的硬件故障处理方法存在差异，需要根据具体的硬件类型编写对应的处理方案。

以应用服务器硬件故障为例，处理方案可以按照下面的内容进行组织和编写，并

根据自身情况进行灵活调整。

- 具体现象：× × 应用服务器硬件故障。
- 启动依据：出现故障现象，启动应急处理。
- 影响范围：× × 系统交易无法处理。
- 影响部门：× × 业务部门或所有用户。
- 预计处理时间：30 分钟。
- 处理步骤：如表 4–16 所示。

表 4–16　　故障处理步骤表

序号	操作步骤	相关命令	处理时间	处理部门
1	检查应用服务器主机状态，如不能恢复，切换到备机	无	30 分钟	系统设备部
2	在可以登录服务器的情况下，应用支持部门登录故障服务器查看应用进程，如有问题则停止进程后重新启动进程	无	10 分钟	应用支持部
3	……	……	……	……

- 验证步骤：如表 4–17 所示。

表 4–17　　验证步骤表

序号	操作步骤	相关命令	处理时间	处理部门
1	恢复后验证交易是否正常；日志中显示交易是否成功	无	10 分钟	应用支持部
2	……	……	……	……

（4）软件故障处置。列举并描述软件可能的故障情形，例如可以包含以下情形。

- 系统应用不能正常运行。
- 应用进程异常。
- 系统应用响应缓慢或无响应。
- × × 交易异常报错。
- × × 交易流量异常下降。

- ××交易成功率异常下降。
- 用户无法登录应用界面。
- 用户连接应用异常报错。
- 应用服务队列堵塞。
- 应用出现大量繁忙，交易时间延长。
- 应用共享空间异常。
- 应用处理性能下降。
- 某类特定交易成功率异常。
- 某类特定交易流量异常下降。

处理方案的编写可以参考硬件故障的格式，根据上述故障情形进行对应的编写。

三、应用系统运维规范

企业的运维发展由起步到成熟大致要经过三个阶段：运维无序化、运维规范化、运维自动化。

运维无序化主要表现在运维工作没有规范，运维团队成员依赖自身技术各自为战，只着重于眼前的运维工作，经常处于被迫接受和疲惫应付工作的状态。运维无序阶段提升工作效率主要依赖加人和加班，而且此阶段的运维工作效率低下，人为失误较多，故障排除难度较大。长时间的运维无序化，对内主要表现为团队成员极度疲惫和不自信，对外主要表现为不再被各业务部门所信任。

为了解决上述问题，就需要推进运维规范化，甚至进一步推进到运维自动化阶段。运维规范化也叫运维标准化和流程化，是以文档作为主要载体，指导日常运维工作如何正确开展。运维工作通常来说直接面对生产环境，每一步的运维操作都与生产环境能否正常运行息息相关，稍有不慎就可能导致生产环境事故。所以运维标准化和流程化必不可少。

（一）运维规范建设

运维规范建设包括三个部分：运维工作梳理、运维规范制定和运维规范执行，如图 4–13 所示。

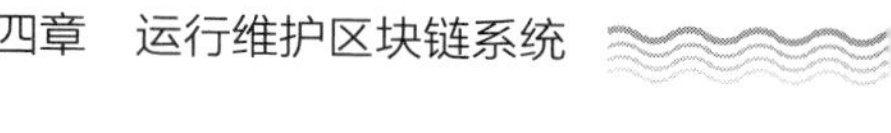

图 4–13　运维规范建设

1. 运维工作梳理

通过对日常运维工作所涉及的内容进行分类整理，将一些流程化的工作进行固化，并进一步进行加工和提炼，最后形成运维的标准和规范，为未来逐步实现运维自动化，提高运维效率打好基础。区块链系统的运维工作涉及应用运维和数据库运维。应用运维包括生产环境中服务的发布和变更、服务健康状况监控、服务的容灾高可用和数据安全备份等工作。数据库运维包括对库的创建、变更、监控、备份和高可用设计等工作。不同的区块链系统在运维内容上存在一定的差异，梳理的过程中要根据实际情况对运维工作的内容进行增删。

2. 运维规范制定

区块链日常运维服务相关的规范化的范围包含服务器、网络、部署、监控、日常巡检、备份、数据库操作、安全运维和故障处理等。对运维工作的内容梳理完成后，接下来可以对运维规范进行提炼，进而文档化。在制定运维规范之前，必须制定好文档编写的规范和标准，这样可以让文档的风格保持统一。

3. 运维规范执行

通过运维工作梳理，进行运维标准化和流程化，将运维规范文档化以后，接下来就是最重要的落地执行。有了规范标准和流程，那么在日常运维工作中就不能随心所欲，按照自己的习惯开展运维工作。

在执行运维规范的初始阶段，运维工程师往往感觉不方便和不适应。典型的情况是：本来很简单的一个事情，但是在执行标准化和流程化之后，就变得需要涉及多人或多岗位，同时也需要较长时间才能完成。这是标准化初期的普遍现象，对于出现的这种问题要积极沟通解决，让工程师们尽快度过这种看似烦琐、效率低下的初期阶段。

可以从以下几个方面入手解决上述问题。

（1）开展运维规范化意义的培训，让大家了解标准化和流程化的意义。规范化运维工作，可以大大减少人为失误，同时让大家在同一标准下工作，减少沟通成本，相互之间的配合也会更加紧密。

（2）加快运维自动化的建立。尽快将固化的标准和流程进行自动化的编码开发，减少人为操作，提高运维效率。

（3）优化标准化和流程化。在实际执行过程中，应该根据实际情况，对标准和流程进行不断的优化和调整。

综上所述，运维规范化作为运维管理体系的基石和运维自动化的第一步，在运维管理工作中必不可少。在进行落地的过程中，要适当地与运维自动化并行，加快自动化的脚步。只有这样，才能最大限度地减少人为失误，降低人力成本，提高运维的效率和质量。

（二）编写运维规范

运维工作的内容梳理完成后，就可以开始编写相应的规范。运维手册是具体的操作步骤，而规范是告诉运维工程师操作时应该注意什么。不同的区块链系统的运维内容有一定的差异，但是也能总结出一些通用的运维规范。下面通过一个运维规范的模板介绍，说明运维规范应该如何编写和包含哪些内容。

1. 文档结构

通用的运维规范的文档结构示例如图 4–14 所示。

2. 修订历史记录

运维规范的制定是一个持续改进的过程，修订历史页可以记录规范不断完善的过程。修订历史的内容包括修订日期、修订人、版本号和修订说明。

3. 概述

概述部分的内容包含编写目的和范围。编写目的阐明运维规范的作用。运维规范是根据企业具体的业务需求和运维工作的需要，为了规范运维管理部门的各项工作，明确部门的职责和管理流程，提高工作效率，实现业务与技术的结合，而制定的统一的规范和系统运维流程。运维管理部门负责制定运维规范，并负责规范的具体执行。因为运维的覆盖面非常广泛，所以需要在范围这个部分划定当前运维规范的适用对象

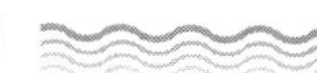

目录

一、概述

1.1 编写目的

1.2 范围

二、服务器管理规范

三、网络管理规范

四、部署规范

五、监控管理规范

六、日常巡检规范

七、备份管理规范

八、数据库操作规范

九、安全运维规范

十、故障处理规范

图 4–14　运维规范的文档结构示例

和场景。随着企业运维的不断发展，范围可能会不断扩大。可以用表格的形式列出当前运维规范文档包含的范围，如表 4–18 所示。

表 4–18　运维规范列表

序号	规范名称
1	服务器管理规范
2	网络管理规范
3	部署规范
4	监控管理规范
5	日常巡检规范
6	备份管理规范
7	数据库管理规范
8	安全运维规范
9	故障处理规范

4. 服务器管理规范

服务器管理规范可以参考以下内容，并根据实际情况进行补充或删除。

（1）管理员对服务器的超级账户的账号和密码严格保密，定期修改密码，密码需要符合强密码规则。

（2）不得随意在服务器上安装新的软件程序，如必须安装，需要事先申请，并且软件需要通过病毒检测。

（3）对服务器进行定期扫描，发现可疑端口和服务时应及时关闭。

（4）定期检查系统资源的使用情况和服务器运行日志，发现异常情况应及时处理和记录。

（5）及时处理服务器软硬件运行的错误信息，对出现的大小故障均要详细记录，包括详细的故障时间、故障现象、错误信息、处理方法和结果等，以便对问题进行定位和供未来参考。

（6）关注操作系统版本，发现有系统漏洞时，及时对系统进行升级和打补丁，注意做相关操作前需要对数据进行备份处理。

（7）在服务器上进行部署前，需要对上传的文件进行病毒检测，发现病毒时及时处理，保证服务器的运行环境安全。

（8）及时关注 IT 网站的病毒防护与提示信息，必要时对服务器安全参数进行调整，避免服务器受到非法攻击。

（9）对服务器上的数据实施严格的安全防护和保密，防止数据泄露、丢失和损坏。

5. 网络管理规范

网络管理规范可以参考以下内容，并根据实际情况进行补充或删除。

（1）熟练掌握系统的网络拓扑结构、网络设置和网络连接情况，应对各网络设备的设置或设置文件进行定期备份。

（2）定时对网络进行巡检，查看网络运行情况，收集网络流量信息，发现异常时及时分析日志和解决问题，保证网络安全稳定高效地运行。

（3）对网络问题导致的系统故障应该迅速响应、及时解决。事后需要记录故障现象、故障原因和处理方法。

（4）对于不能及时解决的问题应及时上报，请求协助。

（5）有强烈的安全意识，发现安全隐患应积极响应并消除。

6. 部署规范

部署规范可以参考以下内容，并根据实际情况进行补充或删除。

（1）严格按照部署手册的步骤进行部署。

（2）如果系统带有数据盘，应该将程序部署在数据盘所在目录下。

（3）不要将程序部署在临时目录下。

（4）服务器防火墙服务开启的状态下，端口需要一个一个地单独开放，不要关闭防火墙服务。

（5）应该将程序配置成服务方式启动，并且设置好开机自启动，防止因程序自身原因停止、服务器意外关机或重启等场景下，导致服务长时间不可用的情况。

（6）对破坏性的命令要小心谨慎，应多次核对命令和参数后再执行。

（7）版本升级后，需要进行验证和观察，确保服务正常。

（8）进行批量操作前，需要先在测试环境中进行演练，确保操作结果没有问题，再在生产环境执行。

7. 监控管理规范

监控管理规范可以参考以下内容，并根据实际情况进行补充或删除。

（1）建立完善的监控机制，结合现有的监控工具和开源监控工具对系统进行 7×24 小时监控。

（2）监控的内容包括但不限于系统服务器的资源使用情况、性能指标和服务可用性，保证系统的正常稳定运行。

（3）发现问题时，应第一时间处理和记录，确保系统的可用性。

（4）新系统上线后，应该添加相关监控内容。

8. 日常巡检规范

日常巡检规范可以参考以下内容，并根据实际情况进行补充或删除。

（1）制定完善的巡检机制，规定巡检频率、巡检内容、巡检责任人等。

（2）对服务器、服务程序和数据库进行定期巡检，确保系统稳定运行，巡检工作应包括例行巡检、节假日巡检和重要事件前的巡检。

（3）巡检过程中要认真负责，及时发现问题，认真做好记录。

（4）巡检过程中发现问题时，应立即进入处理流程，判定为故障时，应立即进入故障处理流程。

（5）所有的巡检应该进行详细的记录，包括巡检时间、巡检内容、巡检结果和责任人等。

9. 备份管理规范

备份管理规范可以参考以下内容，并根据实际情况进行补充或删除。

（1）建立完善的备份机制，对于重要的数据应该做多种介质的备份或异地灾备。

（2）根据备份策略中的说明，对需要备份的数据进行定期备份，确保系统故障时，能在第一时间恢复数据。

（3）检查备份数据的有效性，如果发现备份不完全或失败，应及时进行重新备份。

（4）在修改配置文件、系统升级或其他对系统产生影响的变更场景下，对相关数据进行备份，如果失败，可以根据备份进行回滚操作。

10. 数据库操作规范

数据库操作规范可以参考以下内容，并根据实际情况进行补充或删除。

（1）软件版本需要升级时，尤其是数据库需要变更时，需事先经过审批，提前通知业务部门，达成一致后，方可实施。

（2）变更前需要发送通知和报告，保证各部门信息的一致性。

（3）重大操作前应先备份数据，操作内容应详细记录，并且需要有回滚方案。

（4）对可能影响系统运行的参数设置、更改和维护等进行操作时，需要至少额外有 1 人在场进行监控和确认，并做好详细的操作记录。

（5）按照备份策略对数据库进行备份，以便发生故障时可以尽快恢复到最新的数据。

（6）定期检查备份的执行情况，确保备份操作执行的有效性，并验证数据的准确性。

（7）日常巡检核心监控属性、定期对比各数据库与备份库的库表结构是否一致。

（8）做好数据库容量规划和容量监控。

（9）定期优化数据库性能，避免业务量突增造成系统运行不稳定。

（10）数据统计只在系统闲时进行，且应该在只读实例上进行。

11. 安全运维规范

安全运维规范可以参考以下内容，并根据实际情况进行补充或删除。

（1）开放到公网前需要通过安全组渗透测试。

（2）一般只使用普通用户登录和部署，不使用 root 账号。

（3）尽可能使用非 root 账号启动服务。

（4）系统日志定期备份，便于安全事件的追溯和审计。

（5）停用和关闭无用的服务，关闭不必要的端口。

（6）具有管理员权限的人员调离工作岗位或离职后，应立即从系统中删除该用户。如果该人员掌握其他超级用户口令，则应立即更换口令。

12. 故障处理规范

首先应该对故障进行分级，对于不同的故障内容，处理方式不同。故障分级示例如表 4–19 所示。

表 4–19　　故障分级示例

故障级别	故障内容	说明
一级	系统资源使用率升高	系统出现故障，但不影响系统的正常运转
	数据备份出现异常	
	网络流量升高	
	监控软件出现故障	
二级	操作系统出现异常	系统出现故障，影响系统的正常运转，但运维工程师能在短时间内进行故障排除
	应用系统出现异常	
	数据库出现异常	
	网络中断或异常	
	系统资源使用率超过阈值	
三级	应用系统无法正常使用	系统出现故障，影响系统的正常运转，运维工程师不能在短时间内进行故障排除
	硬件物理损坏	
	数据库无法正常使用	
四级	机房故障	系统出现故障，系统运行中断，运维工程师无法排除故障
	受到不可抗力的破坏	
	自然灾害导致的破坏	

针对上述级别的故障，运维工程师可以参考如下流程和规范进行处理。

（1）一级故障。

①得知系统发生故障后，尽快查看故障状态并分析故障原因。

②运维工程师排查出故障原因后，立即着手解决问题。

③排除故障后，通知运维主管人员，并对故障点进行后续追踪。

④排除故障后，运维工程师应将故障现象、故障原因和解决办法更新进运维手册。

（2）二级故障。

①得知系统发生故障后，尽快查看故障状态并分析故障原因。

②运维工程师在排查出故障原因后，立即着手解决问题。如不能立即解决，需要相关技术人员到现场，应立即联系技术工程师，请求立即到现场进行故障排除。

③立即报告运维主管，必要时请求运维主管协调相关技术部门给予支持。

④排除故障后，运维工程师应将故障现象、故障原因和解决办法更新进运维手册。

（3）三级故障。

①得知系统发生故障后，尽快查看故障状态并分析故障原因。

②运维工程师在排查出故障原因后，应立即联系技术工程师或第三方技术企业的相关部门，请求支持，进行故障排除。

③立即报告运维主管，主管人员应通过电话或当面将故障报告给相关领导部门，必要时协调各方提供技术支持。故障排除后以书面形式递交故障报告单。

④排除故障后，运维工程师应将故障现象、故障原因和解决办法更新进运维手册。

（4）四级故障。

①得知系统发生故障后，尽快查看故障状态并分析故障原因。

②排查出故障原因后，立即报告运维主管，主管人员应通过电话或当面将故障报告给相关主管部门，请示应对方法。

③排除故障后，运维工程师应将故障现象、故障原因和解决办法更新进运维手册。

第三节　综合能力实践

本节基于一个具体案例，完成以下能力实践任务。

1. 解决应用系统运行中的问题

给定运行中的区块链应用系统，结合问题解决思路，尝试解决应用系统运行中出现的问题。

2. 编写系统部署手册

给定运行中的区块链应用系统，参考技术支持文档规范中的部署手册模板，编写部署手册。

3. 编写系统运维手册

给定运行中的区块链应用系统，参考技术支持文档规范中的运维手册模板，编写运维手册。

4. 编写运维规范

给定运行中的区块链应用系统，参考应用系统运维规范中的运维规范模板，结合实际情况，编写运维规范。

思考题

1. 通过系统分析方法，提出的最佳解决方案是否就是最可行解决方案？为什么？

2. 缺陷类问题在项目级和产品级的处理方式有何不同？

3. 简述应用系统运行中出现问题的解决思路。

4. 系统部署手册中的软硬件要求与系统运维手册中的软硬件信息有何不同？

5. 简述运维规范化的优点。

第五章
培训与指导

基于职业传承的原因，处于承上启下位置的中级人员，需要培训和指导初级人员。中级人员需要掌握培训讲义编写和教学方法，编写培训讲义并实施培训，中级人员也需要运用实践教学方法和技术指导方法帮助初级人员解决应用系统开发、测试、应用系统部署、调试和维护过程中的问题。本章基于教育理论和技术，以及业界良好实践，介绍相应的培训和指导方法。

- **职业功能：**培训与指导。
- **工作内容：**培训；指导。
- **专业能力要求：**能编写初级培训讲义；能对初级人员进行知识和技术培训；能指导初级人员解决应用系统开发和测试问题；能指导初级人员解决应用系统部署、调试和维护问题。
- **相关知识要求：**培训讲义编写方法；培训教学方法；实践教学方法；技术指导方法。

第一节　培　　训

考核知识点及能力要求

- 掌握培训讲义编写方法。
- 掌握培训教学方法。
- 能编写初级培训讲义。
- 能对初级人员进行知识和技术培训。

一、培训讲义编写

（一）培训讲义的需求分析

在编写培训讲义前，需要分析培训需求，可以从以下几个方面进行。

1. 组织战略层面的分析

需要考察企业人才需求，分析企业自身的人才目标，以确定不同的培训需求，并给予必要的培训支持，如培训时间、资金和相关软硬件的支持。

2. 实际工作任务的分析

针对具体的工作岗位需要，确定技术人员达到理想的工作成效所必须掌握的技术知识和能力，分析可以通过培训发展的知识和能力。

3. 员工个人层面的分析

比较技术人员目前的实际工作绩效与企业制定的绩效标准，比较技术人员现有的知识和技能水平与预期的相应表现，分析两者之间的差距，确定必要的培训需求，包括具体的培训内容和知识技能要求。

通过从组织整体到员工个人全面分析需求，可以获得全面而真实的技术人员培训需求。

（二）培训讲义的课程设计

1. 课程设计的原则

（1）平衡性原则。课程必须在材料覆盖面和灵活性之间取得适当的平衡，同时也要平衡知识的广度和深度。

（2）实践性原则。课程内容需要包含实践环节，学员可以通过实践掌握知识和技能。

（3）反馈和强化性原则。课程内容包括及时准确反馈培训效果，以便巩固学习技能，及时纠正错误和偏差。强化是基于反馈的进一步工作，如帮助学员查漏补缺，并及时提升能力。

（4）职业发展性原则。技术人员在培训中所学习和掌握的知识和技能有利于其职业的发展，也便于调动其积极性。

（5）渐进性原则。课程内容编排互为依据，并且保持由易到难的顺序。

2. 培训讲义主要要素

课程设计的目标是使学员能够在行为表现和绩效上得以提升。表 5–1 列出了培训课件元素。

表 5–1　培训课件元素

课件元素	要　求
培训目标	培训可让学员掌握怎样的知识和技能，能完成怎样的职业内容和职业任务
培训对象	主要受训对象，需要具备的特征
前置知识和技能	说明参加此培训需要的基础知识
培训方法	包括讲授法、视听技术法、讨论法、案例研究、角色扮演、在线学习、自我探索等
培训时长	培训所需的时间长度，也包括每个单元的时间分配
培训所需资料和设备	课程实施过程中应配备哪些辅助设备
课程大纲	课程的每个单元包括哪些具体内容，内容编排应符合逻辑并有序排列

续表

课件元素	要　求
前期准备	学员需要做好哪些准备，培训师应做好哪些准备
具体培训内容	课程中每个单元的具体内容
培训效果评估	学习效果采用哪种评估方法（考试、小组探索性成果等）

（三）培训讲义的注意事项

课程体系和课件必须定期审查和更新。区块链理论和技术正在迅速发展中，因此，随着时间的推移，必须定期审查课程和计划，并做出必要的改变。

二、培训教学方法

（一）培训教学设计程序

为顺利完成培训，需要依据以下的培训教学设计程序。

（1）确定教学目的，即课程的基本性质和类别。

（2）阐明教学目标。明确课程的目标领域和目标层次，确定学员通过学习后能完成的工作内容。

（3）分析教学对象特征。分析学员的心理和社会特点，测试已有的知识和技能储备，以便确定培训教学内容。

（4）选择教学策略和教学工具。如何培训和学习，例如主动学习、反思学习与应用学习结合，并选择与策略相匹配的教学工具。

（5）实施具体的教学计划。合理安排进度，保证有序按时完成培训内容。

（6）评价学员的学习情况，及时反馈信息并修正，评价课程目标与实施效果。

（二）培训教学方法的选择和应用

1. 讲授法

讲授法是通过语言表达向学员传授知识。特点是比较简单，易于操作，成本不高。

为避免单向讲授的单调和疲倦，需要采用富媒体教材、问答等互动形式，并加入实践的内容。例如通过观看视频和收听音频内容，完成记录、讨论和解释的工作。

2. 案例讨论法

案例讨论法是学员基于典型化处理后的现实中真实场景的案例，通过独立研究和相互讨论，完成思考、分析和决策案例的过程。案例讨论法可帮助学员了解从问题到解决方案的完整过程，并提高其分析及解决问题的能力。例如，在学习智能合约的过程中，可以分析智能合约的具体应用案例。

3. 小组实践法

小组实践法指学员在实际工作岗位或真实的工作环境中，选择不同的角色，亲身操作体验掌握工作所需知识、技能的培训方法。表 5–2 和表 5–3 分别介绍了培训方式的选择以及不同培训方式的优缺点。

表 5–2　　培训方式的选择

培训方式	具体内容	何时选择
讲授法	演示做什么 教别人怎么做 观察其他人做工作 辅导学员以提高能力	操作某些工作 实现某些功能 演示技巧
案例讨论法	讨论与课程相关的案例，评论案例的价值，并掌握方法	练习运用学习要点，分享经验，从不同角度解决问题
小组实践法	分组完成任务，每个人担任不同的角色，承担不同的职责	需要集体协作完成一件复杂任务的时候

表 5–3　　不同培训方式的优缺点

方法名称	优点	缺点
讲授法	传授内容多，知识系统、全面，利于大规模培养人才，成本较低	内容多难以吸收消化，不能满足个性化需求，容易导致理论与实践脱节，方式枯燥单一
案例讨论法	促进指导者与学员，学员与学员之间的交流、启发借鉴，有利于开阔思路，促进能力提高； 有利于培养学员的分析、表达和评估等综合能力； 有利于培养学员理解理论知识并运用知识的能力，能激发其进一步学习的能力	对案例内容要求较高； 对指导者的要求较高
小组实践法	实用有效，在完成工作的过程中能迅速得到关于工作行为的反馈和评价； 有利于理解某一特定的实际工作内容； 有利于培养团队协作能力	可能缺乏系统性； 能力欠缺的学员可能无法充分利用实践机会

（三）培训的组织和实施

1. 培训师的自我检查

掌握基本的授课技巧，熟练使用相关教学工具，评估教学效果。

2. 实施管理培训课程

（1）前期准备。课程内容包括理论知识、相关案例、测试题以及课后阅读材料。

（2）培训实施。

（3）正式授课。授课中注意观察学员的表现，做好上课相关记录。

（4）回顾和评估学习。

（5）培训后的总结。包括问卷调查，清理检查相关资料和设备，评估培训成果。

3. 充分利用培训资源

（1）让学员变成培训者，充分发挥学员的主动性，分享相关经验和智慧，以充分发挥集体智慧，使不同背景的学员在参与式学习中各有所获。

（2）开发和利用培训时间，充分利用培训过程中各种因素的关联性和渗透性，有效利用培训时间。

（四）培训教学方法的检查单

（1）培训之前是否做了自我检查？

（2）是否根据不同情况选择了多种培训方式？

（3）选择案例时，是否满足三个要求：内容真实，问题描述清晰，目的明确？

（4）小组实践过程中，是否设计了分工明确的角色，每个角色的职责描述是否清楚？

（5）培训过程中是否做了适当的记录？

（6）是否做了合理的评估？

（7）培训完成后，是否做了相应的总结？

三、能力实践

大李已有 3 年区块链应用系统开发经验，需要为一些新入职的初级人员做培训。

（一）编写初级培训讲义

【案例 5–1】编写智能合约的讲义课件。

以一个学时 45 分钟为基础，课件设计如下：页数规定不得少于 30 页，至多 35 页。时间长度为 2 个学时。课件内容包括以下部分。

1. 引导部分

引导部分介绍学习目标、知识目标、技能目标、学习重点、学习难点。

可用 2 分钟提问前导知识、启发思考，主要目的是激发学员兴趣。可用提封闭式问题方式，提问 1 题至 2 题；也可以提开放性问题，不留答案。

2. 讲授部分

知识点概述和讲解包括以下内容：（1）基本知识。（2）发展历史。（3）概念。（4）架构。（5）运作机理。（6）典型案例。（7）开发智能合约的步骤。

课件幻灯片文字尽量用整句，如果页面不易展示，可在注解栏用整句说明。课件幻灯片除了文字以外，还需要包括必要的图表和公式。对较难的知识点，多用互动方法，如问答、小组讨论、短时间自主学习等。

3. 应用知识

介绍知识点应用案例。案例内容包括问题、解决方法、难点及价值。通过描述案例，为学员提供充分的案例。

4. 总结部分

总结课程的知识要点。

5. 课堂提问

总结回顾课程，可以用选择题与判断题，帮助学员巩固学到的课程内容。

6. 参考资料

课后参考资料包括阅读资料和视频等。

7. 布置习题

对初级工程技术人员而言，习题主要包括理解、应用和分析类。形式包括问答题、选择题、判断题以及解决问题型。表 5–4 对基于布鲁姆分类法的认知技能水平做了详

 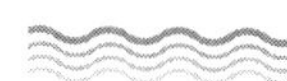

细阐述。布鲁姆分类法是对学习层次的分类，它反映了我们思考和处理信息的路径，包括记忆、理解、应用、分析、评估、创造几个过程。

表 5–4　基于布鲁姆分类法的认知技能水平

记忆	理解	应用	分析	评估	创造
通过记忆事实、术语、基本概念和答案展示所学知识	通过组织、比较、翻译、解释和描述，展示对事实和想法的理解	通过以不同方式应用获得的知识、事实、技术和规则解决新情况下的问题	通过识别动机或原因检查和分解信息，做出推断并找到证据支持解决方案	通过对信息的有效性和材料的质量做出判断表达和捍卫观点	通过以新模式组合因素或提出替代解决方案，以不同方式将信息汇编在一起

对初级人员而言，日常工作主要包括理解、应用和分析简单问题。

（二）对初级人员进行知识和技术培训

【案例 5–2】为具备基本软件开发知识和能力的学员讲授智能合约章节。

讲授前需明确本节课的教学内容在整个教学课程中的地位与作用，即智能合约是区块链 2.0 的核心；理解本节课内容与前面知识的联系及对新知识的影响，即本节课内容与区块链关键技术、主流区块链平台和应用场景的联系；明确教学的知识目标是理解智能合约的概念和运作机理，技能目标是掌握开发智能合约的方法。教学的重点是智能合约的架构，教学的难点是智能合约的开发方法。

表 5–5 介绍了教学过程不同阶段的教学内容、指导者活动、学员活动和设计目标。

表 5–5　讲授智能合约的教学过程

教学过程	教学内容	指导者活动	学员活动	设计目标
导入	引入合约概念，提出合约自动执行的问题，引出智能合约概念	启发提问	思考	激发学员学习兴趣
讲授	基本知识，发展历史，概念，架构，运作机理，典型案例，开发智能合约的步骤	比较传统合约和智能合约；讲授概念法；展示视频	思考、理解	掌握基础知识

续表

教学过程	教学内容	指导者活动	学员活动	设计目标
实践	读合约代码，画流程图	讲授画流程图的基本方法； 指导	读合约代码，画流程图，并能基于平台完成智能合约	提高学员阅读代码的能力； 培养动手能力
演示	超级账本和以太坊的智能合约案例	案例分析法； 讲解； 演示	思考、理解、巩固	理解实现智能合约的工程化方法
小结		总结内容	回答问题	及时巩固所学知识

检查学员是否具备相应知识和专业能力，可考虑理论笔试和实践操作相结合的方式。其中理论课程和实践操作各占比 50%，理论考试包括选择题 20 题，每题 2 分；判断题 10 题，每题 1 分；共计 50 分。实操考核一个案例，涉及 5 个知识和技能点，每个点 8 分；完成度 10 分，共计 50 分。

（三）能力实践检查单

通过使用检查单，可帮助回顾和检查工作中的具体细节。

1. 编写初级讲义时的检查单

（1）讲义的页数是否足够？

（2）讲义布局是否清晰明确？

（3）讲义是否包括了必要的图表和公式？

（4）讲义是否包括应用案例？

（5）讲义是否包括用于检查的课上习题？

（6）讲义是否包括了必要的课外阅读材料？

（7）课后习题是否属于理解、应用和分析简单问题类别？

2. 培训初级人员时的检查单

（1）教学计划是否包括了本节课的教学内容在整个教学中的地位与作用？

（2）教学计划是否包括了内容与前面知识的联系及对新知识的影响？

（3）教学计划是否包括了教学的知识目标、技能目标？

（4）教学计划是否包括了教学的重点和难点？

（5）教学过程设计是否包括导入、讲授、实践、演示和小结环节？

（6）教学过程设计是否在每个过程中包括了指导者活动、学员活动和设计目标？

（7）指导者活动是否根据不同教学内容设计了不同的教学方法？

（8）学员活动是否根据不同教学内容设计了不同的学习形式？

（9）测试试题的理论试题是否覆盖了必要的理论知识？

（10）测试试题的实践案例是否能够考查必要的知识和技能要点？

第二节 指　　导

考核知识点及能力要求

- 掌握实践教学方法。
- 掌握技术指导方法。
- 能指导初级人员解决应用系统开发和测试问题。
- 能指导初级人员解决应用系统部署、调试和维护问题。

一、指导初级人员的理论基础

美国心理学家布鲁纳深受结构主义心理学家皮亚杰的影响，并在吸取和发展皮亚杰心理学研究基础上建立了“结构—发现”教学理论。布鲁纳认为，首先学习要让学员掌握学科的基本结构，“结构”则是指学科的基本概念、基本原理以及它们之间的联系，懂得基本原理可以使学科更容易理解也有利于记忆。而学习知识的最佳方式是发现学习，即学员利用教材或指导者提供的条件独立思考，自行发现知识，掌握原理和规律。发现学习以培养探究性思维方法为目标，以基本教材为内容，使学员通过再发现的步骤来进行学习。

20 世纪 80 年代，“认知学徒”这一概念伴随着情境认知而出现，它从传统的学徒制中获取灵感，又区别于强调在应用情境中讲授技能的传统学徒制，指导者要给予学员在多种情境中应用知识和技能进行实践的机会。其特征是对学员将知识运用于解决复杂现实问题时所涉及的推理过程、认知和元认知策略表示重视；主张学习与实际工作环境关联起来，让学员充分了解学习的目的与应用，鼓励学员反思并表达不同任务之间的共同原理。

认知学徒制的教学方法主要有六种。

（1）示范。指导者操作一项任务以便学员可以观察，要求将常规的内部过程和活动外显化。

（2）指导。当学员执行任务时指导者观察并提供帮助，为学员提供暗示、搭建脚手架、提供反馈、建立模型、修正和提出新的任务等。

（3）搭建脚手架。指导者提供支持来帮助学员执行任务，随着学员能力的增强，这种支持还应慢慢减少。

（4）表达。指导者鼓励学员表达出他们的想法。

（5）反思。学员将自己的思维和问题求解过程与专家、其他学员和专业人员的内在认知模式进行比较。

（6）探究。学员运用与专家问题求解相似的程序或步骤来检验所提出的假设、方法和策略。

在六种方法中，示范、指导和搭建脚手架是核心方法，主要用于帮助学员在学习活动中获得认知与元认知策略。基于以上理论，对初级人员的指导方法主要是示范、指导和搭建脚手架。

二、实践教学方法

工程技术人员在实际工作岗位或真实的工作环境中掌握工作所需知识技能，这种

培训方法实用有效，同时可以及时得到反馈。实践教学方法需要引发个体的深层兴趣，而不是满足于维持一种只在活动期间占据其思维的浅层兴趣。基于真实案例的实践经验会产生更大的影响，促进记忆和理解知识。实践法的常用方式有工作指导法、工作轮换法、探究式学习和教练指导法。

（一）工作指导法

工作指导法又称教练法和实习法，是由具备经验的工程师在工作岗位上培训学员的方法，指导教练的任务是指导学员如何做，提出如何做好的建议，并激励学员。

（二）工作轮换法

在可能的情况下，学员应该具有某种形式的工业工作经验作为其计划的一部分。这个术语不同国家有不同说法，包括实习和合作教育等方式。目的是为学员提供具有真正利益相关者的团队开发的软件产品的重要经验。如果难以提供工作经验的机会，那么课程必须尽可能模拟这些经验。学员参与开源项目是提供这些体验的另一种可能途径。

（三）探究式学习：基于项目和问题的学习

1. 基于项目的学习

基于项目的学习是指通过具体的项目模仿工作中的真实任务，通过小组协作、演示文稿、设计文档和评审等具体任务，学员可以理解真实任务过程中的角色、流程和具体工作。学员通过完成一个重要的项目提交出解决方案和实际成果，发展未来真实岗位所需要的知识和技能。

指导者通过制定严谨的学习目标，使用多种数字工具，提供指导、学习资源和教学反馈帮助学员取得成果。一个高质量的项目要实现的目标具备足够的智力挑战和实效性。

- 真实性：项目与真实工作任务紧密联系。
- 公开：学员的项目成果可被公开展示、讨论和评论。
- 协作：学员互相协作，互相给出批判性反馈，充分利用集体智慧坚持共同学习，或者接受指导者的指导。
- 项目管理：使用规范的项目管理流程，保证在时间、范围和成本的约束下达到较好的质量目标。

- 反思和复盘：学员在整个项目中反思学习和工作过程，从而不断提高。

基于项目的学习规划包括确定学习目标、选择和设计项目、确定评估标准、学习项目管理策略、实践过程中的注意事项等过程。

（1）确定学习目标。帮助学员理解具体工作任务的核心概念和流程细节，并帮助学员操练各种技能，成为高效的终身学习者。从认知技能的角度，基于项目的学习着重培养学习者的分析、评估和创建能力。

例如，在项目实践过程中，可以鼓励学员找到并提出一个可以用区块链解决的典型问题。学员需要综合掌握多种基本概念的基础上，运用分析、评估和创建的思维能力，提出问题，发现、筛选、组织、分析和解释并提出新的理解。

在学习过程中要培养学员的成长思维，当学员遇到项目挑战时，可提出一些问题，鼓励他们思考如何发展成长思维，以应对区块链理论和技术不断发展的现实情况。

制定项目的核心概念框架，可以从以下角度思考。

- 哪些是完成主要任务的核心概念？尝试将核心概念控制在两到三个。参考职业标准来确定涵盖在这些总概念下的具体知识内容。
- 如何引导学员应用分析、评估和创建等认知技能？
- 项目需要培养学员哪些基本专业能力？
- 对于项目构思，学员展示和分享项目学习成果的具体方式有哪些？

（2）选择和设计项目。

①选择和设计项目时，需要注意避免以下错误。

- 时间长、项目成果少。
- 主题较单薄，无法与真实的工作任务联系起来。
- 对形成性评估的关注不足，无里程碑式的学习阶段和学习成果。
- 评估不够真实，未采用实际工作中的评估方法。

②提高项目质量，可以从以下方面思考。

- 比较与对照。例如，区块链应用系统的设计与其他 Web 应用系统的区别是什么？

• 理解因果关系。例如，理解 PBFT 共识算法如何解决效率问题，使得工程师的使用成为可能。

• 确定局部与整体的关系。例如，理解区块链应用系统的各个组成部分的功能，在系统出故障的时候可以快速找到修复的方法。

• 辨别模式或趋势。理解现在区块链技术还在不断发展中，未来还将会有新的技术出现。

• 做出合理判断或明智的决策。判断哪些信息系统可以与区块链系统融合，发挥更大的作用。

③项目应该具备以下的特征。

• 项目是生成性的，学员在项目中通过构建过程实现项目成果。

• 学员边做边学，以便不断应用多种知识。

• 项目是复杂真实的、切合实际的。

• 让学员像调查研究专家一般展开学习。

④在设计项目的过程中，可以考虑以下几个方面。

• 项目应该是经过实践检验的真实项目，该项目有助于学员开展后期的专业工作，包括学员有机会将自己所学传授给他人。

• 设计项目的时候，需要考虑项目的产物并同时考虑反映了哪些学习成果。

⑤项目概述应包括以下内容。

• 项目的目标、指导原则和时间安排。

• 学员的背景。

• 学员的评估格式，包括评分说明和评估标准。

• 查看与既定目标不一致、需要调整的地方，或者可能有问题的地方。

• 确定项目的协作平台，平台应使用便捷且易于访问，能帮助参与者组织思维并追踪操作，为项目增加条理性。平台通常包括日历、任务清单统计、问题讨论、文档共享、支撑项目的资源页面等功能。

（3）确定评估标准。评估标准包括总结性评估和形成性评估。总结性评估通常会包括较完整的考评及评价内容，比如对整体课程的反馈，强调实现学习目标，关注学员在展示或应用所学知识的方面做得如何。形成性评估是在过程中的评估，功能包括强化学员的学习、改进学员的学习、确定学员学习进度、给指导者提供反馈。形成性评估旨在提供过程信息和学习策略，从而帮助个体解决学习中的问题，应对具体情况。充分利用形成性评估，也就是在整个项目周期中利用评估机会，可以帮助学员学到更多的东西，深入了解学员的思维，以便调整项目、消除误解，或者引导学员朝新的方向努力。具体表现在项目进行过程中，使用各种方法，从讨论流程规范到一些提问，再到简单的观察和交谈，以了解学员的学习体验，并及时做出调整。

学员也可以通过自我评估认清自己的优点和缺点，同时确保理解项目的目标。如表 5–6 所示，可采用多种评估工具。

表 5–6　基于项目学习的评估工具

工具	表现形式	作用
检查表	在线表单和笔记工具	清楚地展示关键节点和完成截止时间，有助于学员把握项目进度
微型工作坊	非正式会议	差异化关注学员，指导其实现项目，更有条理地学习
课后小结	在线表单和笔记工具	帮助学员综合回顾和评估学习过程
学习进步记录	课程计划、大纲、日志	分析学习进步情况
项目记录	在线表单	为学员指引方向，反映项目进展，便于汇报项目任务完成情况
评审规程	职业标准	为学员提供重要且有用的反馈

（4）学习项目管理策略。指导者和学员需要使用项目管理工具提升项目效率。项目学习各阶段可使用的数字工具包括与同行和合作伙伴相联系的工具、项目协作的平台、富于启发的资源、项目规划工具、项目预备工具、项目启动工具、教学工具、学习工具、沟通与协作工具、设计工具、视觉化数据呈现工具、知识共享工具、评估工具和复盘工具等。

（5）实践过程中的注意事项。从项目启动一直到实施阶段，通过有效地运用课堂

讨论、评估和科技工具，能最大限度地发挥学习潜力。

启动阶段，提倡学员自我评估，采用场景导入方法，激发学习动力，提出驱动性问题，促进深度学习。

用系统分析方法为学员分解知识基础和任务，保障基础知识的学习，学员可通过自学预习的方法，为独立探究奠定基础。

理解真实项目中的细节、挑战，帮助学员从挫折中吸取教训，并调整策略以便顺利进行。

通过邀请学员不断地在“想知道”的列表上做补充的方式，来鼓励学员持续探索，培养专业能力。

在基于项目的学习过程中，中级工程师的主要作用是引导初级人员主动思考，所以需要提出好问题，建立学员共同体，帮助学员排除故障，充分利用各种工具。

2. 基于问题的学习

基于问题的学习是以问题为基础，以学员为主体，在指导者的参与下，围绕某一区块链理论和技术所涉及的分析和设计问题进行研究，从而学习新的知识和技能的过程。首先，学员针对具体区块链相关概念提出问题，确定自己的学习目标，随后进行资料收集、自学、研究等工作，最后回到小组中进行充分的讨论，并对提出的问题予以回答。这种方式突出了以学员为主体，使学员在提出问题、解决问题以及寻找答案的过程中获取知识，培养能力。其特点是打破学科界限，围绕问题进行学习，以塑造学员的独立自主性，培养创新能力，通过获取理解新知识和解决新问题的能力培养达到学习目标。基于问题的学习将复杂的现实世界问题用作促进学员学习概念和原理的工具，而不是直接介绍事实和概念。这种学习方式可以促进批判性思维能力、解决问题的能力和沟通技巧的发展，并且为小组协作工作、获取和评估研究材料以及终身学习提供机会。

乔纳森曾区分了结构性高的问题和结构性低的问题的特性，在此基础上定义了11类问题，如图5–1所示。这种学习方式中的问题大多数是现实中的结构性低的问题，例如个案分析问题和设计问题等。

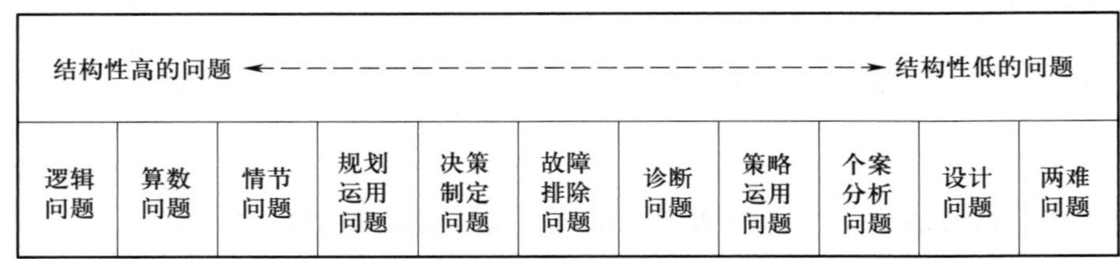

图 5–1　问题的分类

结构性低的问题通常非常接近现实世界或真实情景，定义与陈述会较为模糊，参数不全或没有限制，逻辑关系较为复杂，解决此类问题往往没有普遍认同的策略，也无任何固定程序可循，需要面对问题，在原有经验的基础上，通过运用多领域的知识、能力仔细研究、探索、分析、论证，并根据需要学习一些新的知识、技能方能获得结论。虽然学员需要学会自己识别和利用学习资源，但指导者也仍需要为学员确定关键资源。

基于问题学习的基本流程如图 5–2 所示。

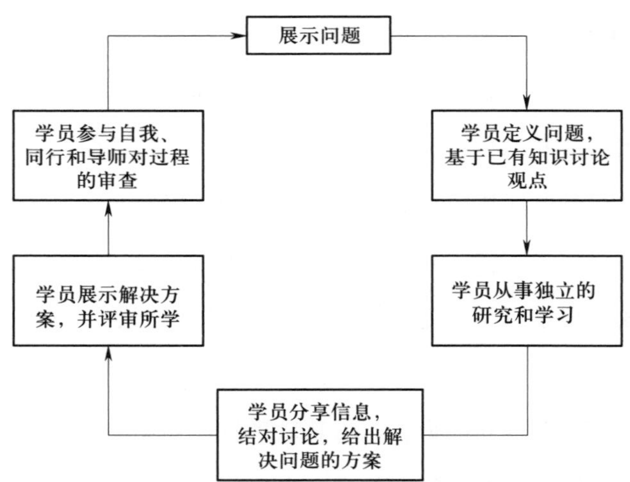

图 5–2　基于问题学习的基本流程

在基于问题的学习中，好的问题具有以下的特点。

（1）问题必须激励学员寻求对概念的更深入的理解。

（2）该问题应该要求学员做出合理的决定并为其辩护。

（3）这个问题应该结合工作任务的目标，使其与以前的知识相联系。

（4）如果用于小组项目，问题需要有一定的复杂程度，以确保学员必须共同解决

这个问题。

（5）如果用于多阶段项目，问题的最初步骤应该是开放性的，吸引学员进入问题。

基于问题的学习的评估方式，可以围绕以下方面展开。

（1）知识的获取能力：评估学员通过研究相关案例和知识，自主探索和获取知识的能力、建构知识的能力以及理论与实践相结合的能力。

（2）自主学习能力：能自我设定明确的学习目标，有效应用各种方法自主学习，有自主应用学习资源的能力。

（3）发现问题与解决问题的能力：评价学员善于发现问题的能力，善于利用多元的方法和资源制订解决问题的计划，分析、评估问题的能力。

（4）团队协作与交流能力：包括语言表达的逻辑性、连贯性；书面表达方式的条理性；与大家合作、共享资源、接受不同观点的能力；能耐心有效倾听、帮助大家，乐于为小组贡献的能力。

（5）职业道德和素养：包括职业纪律性和职业责任感等。

表 5–7 比较了两种探究式学习的相同点和不同点，可以看到两种学习存在不少相同点。

表 5–7　　基于项目的学习和基于问题的学习的比较

学习类型	师生角色	问题的作用和信息源	认知焦点
基于项目的学习	教师是辅导员，提供问题情境、示范并逐步隐退，作为合作调查人参与学习过程，评估学习 学员是参与者，在复杂的形势下积极参与，从问题本质出发研究并解决问题	问题可以在结构性高或低之间，是在还未得到完全界定的情况下提出的 绝大部分信息由学员搜集、整理、综合，由学员建构知识，教师很少提供	项目：学员研究项目设计作品，解决项目过程中出现的问题，从中获取知识并习得能力，最终完成作品；教师适时给予指导，学员自己找寻、发现适合自己的研究策略
基于问题的学习	教师是辅导员，提供问题情境、示范并逐步隐退，作为合作调查人参与学习过程，评估学习 学员是参与者也是主导者，在复杂的形势下积极参与，从问题本质出发研究并解决问题	问题是非结构性的，目的是提供一个有待界定的有挑战性的问题情境 绝大部分信息由学员搜集、整理、综合，由学员建构知识，教师很少提供	问题：学员综合并建构知识，提出解决问题的方式，在解决问题的过程中获取知识并习得能力；教师适时给予指导，学员自己找寻、发现适合自己的学习策略

（四）教练指导法

教练指导法是指导者指导学员如何做，提出如何做好的建议并激励学员。传授要点包括：关键工作环节的要求，做好工作的原则和技巧，需要避免和防止的问题和错误。可以采用基于策略的教学法或者策略学习指导发现原理，做法是针对具体问题，引导学员讨论具体的例子。要求学员独立形成自己的想法，用图表等各种方式表示并解释，引导学员说出自己的观点。例如，在智能合约的学习过程中，指导者充当教练角色，要求学员以提问的方式澄清自己的选择，如“你是怎么知道的？”“你怎么决定的？”“为什么你这么认为？”指导者可以通过这种方法辨别出影响初级人员概念理解的错误观念。

教练过程的框架如图 5–3 所示。

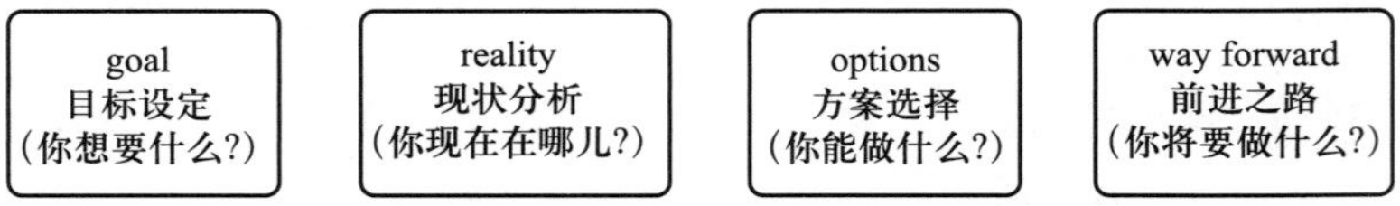

goal 目标设定 （你想要什么?）	reality 现状分析 （你现在在哪儿?）	options 方案选择 （你能做什么?）	way forward 前进之路 （你将要做什么?）

图 5–3　教练过程的 GROW 框架

根据以上的 GROW 模型，指导者的提问顺序遵循以下四个阶段：目标设定、现状分析、方案选择和前进之路。

1. 目标设定

目标设定（goal），包含本次教练对话的目标，以及设定教练的短期目标和长期目标。

关键点在于：

（1）理解每种不同的目标类型，即终极目标、绩效目标和过程目标。

（2）理解不同目标类型的主要目的和期望。

（3）明确此轮教练对话所期望的结果。

2. 现状分析

现状分析（reality），即探索当前的状况。关键点在于：

（1）就目前采取的行动评估当前的状况。

（2）明确之前采取的行动的结果和影响。

（3）分析阻碍或限制当前进展的内部障碍。

3. 方案选择

方案选择（options），即可供选择的策略或行动方案。关键点在于：

（1）确定可能性和备选方案。

（2）将可能采取的方案策略列出一个详细的提纲。

4. 前进之路

前进之路在于确定该做什么（what），何时（when），谁做（who）以及这样做的意愿（will）。关键点在于：

（1）帮助梳理学习收获，并探讨如何改变以实现最初设定的目标。

（2）针对已确定步骤的实施情况进行一个总结，并创建相应的行动计划。

（3）明确未来可能遇到的障碍。

（4）考虑在后续的目标实现过程中，可能需要的支持和发展。

（5）评估约定行动的准确执行情况。

（6）重点强调如何保证责任担当以及目标的实现。

以下是一些供参考的教练问题工具包，具有一定的通用性。指导者可根据具体情况选择。

- 你有哪些不同的选择来实现目标？
- 每个选项的主要优缺点是什么？
- 你会选择哪些选项来推进工作？
- 你什么时候会寻求帮助？
- 需要注意什么避免错误出现？
- 完成这件任务需要确定哪些里程碑？如何进行时间规划？
- 如何将这个任务分解成更小的任务？
- 你已经拥有哪些资源？
- 还需要其他什么资源？
- 完成这件任务需要解决的真正问题是什么？
- 完成这件任务的主要风险是什么？

- 你能做些什么来避免或减少这种风险？
- 过去的经验证明什么是可行的？
- 你可以采取哪些不同的方法解决这个问题？
- 哪些选择会带来最佳结果？
- 哪一种解决方案最吸引你？
- 有什么因素阻止你采取行动？
- 你将如何减少这些阻碍因素？
- 还有谁需要了解你的计划？
- 你需要什么支持？从谁那里能获得支持？
- 你将如何获得这种支持？
- 你能做些什么来支撑自己？
- 你还会在哪里应用学到的东西？
- 在过去一年里，哪些额外的技能或经验对你有帮助？
- 你错过了哪些未来能给你带来机会的重要技能或经验？

（五）实践教学方法检查单

对指导者来说，可参考以下内容。

（1）在指导的过程中，是否能肯定学员的优点并指出不足，要求其学会自我总结和发现问题，为学员提出建议并激励他们？

（2）在基于项目的学习过程中，是否能提出合适的问题，是否帮助学员排除故障？

（3）在基于项目的学习过程中，是否能充分利用各种工具，例如互联网上的博客或者百科、能快速搜集信息的工具、线上问卷调查等？

（4）在基于问题的学习过程中，是否能设计结构性低的问题，以保证学习的顺利进行？

（5）在基于问题的学习过程中，是否能尽可能少地介入学员的讨论，只在必要的时候通过提醒和建议方式帮助学员厘清思路以促进其顺利进行？

（6）在基于项目和基于问题的学习过程中，是否充分利用了形成式评估方法？

（7）在使用教练指导法时，是否应用了GROW模型？

（8）在使用教练指导法时，是否介绍了关键工作环节的要求，做好工作的原则和技巧以及需要避免和防止的问题和错误？

对学员来说，可参考以下内容。

（1）是否激发了学习热情？

（2）是否学会了思考？

（3）是否提高了探索学习的能力？

（4）是否提高了语言表达和社交能力？

（5）是否训练了团队合作的技巧？

（6）是否增强了自信？

三、技术指导方法

初级人员在工作中会遇到各种情形的问题，中级工程师需要提供相应的支持。

（一）技术指导的原则

1. 指导者的基础

指导者必须具备足够的知识和经验，并理解区块链技术的特点，拥有跟上学科发展的动力和手段。

2. 提供思路胜过提供事实

中级工程师应强调区块链应用系统涉及的基本和持久原则，而不是最新或特定工具的细节。

知识结构在很大程度上影响学员的认知行为。初级人员理解为什么、怎么样比懂得是什么重要。中级工程师必须讲授课程，以便学员使用合适的最新工具获得经验。高效率和有效地开发区块链应用系统需要选择和使用最合适的计算机硬件、软件工具、技术和流程（这里统称为工具）。学员必须学习选择和使用工具的技能。

3. 必要的批评与激励融合

对于学员的一些坏习惯，中级工程师应指出习惯背后的本质问题。例如，不能熟练使用工具，表面上是动手能力不强，缺乏研究能力，但也可能是缺乏全局观，基础知识不全面，因此需要及时补充相关知识。区块链涉及的计算机基础知识面较广，包括密码技术、分布式系统共识问题、对等网络以及智能合约等知识。

（二）技术指导的内容

（1）指导初级人员发现和寻找正确的学习资源，如智能合约的案例，共识算法的相关论文和参考代码。

（2）制定学习规划。

（3）确定学习任务。

（4）讨论评估目标。

（三）技术指导的方法

技术指导的方法包括概念分析法、范例教学法、引导法和观察法等。

1. 概念分析法

概念分析法是指通过分析概念来理解和解释事物的方法。概念分析是一种技术，其将概念视为对象、事件、属性或关系的类别。该技术包括通过识别和指定任何实体或现象被（或可能被）归入有关概念下的条件，来精确定义一个给定概念的意义。人们通常根据可用于解决问题的原理和过程的层次对问题进行概念分析。

在解决问题之前，写出解决问题的定性策略，策略包括三个部分：应用的主要原理；说明为什么要运用这些原理；运用原理的过程。

层次分析法可应用于概念分析过程。层次分析法是一种复杂决策分析方法，可用来解决那些存在某一特定目标，并存在固定数量达到目标的可选项的问题。层次分析法的基本思路是先将所要分析的问题层次化，然后根据问题的性质和所要达成的总目标，将问题分解为不同的组成因素，并根据因素的关联影响及其隶属关系，将因素根据不同层次组合，形成一个多层次分析结构模型，最后将问题归结为确定最底层相对于最高层的相对重要权值或者排定最底层相对于最高层的相对优劣次序。层次分析法能帮助初级人员既回忆知识又解决问题。

2. 范例教学法

范例教学，又称为示范方式教学、范例性教学、范畴教育等。范例教学理论认为，

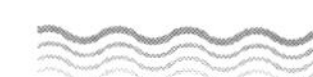

只有注重发展学员"有教养性"的知识能力，使之在这个基础上改变思想方法，主动地去发现知识的规则、原理、结构，才能使知识如滚雪球般地扩展，获得打开知识大门的钥匙。因此，范例教学法主张通过个别的范例即关键性问题，来掌握一般的科学原理和方法。它旨在使学员从个别到一般掌握教材结构，理解带有普遍性的规律性知识；培养学员的独立性和主动学习的能力，养成独立地批判、判断和决定事物的能力。

3. 引导法

引导法是指以学员为中心，强调学员的认知主体作用，强调指导者的指导作用。引导学员自己构建知识，促进思考和了解，增进学员的学习能力，产生最大的学习迁移。学员在了解概括性的模式或者架构之后，有助于其处理面临的类似新情境。帮助学员掌握"学习如何学习"的方法。学习模式包括三阶段。

（1）探索。营造适当的学习环境，让学员自由探讨，帮助其获得体验。

（2）引入概念。提供基本概念和方法，协助学员领悟新的概念。

（3）应用概念。学员应用习得的新概念，应用在新情境。

引导法的特色是学员像科学家一样地去发现问题、探讨问题、解决问题，并求得答案，这种学习是一种有系统地探讨能力的培养，各阶段均尽量给予科学思考的机会，每一思考阶段都是一个接着一个发展，形成一种思考学习环。这种教学能够训练学员逻辑思考，有助于其建立良好的科学态度。表 5–8 描述了引导式探究各个阶段的任务。

表 5–8　　引导式探究各个阶段的任务

阶段	指导者任务	学员任务
创设情境	指导者根据教学任务，提出一个中心问题，积极引导学员寻找、发现这个问题的结论；为使学员产生一种强烈的解决问题的欲望，所提的问题必须具有接受性、障碍性、探究性的特点	无
分析研究	引导学员	学员通过观察材料，动手操作获取信息，并从不同的角度加以整合

续表

阶段	指导者任务	学员任务
归纳猜测	引导，指出	学员在分析研究的基础上，提出各种可能解决问题的办法或结论；树立假设，假设一旦确立就成为进一步探究的方向。围绕假设进行实验验证或者推理判断，排除错误假设，得出正确结论，并将之归结为定理、原理或法则
验证反思	引导	获得的结论应用于具体问题，以进行验证。在应用中进一步加深对知识的理解，反思所进行的一系列活动，提升思维水准

4. 观察法

观察法是指导者通过学员的具体表现，发现其知识和技能的缺陷，提出进一步的修正方法。在观察过程中，指导者记录现象，如发现问题，不要立即指出，待观察一定阶段后再集中指出。观察结束后，针对问题分析原因，和学员面对面交流。

除了以上的指导法，还有以下一些方式。

及时学习。在讲授某些应用之前告知学员必须掌握的基础知识。例如，在讲授智能合约之前告知学员必须掌握一门语言，需要理解软件开发的流程，等等。

通过失败学习。指导者为学员布置一个会遇到很多问题的任务，然后为他们讲授方法，使他们能够在未来更容易地完成任务。例如要求工程师完成一个复杂逻辑的智能合约，在这个过程中讲授具体的方法，使学员掌握开发智能合约的完整过程。

技术增强型学习。用技术手段促进个人和团队学习，包括模拟仿真学习、开放教育资源、智能辅导、测验和实践系统以及支持分布式协调和协作的产品。

（四）技术指导方法检查单

（1）是否遵循了原则？

（2）是否制定了学习规划并确定了学习任务？

（3）是否定时和学员讨论评估目标？

（4）在用概念分析法时，是否检查了解决问题的定性策略包括的三个部分？

（5）在使用范例教学法时，是否寻找了关键性问题作为范例？

（6）在使用引导法时，是否使用了四阶段模式？

（7）在使用观察法时，是否记录了学员的知识和技能的缺陷？

（8）是否和学员一起讨论常见问题的原因？

四、能力实践

中级工程师指导初级人员时，需要注意指导而不是包办。指导中，中级工程师为初级人员提供工作思路。指导后，及时发现初级人员存在的知识和技能的缺陷，并制订相应的指导和发展计划。

本部分将以案例方式说明中级工程师如何指导初级人员。小王掌握了软件开发的初步知识，具备开发、测试和维护的技能，刚刚加入区块链应用系统开发项目。大李已有 3 年区块链应用系统开发经验，负责指导小王。以下的案例均是小王和大李讨论的对话。

（一）指导初级人员解决应用系统开发和测试问题

1. 指导开发问题

【案例 5–3】指导智能合约开发问题。

小王：大李，请教下，我如何才能高效率、高质量地开发一个智能合约呢？

大李：智能合约首先是一个基本的软件程序，从这个角度你认为可以做好哪些基本工作？

小王：我想想，可以做好异常处理以便应对异常错误，在程序里加上打印日志功能以便定位代码缺陷。

大李：这样做很好。思考下智能合约的使用场景，我们通常在什么时候才用到智能合约？

小王：我们需要使用智能合约定义重要的逻辑功能，并且合约本身一定是确定性的，要避免使用随机数、当前时间等不确定的内容。

大李：你总结得很好。那么再从智能合约自己的特点考虑下，需要注意什么？

小王：我想想，智能合约代码复杂会容易出错，应尽量保证智能合约逻辑简单，每个方法实现只做一件简单的事情。

大李：你说得很对。从智能合约自己的特点，再想想还有哪些需要注意的？

小王：智能合约的方法只允许按照规定的时序执行，千万不能因为调用过程中的时序错误导致出现业务逻辑漏洞。

大李：总结得不错，根据这个思路去开发智能合约，就可以达到你想要的高效率、高质量的目标，当然也需要你多练习。努力吧！

小王：谢谢大李指导！

在此案例中，大李帮助小王做了不同维度的分析，引导小王深入思考，总结出自己的工作方法。

2. 指导测试问题

【案例 5–4】区块链安全评测。

小王：大李，请教下，我看到区块链安全评测这块内容好多，能帮我一起分析下吗？

大李：小王，你先想想，区块链的体系结构里包含了哪些层？你试试看从各层思考下？

小王：好的，区块链体系结构包含了数据层、网络层、共识层、合约层和应用层。我先从应用层考虑，具体可以从身份鉴别、访问控制、安全审计、隐私保护这些方面入手，和一般的应用软件方法一致。不过我确实知道区块链宜采用侧链技术实现隐私保护功能，只要看看被测系统是否使用侧链技术就好。

大李：说得好。那我们接下来看合约层吧。合约层是区块链的核心，你想想，除了可以从安全编码规范、已知漏洞解决方案、合约安全监测来评测安全性，还需要考虑哪些方面？

小王：我觉得还应该有合约安全性验证、合约业务逻辑、合约的各种运行状态、合约操作和运行、合约与外部交互的情况。

大李：说得对。我们接着来看共识层，你说说可以从哪些方面做安全评测？

小王：我想，首先应该是共识机制的安全合理性，其次是共识算法规模调整，共识算法可插拔，对了，对拜占庭容错，应该做更多的评测。

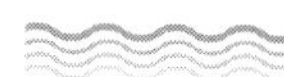

大李：你都说对了，我们再来看网络层，数据保密性、数据完整性、数据真实性、验证机制都是评测的重要方面，你看看还要补充哪些方面？

小王：我还能想到节点管理、安全防护、资源控制、通信协议，这些都是需要评测的方面。

大李：好，我们最后看看数据层。你自己能说下我们需要从哪些方面评测吗？

小王：区块数据、哈希算法、随机数、时间戳、非对称性加密和数字签名这些都是数据层很重要的方面。

大李：很好啊。今天我带你分析了一下，你自己再试着分析一下，对区块链安全评测就有更深的印象了。具体细节，请参考初级教程的详细描述吧。

小王：我明白了，谢谢大李指导！

在这个案例中，大李帮助小王分析了各个层次的区块链安全评测方法。

（二）指导初级人员解决应用系统部署、调试和维护问题

1. 解决应用系统部署和调试问题

【案例 5–5】解决应用系统部署和调试问题。

小王：大李，请教下，为了能顺利地部署和调试应用系统，我应该怎么做才对呢？

大李：你先从应用系统的硬件设施结构和软件架构两个方面想想看？

小王：我想想，我当然需要熟悉应用系统的硬件设施结构，也需要了解系统的组成部分。

大李：有了对系统的了解，你再想想，如果要部署区块链系统，怎样的顺序是合适的？

小王：我想想，区块链应用系统包括管理平台、节点、应用程序接口服务、应用系统，最后还有很重要的合约，就根据这个顺序部署正合适。

大李：你说得对。为了避免出现一些不必要的异常，你觉得部署过程中在哪些环节要特别注意呢？

小王：根据区块链系统的特点，要尽可能避免人为操作失误、配置错误或者网络问题引起的异常。如果足够认真，这些错误都是可以不犯的。

大李：除了以上的准备工作，你觉得还需要做什么样的准备？

小王：嗯，我想想，需要备份部署生产环境的过程中生成的文件，例如服务器登录账号和密码，以及非常重要的私钥文件，当然还有其他证书文件和配置文件。

大李：部署成功后，你想想，如何验证系统正常运行呢？

小王：对区块链应用系统来说，需要确认节点服务和应用程序接口服务是否正常。我可以模拟运行一个业务流程，然后查看区块记录和事务记录数据，也要去检查网络节点信息，查看节点高度和状态。

大李：小王，你说得很好。

在这个案例中，小王和大李通过交谈，厘清了部署和调试的思路。

2. 解决应用系统维护问题

【案例 5–6】解决应用系统维护问题。

小王：大李，请教一下，区块链应用系统出故障以后，我该如何分析和解决问题呢？

大李：首先你得对应用系统的设计和运行原理有足够的了解，并且要认真观察异常现象，然后运用知识和经验分析问题发生的原因并解决问题。

小王：那我们经常会遇到哪些问题呢？

大李：如果你思考一下应用系统的结构和功能，就可以很容易总结出，通常会在哪几个方面出问题。

小王：我想想，首先，区块链应用系统是计算机软件系统，会使用计算机资源，所以如果使用的资源超过系统定义的阈值时会出现大问题。另外，系统依赖于网络，所以如果网络状态不正常，那么系统就可能会出问题。还有，区块链是软件系统，很多时候系统出问题可能是系统设置出问题了。

大李：你分析得不错，除了以上可能出故障的地方，再想想，还有哪个方面容易出问题呢？

小王：我想想，区块链是软件系统，如果功能上有缺陷，又没有在测试环境中发现，那么也会导致异常，这时候我没有办法解决，就需要联系开发工程师了。

大李：你分析得不错，思路很清晰。

小王：大李，谢谢你的鼓励，我有一些信心了。

大李：小王，你就根据这些思路和方法来做工作吧，平常工作中多总结遇到的问

题，分析原因，以后遇到异常现象就可以很快解决啦。

小王：我明白啦，做运维工程师需要全面的知识和能力，我会好好干的。大李，谢谢你的指导！

在这个案例中，可以看到大李为小王介绍了解决应用系统异常问题的基本思路，并通过启发方式引导小王自己思考，同时也给出了很好的建议。

（三）能力实践检查单

（1）你是否能给初级人员清晰的建议？

（2）在指导解决开发问题的过程中，是否能针对初级人员知识和能力上的缺陷，给予相应的指导和建议？

（3）在指导解决测试问题的过程中，是否强调从区块链的层次结构完成安全测试，告知熟练使用测试工具测试系统，以便及早发现系统缺陷？

（4）在指导解决应用系统部署和调试问题的过程中，是否能针对初级人员系统分析方法的缺陷以及调试方法的效率问题给予相应的指导和建议？是否强调因果分析方法、遵循逻辑步骤？

（5）在指导解决应用系统维护问题的过程中，是否告知初级人员需充分理解系统设计和运行机理，具备良好的观察和分析能力？

第三节　综合能力实践

本节基于一个具体案例，完成以下培训和指导的相关任务。

中级工程师要培训一批刚入职的区块链工程师，需要完成以下任务。

1. 编写初级培训讲义。
2. 对初级人员进行知识和技术培训。
3. 指导初级人员解决应用系统开发和测试问题。
4. 指导初级人员解决应用系统部署、调试和维护问题。

思考题

1. 编写初级培训讲义之前需要做哪些准备工作？
2. 针对不同特点的初级人员采用哪些培训方法？
3. 如何评估技术培训的效果？
4. 指导初级人员解决应用系统开发和测试问题的过程中需要注意哪些问题？
5. 指导初级人员解决应用系统部署、调试和维护问题的过程中需要注意哪些问题？
6. 如何评估技术指导的效果？

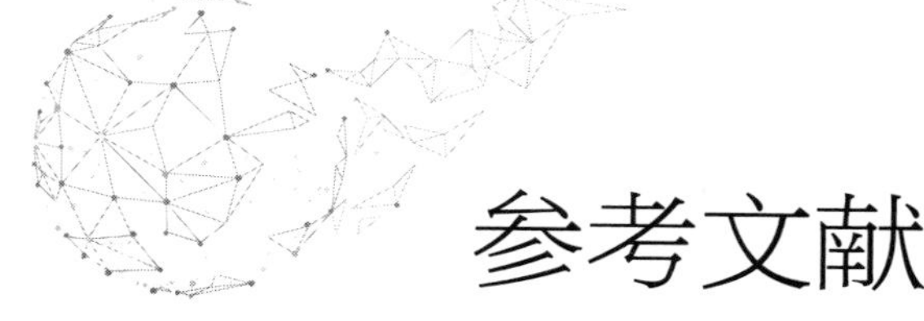

参考文献

[1] 格雷迪·布奇. 面向对象分析与设计[M]. 王海鹏，潘加宇，译. 3版. 北京：人民邮电出版社，2014.

[2] 董东. 智能合约设计模式[J]. 河北省科学院学报，2021，38（1）.

[3] 马特·魏斯费尔德. 面向对象的思考过程[M]. 黄博文，译. 4版. 北京：机械工业出版社，2016.

[4] 霍华德. 编写安全的代码[M]. 程永敬，译. 北京：机械工业出版社，2003.

[5] Meliir Page-Jones. UML面向对象设计基础[M]. 包晓露，译. 北京：人民邮电出版社，2012.

[6] 李莉. 计算机软件技术基础[M]. 北京：兵器工业出版社，2003.

[7] 国家质量监督检验检疫总局，中国国家标准化管理委员会. 系统与软件工程 系统与软件质量要求和评价（SQuaRE）第10部分：系统与软件质量模型. 标准：GB/T 25000.10—2016[S].

[8] 中国人民银行. 区块链技术金融应用 评估规则（JR/T 0193—2020）[S].

[9] 上海市市场监督管理局. 区块链技术安全通用要求（DB31/T 1331—2021）[S].

[10] 中国人民银行. 金融分布式账本技术安全规范（JR/T 0184—2020）[S].

[11] 上海区块链技术协会. 区块链底层平台通用技术要求（T/SHBTA 002—2019）[S].

［12］赵伟，张问银，王九如，等．基于符号执行的智能合约漏洞检测方案［J］．计算机应用，2020，40（4）．

［13］刘峰．技术支持的探究学习：理论与实践［M］．北京：教育科学出版社，2016.

［14］刘文红，董锐，张卫祥，等．软件开发与测试文档编写指南［M］．北京：清华大学出版社，2020.

［15］李鹏．IT 运维之道［M］．2 版．北京：人民邮电出版社，2019.

［16］陈斌．现代教育技术［M］．北京：北京师范大学出版社，2017.

［17］约翰·惠特默．高绩效教练［M］．林菲，徐中，译．5 版．北京：机械工业出版社，2013.

［18］金林祥．教育学概论［M］．上海：华东师范大学出版社，2010.

［19］苏西·博斯，简·克劳斯．PBL 项目制学习［M］．来赟，译．北京：中国纺织出版社，2020.

［20］格雷厄姆·纳托尔，哈利·弗莱彻·伍德．基于问题导向的互动式、启发式与探究式课堂教学法［M］．刘卓，耿长昊，译．北京：中国青年出版社，2019.

［21］黄钢，关超然．基于问题的学习（PBL）导论——医学教育中的问题发现、探讨、处理与解决［M］．北京：人民卫生出版社，2013.

［22］安德烈·焦尔当．学习的本质［M］．杭零，译．北京：华东师范大学出版社，2015.

［23］约翰·D. 布兰思福特．人是如何学习的：大脑、心理、经验及学校（扩展版）［M］．上海：华东师范大学出版社，2013.

后　记

2019年，习近平总书记在中央政治局第十八次集体学习时强调，把区块链作为核心技术自主创新重要突破口，明确主攻方向，加大投入力度，着力攻克一批关键核心技术，加快推动区块链技术和产业创新发展。2020年4月，国家发展和改革委员会首次明确了新型基础设施的概念和范围。新型基础设施是以新发展理念为引领，以技术创新为驱动，以信息网络为基础，面向高质量发展需要，提供数字转型、智能升级、融合创新等服务的基础设施体系。其中，区块链作为信息基础设施的代表，被明确纳入新型基础设施范畴内。2021年3月，《中华人民共和国国民经济和社会发展第十四个五年规划和2035年远景目标纲要》明确提出要培育壮大人工智能、大数据、区块链、云计算、网络安全等新兴数字产业。区块链技术可以赋能信用、价值流通、风控、监管和信息安全等现有业务。区块链工程技术人员从事的工作，表现在促进数据共享、优化业务流程、降低运营成本、提升协同效率、建设可信体系等方面。随着区块链相关项目逐步落地和推广，我国对于区块链研究型人才、底层开发人才、应用复合型人才的需求日益上涨。

以《人力资源社会保障部办公厅　市场监管总局办公厅　统计局办公室关于发布区块链工程技术人员等职业信息的通知》（人社厅发〔2020〕73号）和《区块链工程技术人员国家职业技术技能标准（2021版）》（以下简称《标准》）为依据，人力资源社会保障部专业技术人员管理司联合中国电子学会，组织有关专家开展了区块链工程技术人员培训教程（以下简称“教程”）的编写工作，用于全国专业技术人员新职业培训。本教程充分考虑科技进步、社会经济发展和产业结构变化对区块链工程技术人员的专业要求，以客观反映区块链技术发展水平及其对从业人员的专业能力要求为目标，依托《标准》对区块链工程技术人员职业功能、工作内容、专业能力要求和相关知识要求的描述展开编写。

区块链工程技术人员是从事区块链架构设计、底层技术、系统应用、系统测试、系统部署、运行维护的工程技术人员。其共分为三个专业技术等级，分别为初级、中级、高级。与此相对应，教程分为初级、中级、高级三本，分别对应区块链工程技术人员不同专业技术等级能力考核要求。此外《区块链技术基础知识》对应《标准》中区块链基础知识和相关法律法规知识。在区块链工程技术人员培训中，《区块链技术基础知识》要求初级、中级、高级工程技术人员均需要掌握。《区块链工程技术能力实践（初级）》紧密联系理论和实践，包括理论知识和实践内容两个部分。理论知识部分介绍了完成工作任务需要的方法论和技术知识，包含工作步骤、实践案例和行业通用经验。能力实践部分介绍了基于本书配套的实验实践平台的实践任务要求，从而帮助读者掌握基础理论知识和技术知识并实践工程方法论。《区块链工程技术人员（中级）》通过典型案例、规格说明、文档规范和检查单等要素突出了工程经验，通过基于典型案例的综合能力实践强化职业能力。编者希望广大读者通过此教程的学习，具备解决问题的能力，可以应用理论、技术和工具来完成工作任务。

在使用本系列教程开展培训时，应当结合培训目标与受众人员的实际水平和专业方向，选用合适的教程。本教程受众为大学专科学历（或高等职业学校毕业）以上，具有一定的学习、分析、推理和判断能力，具有一定的表达能力、计算能力，参加新职业培训的人员。区块链工程技术人员需按照《标准》的职业要求参加有关课程培训，完成规定学时，取得学时证明。初级 80 标准学时，中级 64 标准学时，高级 64 标准学时。在培训考核合格后，学员将获得相应证书。

本教程编写过程中，得到了人力资源社会保障部、工业和信息化部相关部门的正确领导，得到了中国电子学会、高校、科研院所、企业的专家学者的大力帮助和指导，同时参考了多方面的文献，吸取了许多专家学者的研究成果。编写团队贡献了来自一线的行业真实经验，并且克服期间种种挑战，团结协作，体现了良好的奉献精神和工作热情。本书写作过程中得到了罗新辉、顾敏、周先先、陈序、陈正、李文锋、毛秀泽、金勇、杜明晓、傅朝阳、丁闻、何敬、王越、李炜博、包云帆、徐乐妍等的大力支持和协助，在此表示由衷感谢。

由于编者水平、经验与时间所限，本书的不足与疏漏之处在所难免，恳请广大读者批评与指正。

本书编委会

2023 年 10 月